普通高等学校"十四五"规划机械类专业精品教材

建材装备设计

主 编 叶 涛 胥 军 吴敬兵 车 勇

华中科技大学出版社

中国·武汉

内 容 提 要

作为过程装备与控制工程专业、机械设计制造及其自动化专业(建材装备方向)的教材,本书以典型建筑材料——水泥生产的"两磨一烧"工艺流程中具有代表性的机械装备的设计为代表,详细全面地介绍了水泥生产过程中常用的破碎机械、粉磨机械、烧成设备、冷却设备,以及收尘设备的基本知识和设计选型的一般方法。

本书可作为本科过程装备与控制工程专业、机械设计制造及其自动化专业(建材装备方向)的教材,也可作为建材行业相关从业人员的参考用书或自学用书。

图书在版编目(CIP)数据

建材装备设计/叶涛等主编. —武汉:华中科技大学出版社,2022.8
ISBN 978-7-5680-8282-2

Ⅰ. ①建… Ⅱ. ①叶… Ⅲ. ①建筑材料工业-机械设备-设计 Ⅳ. ①TU5

中国版本图书馆 CIP 数据核字(2022)第 142349 号

建材装备设计　　　　　　　　　　　叶　涛　胥　军　吴敬兵　车　勇　主编
Jiancai Zhuangbei Sheji

策划编辑:余伯仲
责任编辑:刘　飞
封面设计:原色设计
责任监印:周治超
出版发行:华中科技大学出版社(中国·武汉)　　电话:(027)81321913
　　　　　武汉市东湖新技术开发区华工科技园　　邮编:430223
录　　排:华中科技大学惠友文印中心
印　　刷:武汉科源印刷设计有限公司
开　　本:787mm×1092mm　1/16
印　　张:17.25
字　　数:405千字
版　　次:2022年8月第1版第1次印刷
定　　价:49.80元

前　言

"建材装备设计"是面向过程装备与控制工程专业、机械设计制造及其自动化专业(建材装备方向)的一门综合性、应用性的专业主干课程。该课程的工程实践性强,与工业生产联系非常紧密,通过本课程系统的学习,学生能掌握常用建筑材料生产的工艺流程,相关材料生产设备的工作原理、结构组成及特点。本课程旨在培养学生对建材装备的选型及开发能力,为其今后从事相关工程领域的研究、生产、设计等工作奠定必要的理论基础。

全书共分六章,主要内容是以典型建筑材料——水泥生产的"两磨一烧"工艺流程中具有代表性的机械装备的设计为代表,以工程应用为主线,详细描述水泥生产过程中常用的破碎机械、粉磨机械、烧成设备、冷却设备以及收尘设备的发展历程、工作原理、类型、结构组成以及设计选型的一般方法。

本书具有很强的针对性和广泛的应用性:

(1)本书可作为本科院校相关专业的专业课、课程设计以及毕业设计的教学用书;

(2)本书可作为高等职业院校相关专业的教学用书;

(3)本书可作为水泥企业工程技术人员的阅读参考用书。

本书由武汉理工大学叶涛、胥军、吴敬兵、车勇主编,在本书的编写过程中,刘付志标提供了卧辊磨的相关研究成果及数据,蒋敦纯提供了水泥生产线可视化系统开发的部分研究成果,研究生吴心淳、陈云、王起、张俊科绘制了本书部分图表,研究生张弛、吴晓晓负责部分文字和公式的编辑工作,同时华中科技大学出版社给予了大力支持和帮助,在此一并表示衷心感谢。

由于作者水平有限,对于书中的不足之处,恳请广大读者给予批评指正,以便今后修订和补充。

编　者

2022 年 5 月 26 日

微信扫一扫,
获取数字资源

目　　录

第1章 绪 论

1.1 建筑材料概述

建筑材料是建筑业的基础,是建筑师得以发挥创造才能的物质条件,建筑材料在建筑中有着举足轻重的作用,然而,建筑材料是随着人类社会生产力和科学技术水平的提高而逐步发展起来的。

人类最早是穴居巢处,那个时候是没有建筑材料的概念的,石器时代至铁器时代,人们开始掘土凿石为洞,伐木搭竹为棚,利用最原始的材料建造最简陋的房屋。再后来,人们用黏土烧制砖瓦,用岩石制成石灰、石膏,用石灰石烧制水泥,用砂子烧制玻璃……至此,建筑材料从天然开采进入了人工加工阶段。

在历史的长河中,建筑技术的不断发展和进步向建筑材料工业及建材装备制造业提出了许多新的要求。而建筑材料的发展又反过来影响和推动建材装备、建筑体系及建筑形式的变化,建筑与建筑材料、建材装备的关系是密不可分的。

因此,要想拥有性能优良的建材装备,首先要了解建筑材料的一些基本知识。

1.1.1 建筑材料的类型

建筑材料是在建筑工程中所应用的各种材料,随着社会的发展和技术的进步,建筑材料的种类也越来越多,分类方法也很多,这里我们介绍常用的一些建筑材料。

1. 按照材料的化学成分分类

建筑材料按照材料的化学成分,分为无机材料、有机材料和复合材料,具体材料名称和类型如表 1.1.1-1 所示。

表 1.1.1-1 按材料的化学成分分类

材 料 名 称	具 体 分 类	应 用 举 例
无机非金属材料	天然石材	砂子、石子、各种岩石加工的石材等
	烧土制品	黏土砖、瓦、空心砖、锦砖、瓷器等
	胶凝材料	石灰、石膏、水玻璃、水泥等
	玻璃及熔融制品	玻璃、玻璃棉、岩棉、铸石等
	混凝土及硅酸盐制品	普通混凝土、砂浆及硅酸盐制品等
无机金属材料	黑色金属	钢、铁、不锈钢等
	有色金属	铝、铜等及其合金等
有机材料	植物材料	木材、竹材、植物纤维及其制品等
	沥青材料	石油沥青、煤沥青、沥青制品等
	合成高分子材料	塑料、涂料、胶黏剂、合成橡胶等

续表

材 料 名 称	具 体 分 类	应 用 举 例
复合材料	金属材料与非金属材料复合	钢筋混凝土、预应力混凝土、钢纤维混凝土等
	非金属材料与有机材料复合	玻璃纤维增强塑料、沥青混合料、水泥刨花板等
	金属材料与有机材料复合	轻质金属夹心板等

2. 按照材料的使用功能分类

按照材料的使用功能,建筑材料可分为结构材料、功能材料和装饰材料三大类,具体如表 1.1.1-2 所示。

表 1.1.1-2　按材料的使用功能分类

类　　别	定　　义	应 用 实 例
结构材料	构成基础,柱、梁、板等承重结构的材料	砖,木材,钢材,钢筋混凝土
装饰材料	美化和装饰建筑物,表达艺术效果和时代特征	石材,陶瓷,玻璃
功能材料	不作为承受荷载,且共有某种特殊功能的材料	保温隔热材料:加气混凝土 吸声材料:毛毡,泡沫塑料 采光材料:各种玻璃 防水材料:沥青及其制品 防腐材料:煤焦油,涂料

3. 现代建筑材料的类型

传统建筑材料,一般是指水泥、玻璃、木材、砂石和不经改性使用的石油沥青、焦油沥青、石灰等建房用的材料,而现代建筑材料是相对于传统建筑材料而言的。在科学技术相当发达的今天,传统的建筑材料已越来越不能满足建筑工业的要求,作为现代建筑工程重要物质基础的现代建筑材料,国际上又称为健康建材、绿色建材、环境建材、生态建材等。现代建筑材料及制品主要包括:新型墙体材料、新型防水密封材料、新型保温隔热材料、装饰装修材料和无机非金属新材料,等等。

随着人们生活水平的提高以及现代工业技术和生产工艺的发展,建筑材料的发展也应该适应这种要求和变化,如世界各国大量高层、超高层建筑的出现,轻质、高强、多功能的建筑材料的研制和发展必不可少。因此,没有现代建筑材料工业和生产装备技术的发展,也就不可能有现代建筑业的发展。

1.1.2　常用建筑材料的基本特点

1. 水泥

凡细磨材料加入适量水后,成为塑性浆体,既能在空气中硬化,又能在水中硬化,并能把砂、石等材料牢固地胶结在一起的水硬性胶凝材料,统称为水泥,因此,水泥是一种粉状水硬性无机非金属胶凝材料。

水泥是现代建筑工业中最重要的一种建筑材料,用它胶结碎石制成的混凝土,硬化后不但强度较高,而且能抵抗淡水或含盐水的侵蚀。长期以来,水泥作为一种重要的胶凝材料,广泛应用于土木建筑、水利、国防等工程中。

水泥的主要原料为石灰石、黏土以及铁质原料,它们按适当比例配制经过破碎、粉磨、高温煅烧等一系列物理化学反应之后,成为水泥熟料。水泥熟料的主要化学成分为硅酸三钙、硅酸二钙、铝酸三钙和铁铝酸四钙。硅酸盐水泥熟料加适量石膏共同磨细后,形成硅酸盐水泥。

硅酸盐水泥产品的主要技术指标包括以下内容。

(1)密度与容重:标准水泥密度为 $3.1 \ g/cm^3$,容重通常采用 $3100 \ kg/m^3$。

(2)细度:指水泥颗粒的粗细程度。颗粒越细,硬化得越快,早期强度也越高。

(3)凝结时间:水泥加水搅拌到开始凝结所需的时间称为初凝时间。从加水搅拌到凝结完成所需的时间称为终凝时间。硅酸盐水泥的初凝时间不少于 $45 \ min$,终凝时间不多于 $6.5 \ h$。实际上初凝时间为 $1 \sim 3 \ h$,而终凝时间为 $4 \sim 6 \ h$。水泥凝结时间的测定由专门的凝结时间测定仪进行。

(4)强度:水泥强度应符合国家标准(GB 175—2020)。

(5)体积安定性:指水泥在硬化过程中体积变化的均匀性能。水泥中含杂质较多,会产生不均匀变形。

(6)水化热:水泥与水作用会发生放热反应,在水泥硬化过程中,不断放出的热量称为水化热。

(7)标准稠度:指水泥净浆对标准试杆的沉入具有一定阻力时的稠度。

2. 玻璃

玻璃是一种非晶无机非金属材料,一般是用多种无机矿物(如石英砂、硼砂、硼酸、重晶石、碳酸钡、石灰石、长石、纯碱等)为主要原料,另外加入少量辅助原料制成的。

它的主要成分为二氧化硅和其他氧化物。普通玻璃的化学组成是 Na_2SiO_3、$CaSiO_3$、SiO_2 或 $Na_2O \cdot CaO \cdot 6SiO_2$ 等,主要成分是硅酸盐复盐,是一种具有无规则结构的非晶态固体。

玻璃广泛应用于建筑物,用来隔风透光,属于混合物。另有混入了某些金属的氧化物或者盐类而显现出颜色的有色玻璃,以及通过物理或者化学的方法制得的钢化玻璃等。有时把一些透明的塑料(如聚甲基丙烯酸甲酯)称为有机玻璃。

玻璃的基本性能主要体现在以下几个方面。

(1)强度。

玻璃抗拉强度较弱,抗压强度较强。玻璃和陶瓷一样,也是脆性材料。

(2)硬度。

玻璃的硬度较高,比一般金属硬,不能用普通刀具进行切割。根据玻璃的硬度可以选择磨料、磨具和其他的加工方法。

(3)光学特性。

玻璃是一种高度透明的物质。如普通平板玻璃,能透过可见光线的 $80\% \sim 90\%$,紫外线大部分不能透过,但红外线较易透过。

(4)电学性能。

常温下玻璃是电的不良导体。而温度升高时,玻璃的导电性迅速提高,熔融状态时玻璃变为良导体。热性质玻璃是热的不良导体,一般承受不了温度的急剧变化。

(5)化学稳定性。

玻璃的化学性质较稳定。玻璃的耐酸腐蚀性较高,而耐碱腐蚀性较差。玻璃长期受大气和雨水的侵蚀,其表面会发生磨损,失去光泽。尤其是一些光学玻璃仪器易受到周围介质的作用,破坏玻璃的透光性,在使用和保存中应加以注意。玻璃制品的热处理,一般包括退火和淬火两种工艺。

①退火。

退火就是消除或减小玻璃制品中热应力的热处理过程。为了消除玻璃中的永久应力,必须将玻璃加热到低于玻璃转变温度附近的某一温度进行保温均热,以消除玻璃各部分的温度梯度,使应力松弛。这个选定的保温均热温度,称为退火温度。玻璃在退火温度下,由于黏度较大,应力虽然能够松弛,但不会发生可测得的变形。

玻璃制品的退火工艺过程包括加热、保温、慢冷及快冷四个阶段。光学玻璃和某些特种玻璃制品,对退火的要求十分严格,必须要通过退火,使玻璃结构均匀,以达到要求的光学性能,这种退火称为精密退火。薄壁制品(灯泡等)和玻璃纤维在成型后,由于热应力很小,除适当地控制冷却速度外一般不再进行退火。

②淬火。

淬火就是使玻璃表面形成一个有规律、分布均匀的压力层(表面)以提高玻璃制品的机械强度和热稳定性。淬火玻璃同一般玻璃比较,其抗弯强度、抗冲击强度以及热稳定性等都有很大的提高。

3. 陶瓷

传统陶瓷又称普通陶瓷,是以黏土等天然硅酸盐为主要原料烧成的制品,现代陶瓷又称新型陶瓷、精细陶瓷或特种陶瓷。

陶瓷常用非硅酸盐类化工原料或人工合成原料,如氧化物(氧化铝、氧化锆、氧化钛等)和非氧化物(氮化硅、碳化硼等)制造。

陶瓷具有优异的绝缘性能、耐腐蚀、耐高温、硬度高、密度低、耐辐射等诸多优点,已在国民经济各领域得到广泛应用。传统陶瓷制品包括日用陶瓷、建筑卫生陶瓷、工业美术陶瓷、化工陶瓷、电气陶瓷等,种类繁多,性能各异。

随着高新技术工业的兴起,各种新型特种陶瓷也获得较大发展,陶瓷已日趋成为卓越的结构材料和功能材料。它们具有比传统陶瓷更好的耐温性能、力学性能,以及特殊的电性能和优异的耐化学性能。

1.2 建材机械的分类

人类的主要特点是能制造工具,但是人们制造和使用工具是有目的、有计划地改造自然,因此有了名副其实的生产劳动。

随着社会的变革、科学技术的发展,现代人越来越依赖高度机械化、自动化和智能化的产业来创造财富,因此必然要创造出现代化的工业装备和控制系统来满足生产的需要。

过程工业是加工制造流程性材料产品(如水泥、玻璃、陶瓷、化工品、石油等)的现代国民经济支柱产业之一,越来越依赖高度机械化、自动化和智能化的过程装备与控制工程。

如果说制造工具是原始人与动物区别的最主要标志,那么,产生现代过程装备与控制系统就可以说是现代人类文明的标志之一,或者说现代人类文明的标志之一就是创造、掌握、运用并不断改进完善过程装备及其控制。而过程设备设计就是承担这一重任的重要环节。

原材料经过一系列物理或化学的加工处理后成为产品,这一系列的加工处理步骤称为过程。过程需要由设备来完成物料的粉碎、混合、储存、分离、传热、反应等操作。例如:气体输送过程需要泵、空压机、管道以及储罐等设备。工业设备必须满足过程的要求。设备的新设计、新材料和新制造技术是在过程的要求下发展起来的,没有相应的设备,过程也就无法实现。

生产建筑材料和制品所用的主要机械设备称为建材机械,建材机械是一种典型的过程装备,由于生产各种建筑材料都需要一定数量的原料配比,因此必须有称量装置。此外,在生产过程中,有时还需要检测装置、自动控制装置等。本书只叙述水泥生产过程中常见的机械设备的工作原理及组成结构。

建材机械按照材料加工过程可分为原材料加工机械、烧成机械、成型机械、输送机械、选粉(分级或分选)设备、收尘(除尘)设备等。

(1)原材料加工机械。

原材料加工机械主要是指破碎及粉磨机械,其他还有筛分机械、搅拌与混合机械设备,电磁除铁设备,料浆脱水设备,喷雾干燥机等。

(2)烧成机械。

烧成机械主要是指回转窑、机械化立窑,其他还有熔窑、轮窑、辊道窑、隧道窑等。

(3)成型机械。

平板玻璃成型机械有引上机、平拉机、浮法成型机等。

陶瓷制品成型机械有塑性成型机、粉料干压成型机、注浆成型机等。

玻璃纤维成型机械有拉丝机等。

矿棉成型机械有四辊离心机等。

(4)输送机械。

输送机械主要是指带式输送机、振动输送机、气力输送设备等,其他还有斗式提升机、螺旋输送机、刮板输送机及钢板输送机等。

(5)选粉和收尘设备。

选粉和收尘设备主要是指空气选粉机、水力旋流器、离心式收尘器、电收尘器及过滤式收尘器等。

1.3　常见建筑材料的生产工艺过程及设备

1.3.1　水泥生产工艺过程及设备

1. 概述

水泥的品种很多,常用的有硅酸盐水泥、普通硅酸盐水泥、火山灰质硅酸盐水泥、矿渣硅酸盐水泥、粉煤灰硅酸盐水泥和复合硅酸盐水泥。

国家标准(GB 175—2020)规定:凡由硅酸盐水泥熟料、5%～20%混合材料、适量石膏磨细制成的水硬性胶凝材料,称为普通硅酸盐水泥(简称普通水泥),代号P·O。

国家标准规定:硅酸盐水泥、普通硅酸盐水泥分为 42.5、42.5R、52.5、52.5R、62.5、62.5R 六个等级强度;火山灰质硅酸盐水泥、矿渣硅酸盐水泥、粉煤灰硅酸盐水泥分为 32.5、32.5R、42.5、42.5R、52.5、52.5R 六个等级强度;复合硅酸盐水泥分为 42.5、42.5R、52.5、52.5R 四个等级强度。等级越高,强度越大;水泥颗粒越细小,质量也越好。

硅酸盐水泥在诞生之后的一个半世纪里,已经经历了多次的技术变革。在 1950 年到 1970 年间,伴随着悬浮预热和预分解技术的出现,以及后来的计算机信息化和网络技术在水泥的生产工艺中的应用,水泥工业迈入了新的阶段。

2. 新型干法水泥生产工艺流程及主要设备

新型干法水泥生产工艺流程以悬浮预热和预分解技术为核心,运用计算机技术、通信技术、控制技术和屏幕显示技术,具有高效自动化、节能环保、品质高的特点。新型干法水泥生产工艺流程如图 1.3.1-1 所示。

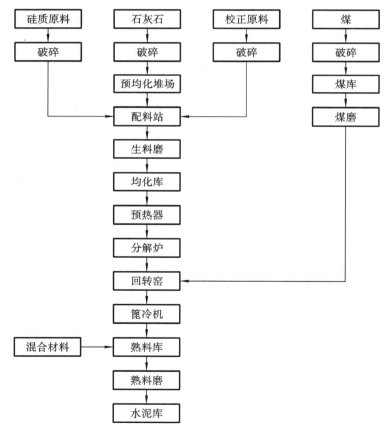

图 1.3.1-1　新型干法水泥生产工艺流程图

水泥生产线中的主要设备有颚式破碎机、立磨机、袋式除尘器、悬浮预热器、回转窑、篦冷机、电式除尘器、球磨机等。

在水泥生产工艺的生料制备阶段中，颚式破碎机主要用来对原料石灰石进行破碎，以期达到预均化和粉磨设备进料的尺寸要求（30 mm 以下）。

立磨机是水泥粉磨过程中的重要设备之一，它集成烘干、粉磨、选粉和输送功能于一身，自身构成粉磨选粉闭路循环系统，具有粉磨效率高、产量大、占地面积小等优点。

悬浮预热器是水泥生产中的预热设备，它主要由预热器、换热管道、出风管、下料管及锁风阀等构件组成，从回转窑窑尾排出的废气与物料在悬浮预热器中交汇，达到热量交换和预加热的作用。

回转窑是水泥熟料煅烧系统中的主要设备，该设置主要由筒体、传动装置、托轮、挡轮支撑装置、窑头、窑尾、窑头罩及燃烧装置等构件组成。

篦冷机是水泥生产中用于冷却熟料的主要设备。

袋式除尘器是水泥生产工程中主要的除尘设备之一，利用过滤方式达到除尘效果。而电收尘器在干法水泥生产工艺中主要用来对回转窑的窑尾废气和粉磨过程中产生的粉尘进行除尘处理。

1.3.2　平板玻璃生产工艺过程及设备

平板玻璃是指其厚度远远小于其长和宽，上下表面平行的板状玻璃制品。该类产品可以分为窗玻璃、压花玻璃、夹丝玻璃、夹层玻璃、双层中空玻璃、有色玻璃、吸热和反射玻璃、光致变色玻璃、釉面玻璃、玻璃空心砖、波形玻璃、槽形玻璃等。

平板玻璃的成型方法有：

（1）压延法　只用于夹丝及压花玻璃的生产。玻璃原板从自由玻璃液面引至压花辊，再沿水平方向拉引进入退火窑；

（2）浮法　是指玻璃液流漂浮在熔融金属表面上（浮抛锡槽中）生产平板玻璃的方法；

（3）平拉法　也称水平拉引法；玻璃原板从自由玻璃液面引上至 $700\sim800$ mm 高度后，绕经一个转向辊，再沿水平方向拉引进入退火窑；

（4）有槽垂直引上法　是指玻璃液通过槽子砖，再经引上机拉引成平板玻璃；

（5）无槽垂直引上法　这种方法吸取了有槽法和平拉法的优点，取消了槽子砖，在引上室液面下埋设引砖，采取自由液面引上成型；

（6）对辊引上法　针对有槽法使用槽子砖给玻璃带来的不可克服的缺陷，废除了槽子砖，代之以一对平行设置的向外反向旋转的辊子。

在平板玻璃生产工艺中，浮法工艺拥有许多其他工艺没有的优势，如长期不间断生产、热稳定性好、机械强度优良、生产自动化、高产低耗且产品丰富、深加工空间大等特点。

采用浮法工艺生产玻璃是英国皮尔金顿（Pilkington）公司最早提出的设想，即把熔融玻璃倾倒在装有重金属锡液的容器中，玻璃液密度小于锡液密度而漂浮在锡液表面，受重力和表面张力的共同作用而自然抛光，冷却成型得到玻璃成品。

玻璃行业流传着一句名言:"原料是基础,熔化是保证,成型是关键,退火是效益"。由此可见,玻璃熔窑、锡槽和退火窑是浮法生产线的三大热工设备。玻璃的熔化、成型工艺的合理性影响到玻璃制品的质量,玻璃制品的结石、气泡等许多缺陷都与熔化质量和成型效果密切相关。玻璃退火的质量直接影响到玻璃的后续切割、运输及深加工应用等。

浮法工艺流程可分为配料、熔化、成型、退火以及切割与运输五个部分。

配料过程包括原料称重、上料和混合。在原料车间,各玻璃原料用电子秤称量后,送入混合器中均匀搅拌,再通过皮带输送机送至窑头料仓。

熔化在玻璃熔窑中进行。来自配料系统的配料经投料机推入玻璃熔窑,被熔化后澄清、均化,经流道流入锡槽。

成型在锡槽中进行。从流道流入的熔融玻璃液自然地在锡液上摊平、展开,经拉边机作用形成所需宽度和厚度的玻璃带,渐冷后被牵引出锡槽,再通过过渡辊道进入退火窑。

玻璃带进入退火窑后,须严格遵循预设的退火温度分区曲线进行退火。经过均匀加热、保温、缓慢冷却、快速冷却等过程将其内应力控制在特定范围,然后进入冷端切割区。

平板玻璃浮法生产过程如图 1.3.2-1 所示。

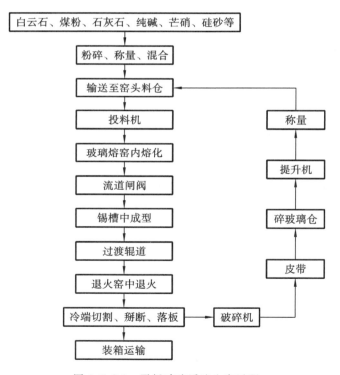

图 1.3.2-1 平板玻璃浮法生产过程

1.3.3 陶瓷生产过程及设备

传统的陶瓷制品,如日用陶瓷、建筑陶瓷、电瓷等是用黏土类及其他天然矿物原料经过粉碎加工、成型、煅烧等过程而得到的产品。陶瓷新品种,如氧化物陶瓷、压电陶瓷、金属陶瓷等常称为特种陶瓷,其生产过程基本上也是"原料处理—成型—煅烧"这种传统方式。陶瓷生产工艺流程图如图 1.3.3-1 所示。

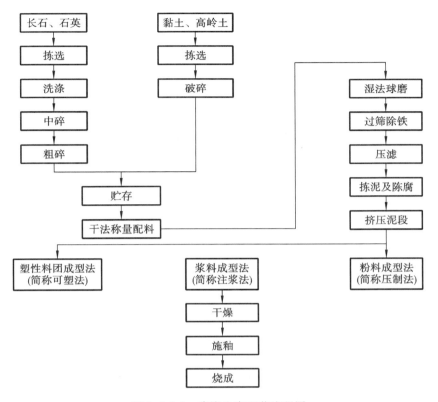

图 1.3.3-1 陶瓷生产工艺流程图

1.4 建材装备设计的要求

尽管 1.2 节所述建材机械的类型、用途、性能要求及结构特点等各有不同,但它们的设计方法、设计过程和设计要求基本上是类似的。

1.4.1 建材装备的主要设计方法

1. 理论分析计算的设计方法

在进行建材装备设计时,如果工业界已经有了一整套比较成熟的理论和计算公式,则可采用理论分析和计算的方法进行设计。

根据设计对象和被加工(或被控制)对象的运动等特点,应用理论分析法,研究这些运动中各参数间的一般关系方程式,从而用以指导设计实践。

上述方法同样适用于建材装备设计中。

在设计工作中结合工程力学、机械零件等基本理论,即可对各类机械的强度、刚度和振动等参数进行系统的理论分析和计算。

但是,建材装备在操作过程中的运动、变化较为复杂,因此,目前用理论分析计算的设计方法来设计机械还未达到很成熟的地步。理论分析法及理论方程式只能作为设计的重要依据之一,在实际设计过程中,还要结合下面所述的一些方法进行设计。

2. 模型放大设计法

模型放大设计法,是把理论分析法和实验法相结合的一种解决大量实际问题的方法,是相似理论在工程上的应用。

它根据理论分析所得的微分方程,经过相似转换获得相似准数,并在根据相似原理建立起来的模型上通过试验,求出这一类相似现象的各个相似准数间的函数关系,即可适用于这一类现象。这样,就可以把小型试验机台上获得的数据和规律,推广应用到大型机械和装备的设计中,这就是模型放大(或称相似放大)设计法。

目前,我国整体建材装备的设计方法还比较落后,大多以"经验—类比—实验"的方法为主,以理论分析的方法为辅。随着我国科学技术的发展,以及理论分析计算的设计方法的日趋完善,采用现代设计法,设计水平将大大提高。

1.4.2　建材装备设计的一般过程

1. 设计准备

首先要明确设计任务,初步拟订设计方案和计划。

设计任务书是设计装备的根据,因此,在设计前应认真明确设计任务书所提出的全部设计内容和要求,然后根据所加工的物料性质和工艺要求进行初步分析,拟出装备设计的主要技术参数,拟定设计计划,提出保质保量按期完成任务的措施。

其次是调查研究,修正设计方案和计划。

设计人员应深入装备的使用和制造单位,了解建筑材料、制品对装备的要求,使用单位(特别是装备或机器的操作者)对装备的要求和意见,以及装备的制造单位的具体情况等。

同时,设计人员还必须认真查阅和搜集国内外有关技术资料,了解国内外有关此类装备的历史、现状和发展趋势,以供设计参考。此外,在调查研究的同时,还必须做些必要的试验和分析、对比工作。在做完上述调查研究工作后,就为正确地完成设计任务打下了基础,从而可进一步修正设计方案和计划。

2. 方案设计

在完成上述工作后,即可进行方案设计,拟出几个不同的方案进行比较。一般来说,方案设计应经过几次,甚至多次反复讨论和修改,最后选定一个综合性能较好的方案。

方案设计应包括主要技术参数、总体方案图、主要部件图、传动系统图、控制系统图、试验报告以及技术经济效果的分析资料等内容。

对于新型设备,特别是对那些重要设备的设计,必须坚持"一切经过试验"的原则。方案设计后,必须经过模拟或实际试验以及工业试验。经试验总结,达到预期的效果后,方可在设计中正式采用。

3. 施工图设计

设计方案被批准后,即可进行施工图设计。一般施工图,主要包括装备的总布置图、总装配图、各部件装配图、零件图、编制零件明细表、设计计算书、机器的使用说明书等技术文件。

4. 小结和总结

装备全部设计完毕后,应做出设计小结,提出本设计中的主要优缺点、设计工作中的经验和教训,并对本设计的水平做出初步的评价,提出今后改进设计的意见。同时应将设计过程中的全部设计文件整理归档。

在设计图投入加工制造过程中,设计人员还应经常深入现场,了解制造、安装和试车情况,以便及时发现和解决存在的问题,并利于以后改进设计。

最后,装备试制出来,并经正式试车、鉴定和投入使用后,还必须在上述小结的基础上进行全面总结。

1.4.3 建材装备的设计要求

1. 使用要求

装备的使用要求,就是要求它能够有效地执行预期的全部功能。

这包括执行全部功能的可能性和可靠性两个方面:可能性即以正确设计、全面实现工艺技术参数、正确工作原理和机构组合来保证;可靠性即在预定的寿命期间要可靠地工作,也就是装备在使用中不发生破坏,不会因过度磨损或产生过度变形而导致装备失效,也不因装备的运转不够正确,以及强烈的冲击和振动等而损害到装备的正常工作质量。

由于建材装备荷载变化较大、磨损严重、工作环境恶劣等,因此必须有较高的可靠性。

2. 经济性要求

建材装备的经济性是一个综合指标,它表现在设计、制造和使用的整个过程中:在设计、制造上,要求成本低,生产周期短;在使用上,要求生产率高,适用范围大,燃料、电能和辅助材料等消耗少,管理方便,维护费用低廉等。

3. 工艺性要求

装备应具有良好的工艺性。

在不影响工作性能的条件下,应使装备的结构尽可能简化,力求用最简单的机构和装置取代非必须的复杂装置,完成同样的预期功能。

为此,应全面分析对比各种机构组合方案,尽量采用标准零部件及优先配合、优先系列和标准结构要素等,制造及装配的劳动量要少;装拆、维修要方便。

4. 环境和劳动保护的要求

环境和劳动保护是设计建材装备时必须特别重视的要求,它可以概括为三个方面。

(1)技术安全。

对建材装备中易于危害工人安全的部位,均应加装安全罩;一切传动机构均应尽可能设计成闭式的;容易与工人接触的外露部位不应有锋利的棱角或灼热的介质等;采用各种可靠的安全保险装置和信号报警系统。

(2)最大限度地减少工人操作时的体力及脑力消耗。

仪表和信号装置应布置适中;力求简化操作过程,并适当利用自动化操纵装置;采用各种可靠的连锁装置,例如在有集中润滑的大型设备中,可以在油路中接入一个压力继电器,以保证在未接通油泵电机的电源及油压未达到预定的指标时,无法开动装备,从而防止摩擦副在润滑不良的情况下启动造成的过度磨损,这样就可以避免操作失误所引起的不良后果,从而消除操作者的精神负担。

(3)努力改善操作者的工作环境。

力争降低装备运转工作中产生的噪声;有效地净化或排除操作时产生的废气、废液及灰尘屑末,保持工作环境通风流畅,温度适中,适当美化装备和零件的外形及表面等。

1.5　我国建材行业及其装备的发展趋势

我国建材装备的设计与制造是 1949 年以后从无到有逐步发展起来的,经历了从测绘仿制走向自行设计,从修配走向制造的发展过程,技术水平提高很快。

近年来,我国先后引进国外先进技术和建材装备来加速现代化进程,但是与世界先进水平相比,我国的建材机械在总体上还比较落后。今后应通过引进、消化、吸收和创新,使我国的建材装备逐步达到国际先进水平。

这里我们主要以水泥装备为例,说明我国建材行业及其装备的发展趋势。

在国家经济建设和有关政策的带动下,我国水泥工业近几年得到了多年未有的高速发展。据中国国家统计局数据显示:2019 年,中国水泥产量为 23.5 亿吨,比上年增长 4.9%,占世界水泥总产量的 57.32%。尽管如此,我国水泥生产及装备仍有发展空间。

1. 大型化

近年来,世界水泥工业发展的动向之一是大型化,各国都在致力于开发大型设备及其应用技术。因为大型水泥厂能降低生产成本、减少能耗、提高劳动生产率,特别是日产 4000 t 熟料水泥厂的经济效益特别显著。

工厂的大型化,要求水泥厂的所有设备也随之大型化,所以在设备设计、制造、材料、计测及控制上要求有更高水准的集成技术。目前世界各国纷纷建造 2000~2500 t/d 级和 4000~5000 t/d 级的预分解窑生产线,实现了同规模条件下的低投资、高可靠性和较好的经济效益。

2020 年 12 月,"水泥人网"报道,江苏溧阳市人民政府网站发布了一则产能置换公告,公告内容为退出 6 条生产线,以置换新建 2 条 10000 t/d 熟料水泥智能制造二代示范线。自此国内在建及已建的万吨熟料生产线共有 19 条。

水泥装备的大型化不仅是规模效益的需求,还将是我国水泥技术发展和水泥工业现代化的标志。水泥装备的大型化必将促进我国水泥装备加工业的技术进步与发展,有利于进一步改善不合理的规模结构、技术结构和产业结构。

但是,装备的大型化绝不是简单的几何尺寸的放大,它是以先进的技术、基础工业的发展、加工能力的提高及科学的管理为前提的。

水泥装备的大型化需要计算机辅助设计、有限元结构分析等确保设计可靠、技术先进的设计手段;机械加工装备与加工工艺措施;材料科学新成果的应用,以及工厂周边环境的运输条件,现代化、自动化管理的水平,等等。

随着我国国民经济的快速发展,我国的装备制造水平也不断提高。这种提高包括装备能力的提高、制造工艺水平的提高和工厂管理水平的提高。从目前的装备情况看,国内各大机械制造单位也已经具备了加工大型水泥装备的能力。

2. 信息化、智能化

建材装备属于大型机械设备，其个性化较强，即便是同一种设备，也会因为工程实际情况、产品性能区别以及物料等不同要求有着不同的规格。建材装备的制造基本上采用"少量生产以及单件生产"的形式。

这样的生产组织形式十分不适合专业线生产。因此，目前建材装备主要采用传统机械生产模式进行生产，在产品制作过程中人为因素所占比重极大，对制作出的产品质量难以控制。与家电、汽车等批量生产的行业相比，制造方式的改善难度很大。因此，充分利用先进信息技术对传统水泥装备制造进行改善，可以充分提升资源利用率，降低能源消耗。

水泥装备智能化不仅仅应体现在产品制作过程的智能化上，也应该使水泥装备本身具备智能化，从而使得水泥装备可以更好地应用于水泥生产，大幅提升资源利用率，降低能源消耗，促进水泥装备制造行业的转型。

3. 节能减排

水泥厂是耗能大的工业企业，从生产工艺上看，这种能源消耗可分为两部分：一是消耗燃料多的熟料烧成系统；二是消耗电能多的原料与熟料的粉磨系统。

首先，要改进粉磨工艺，发展粉磨技术减少电耗。在水泥生产中，每生产 1 t 水泥大约需要粉碎各种物料 3~4 t，粉碎工艺过程的电耗占生产总电耗的 $60\% \sim 70\%$。选择先进的粉碎工艺，简化粉碎流程，改善传统粉碎作业方式，提高粉磨效率，降低粉磨电耗，已成为实现水泥生产节能降耗的关键。

其次，要大力发展新型干法水泥技术，保障水泥产品质量，实现水泥行业节能减排。新型干法水泥技术是指采用窑外分解的新工艺生产水泥技术。该技术以悬浮预热器和窑外分解技术为核心，采用新型原料、燃料均化和节能粉磨技术及装备，全线采用计算机集散控制，实现水泥生产过程自动化，具有高效、优质、低耗、环保的特点。

4. 绿色环保

水泥生产粉尘污染，曾经是世界范围内大气污染的主要尘源之一。20 世纪 70 年代以来，世界各国对环境保护的要求越来越严格，促使新型干法水泥生产必须顺应潮流，重视消音除尘，满足环保要求。世界各国对于防止粉尘污染和烟囱排尘浓度都有各自的标准，例如：德国和北欧诸国水泥工业正向着"四零一负"战略目标迈进，其水泥工业已减少了对周围生态环境的污染。

由于各国对环境保护的要求越来越高，水泥工厂对收尘设备的投资不断增加，不但广泛地采用各种新型收尘设备，同时在物料储存设计上，也废弃了原来粉尘污染大且难治理的"联合储库"方案，采用了崭新的"圆库化"方案，既改善了工厂的总体布局，也充分满足了环保要求。

与此同时，各国水泥工厂也十分重视消除噪声、减少废水污染和绿化环境，使水泥工业实现文明生产。

2020 年 12 月，"水泥人网"报道，陕西铜川金隅冀东首条仅需 60 人的智能化万吨线——坐在家里就可以操作的水泥企业正在紧张建设中。

这条生产线具有两个最显著的特点：

（1）绿色。

绿色体现在它的整个运行指标符合二代水泥指标，比现在的指标优化 20%，还体现在协同处置上，能够把城市产生的废弃物通通入窑烧掉，起到城市净化器的一个作用。还有一个特点，就是超低排放，它的整个排放指标比现行指标降低了 70% 以上。将来的这个工厂干净无尘，是花园式工厂。

（2）智能化。

智能化体现在整个专家操作系统上，具有自我学习、自我优化和自我完善的功能；智能化体现在通过无人机巡检，把数据传递到中央控制室进行处理，散装水泥可以采用无人操作的方式装袋，袋装水泥可以用机器人装车。智能化还体现在通过 5G 网络实现远程操控，坐在家里就可以操作水泥企业，运行整条水泥生产线仅需 60 个生产工人。

这条生产线采用国际最先进的二代智能化新型干法水泥工艺技术，建成后的主要污染物排放、综合能耗等均可下降 50% 左右，每年可压减水泥产能 150 万吨，且每年直接减少煤炭消耗 23 万吨左右。

第2章 破碎设备

水泥生产过程中,大部分原料要进行粉碎,如石灰石、黏土、铁矿石、煤等。而石灰石是生产水泥用量最多的原材料,开采后的粒度较大,硬度较高,因此石灰石的破碎在水泥厂的物料破碎中占有非常重要的地位。

用外力(机械力或直接用水力、电力等)克服固体物料各质点间的内聚力,使其碎裂的过程,称为粉碎。

将大块物料碎裂成小块,称为破碎;将小块物料碎裂成细粉,称为粉磨。破碎和粉磨统称为粉碎。

粉碎是通过破碎对粉体颗粒的尺寸和形状进行控制的一种基本操作,有利于粉体颗粒的资源化和减量化。

由于材料的破碎过程要比其粉磨过程经济方便得多,因此,合理选择破碎设备非常重要。在生产过程中,物料入磨前,尽可能将大物料破碎至均匀、细小的物料,以减轻粉磨设备的负荷,提高磨机产量,同时也有利于物料的均匀化,提高配料的准确性。

2.1 粉碎的基本概念

2.1.1 粉碎的目的及意义

一般来说,用机械粉碎粉体颗粒的主要方法有五种,即挤压、弯曲、劈裂、研磨和冲击。

前四种方法都是使用静力粉碎,最后一种方法则是应用动能粉碎。在绝大多数破碎机械中,粉体颗粒常在两种及两种以上粉碎方法的作用下被粉碎,例如,在旋回圆锥式破碎机中,主要应用挤压、劈裂和弯曲方法;在球磨机中,主要应用冲击和研磨方法。

在水泥工业中,按照产品粒径大小,颗粒分为粗碎(粒径在 100 mm 以上)、中碎(粒径为 20~100 mm)和细碎(粒径在 20 mm 以下)三类。

对原料进行破碎和粉磨,这样做的目的是:

(1) 使物料的比表面积增加,提高物理作用的效果及化学反应的速度;

(2) 促进混合,多种粉体物料在细颗粒状态下混合更容易达到均匀的效果;

(3) 改变物料流动性,有利于粉体颗粒的贮存和输送;

(4) 提高产品质量,如水泥熟料和石膏一起粉碎成最终产品,粒度越小,水泥颗粒的比表面积越大,则水泥的标号越高。

因此,改善粉碎操作,合理选择粉碎流程,改进粉碎机械,对提高产品的质量、减少动力消耗、降低生产成本,具有重要的现实意义。

2.1.2 破碎比

(1) 平均破碎比。

在破碎作业中,破碎前物料的平均直径 D_m 与破碎后物料的平均直径 d_m 的比值,称为

破碎比,又称为平均破碎比,以 i_m 表示:

$$i_m = \frac{D_m}{d_m} \tag{2-1}$$

式中: i_m——平均破碎比;

D_m——破碎前物料的平均直径,mm;

d_m——破碎后物料的平均直径,mm。

破碎比表示物料粒度在破碎过程中颗粒尺寸缩小的程度,是破碎机选型时,作为计算产量和能量消耗等的主要依据。

(2)公称破碎比。

物料破碎前的最大进料口尺寸与破碎后的最大出料口尺寸的比值,称为公称破碎比,用 i_n 表示:

$$i_n = \frac{B}{b} \tag{2-2}$$

式中: i_n——公称破碎比;

B——破碎机最大进料口尺寸,mm;

b——破碎机最大出料口尺寸,mm。

对于破碎机而言,破碎比是评定破碎机性能的一项技术指标;对于物料而言,破碎比是确定破碎系统和设备选型的重要依据。

2.1.3 粉碎机械分类

粉碎机械按工艺要求的分类可参阅表 2.1.3-1。

表 2.1.3-1 粉碎机械按工艺要求的分类

序号	粉碎机械的分类	粉碎作业的分类	入料尺寸/mm	出料尺寸/mm	破碎比	粉碎方法	常用粉碎机械的举例
1	粗碎机械	粗碎作业	300~900	100~350	<6	压碎或击碎	颚式、颚辊式、颚旋式、旋回圆锥式、锤式破碎机
2	中碎机械	中碎作业	100~350	20~100	3~20	压碎或击碎	反击式、双辊式、锤式、菌形圆锥式破碎机
		细碎作业	50~100	3~15	6~30		
3	粉磨机械	粗磨作业	2~60	0.1~0.3	>600	击碎、磨碎	鼠笼式磨机,球磨机,管磨机,环辊磨机
		细磨作业	2~30	<0.1	>800	击碎、磨碎	球磨机,管磨机,环辊磨机
		超细磨作业	<1~2	0.02~0.004	>1000	高频率振动	振动磨

2.2 破碎设备的发展历程

公元前 2000 多年,中国就出现了最简单的粉碎工具——杵臼,如图 2.2-1 所示。公元前 200—公元前 100 年出现了脚踏碓,如图 2.2-2 所示,这是一种舂米用具,用柱子架起一根木杠,杠的一端装有较硬的木料(碓头),用脚连续踏另一端,碓头就连续起落,去掉圆形臼窝中的稻谷皮。

图 2.2-1 杵臼

图 2.2-2 脚踏碓

这些工具运用了杠杆原理,初步具备了破碎机械的雏形,当然,它们的粉碎动作和工作过程仍是间歇式的。

最早采用连续粉碎动作的破碎机械是公元前 4 世纪由公输班发明的畜力磨,后来发展成为连续粉碎动作的破碎机械——辊碾,如图 2.2-3 所示。速度和效率是科技进步的表现,古今亦然。因此,以碾脱粒代表了那个时代的先进生产力。

公元 200 年之后,中国杜预等人在脚踏碓和畜力磨的基础上研制出了以水力为原动力的连机水碓、水磨、水转连磨等。图 2.2-4 是复原的连机水碓的模型。在当时,由于使用了连机水碓来加工谷物,生产效率大大提高,当地的米价下跌。

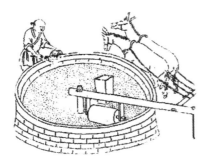

图 2.2-3 畜力磨

图 2.2-4 复原的连机水碓的模型

到东晋时,连机水碓已经得到广泛应用,经久不衰,直至 20 世纪 20 年代才逐渐为柴油碾米机所替代。显然,连机水碓对我国古代乃至近代的谷物加工做出了重要贡献。连机水碓不仅可用于粮食加工,还可用于舂碎陶土、香料等,有的地方至今仍在使用。

随着社会经济的发展,社会分工也越来越细,这些破碎机械除了用于农产品(主要是谷物)的加工外,还扩展到其他物料的粉碎作业上。

近代的粉碎机械是在蒸汽机和电动机等动力机械逐渐完善和推广之后相继创造出来的。1806 年,出现了用蒸汽机驱动的辊式破碎机;1858 年,美国人 E. W. Black 设计制造了世界上第一台用来破碎岩石的颚式破碎机,其结构形式为双肘板式(简摆式)颚式破碎机;1878 年,在美国出现了具有连续破碎动作的旋回圆锥式破碎机,生产效率得以大幅提高;1895 年,美国的威廉发明了能耗较低的冲击式破碎机。这些破碎机械的出现,虽然大幅提高了粉体颗粒粉碎作业的效率,但是直到 19 世纪末,世界上绝大多数国家对于物料破碎筛分工作采用的仍然是原始手工模式。

由于各种物料的粉碎特性互有差异,不同行业对产品的粒度要求也彼此不同,于是又先后发展出按不同工作原理进行破碎作业的各种破碎机械,本章将详细介绍几种常用的破碎设备。

2.3 颚式破碎机

颚式破碎机俗称颚破,又名老虎口。

颚式破碎机经过一个多世纪的实践和不断优化改进,其结构已日臻完善。它具有结构简单、工作可靠、制造容易、维修方便等特点,至今仍然是粗碎、中碎和细碎作业中使用最广泛的一种破碎机。

颚式破碎机适用于坚硬和中硬的脆性物料破碎,如各种矿石、溶剂、炉渣、建筑石料、大理石等。颚式破碎机不但在建材工业,而且在冶金、选矿、煤炭、化工等工业中得到广泛应用。

常用的颚式破碎机的破碎比为 4~6,而小型颚式破碎机的破碎比有时可达到 10。

大、中型破碎机的给料粒度可达 1000~2000 mm,其产品粒度可达 20~250 mm,小型破碎机和新型细碎用颚式破碎机所得产品可以更细一些。

2.3.1 颚式破碎机的工作原理和类型

(1)颚式破碎机的工作原理。

在颚式破碎机中,物料破碎是在两块颚板之间进行的。可动颚板绕悬挂心轴相对于固定颚板做周期性摆动,如图 2.3.1-1 所示。

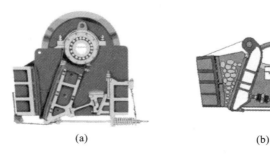

(a) (b)

图 2.3.1-1 颚式破碎机
(a)复摆式;(b)简摆式

活动颚板相对于固定颚板做周期性的往复运动,时而远离,时而靠近。当动颚板离开时,物料进入破碎腔,破碎后的物料在重力的作用下,经卸料口从破碎机底部卸出;当动颚板靠近时,破碎腔中的物料受到挤压、弯曲和劈裂作用而破碎。当动颚板靠近固定颚板时,位于两颚板间的物料受压碎、劈裂和弯曲作用而破碎。

(2) 颚式破碎机的类型。

颚式破碎机按动颚板的运动特征分为简单摆动(见图 2.3.1-2(a))和复杂摆动(见图 2.3.1-2(b))两种形式。前者制成大型和中型的机械,其破碎比 $i=3\sim6$;后者制成中小型的机械,其破碎比可达 10。

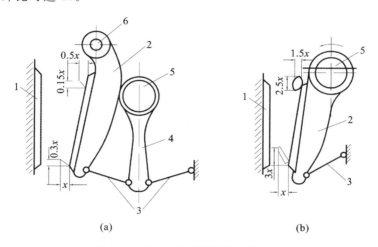

图 2.3.1-2　颚式破碎机的主要类型

(a) 简单摆动;(b) 复杂摆动

1—定颚板;2—动颚板;3—推力板;4—连杆;5—偏心轴;6—悬挂轴

颚式破碎机的规格用进料口宽度和长度表示。例如 PJ900×1200 颚式破碎机,即进料口宽度为 900 mm、长度为 1200 mm 的简摆颚式破碎机。

近年来,由于工厂规模不断扩大,要求减小破碎产品的粒度,制造生产能力高的大型颚式破碎机,加高了破碎腔,减小了出料口,使破碎比增大,故破碎机的质量系数也在不断提高。

2.3.2　颚式破碎机的构造

(1) 简单摆动颚式破碎机。

简单摆动(简摆)颚式破碎机的结构如图 2.3.2-1 所示。

机架 1 上部装有两对互相平行的轴承,动颚板 2 固定在轴 3 上,并利用轴 3 及其轴承悬挂在机架上,轴 3 称为动颚悬挂轴。偏心轴 5 两端分别固定着飞轮(皮带轮)4。连杆 6 下端有凹槽,推力板 7 的端部插入凹槽中。左推力板的另一端支承在动颚板的下部,而右推力板的另一端支承在与机架后壁 9 相连的特殊挡板 8 上。借助于拉杆 10 和支持在机架后壁凸缘 11 上的圆柱形拉杆弹簧 12 的拉力,动颚板的下端经常向机架后壁的方向拉紧,使动颚板张开时推力板不至于掉下来。

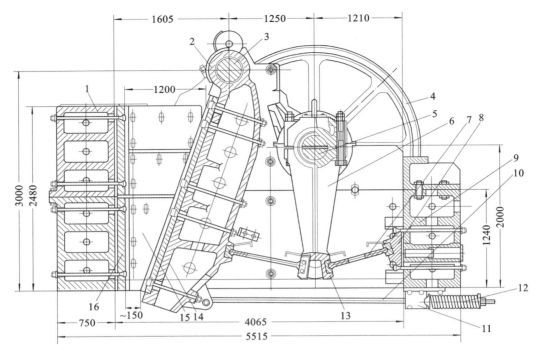

图 2.3.2-1　1200 mm×1500 mm 简单摆动颚式破碎机

1—机架；2—动颚板；3—动颚悬挂轴；4—飞轮（皮带轮）；5—偏心轴；

6—连杆；7—推力板；8—挡板；9—机架后壁；10—拉杆；11—后壁凸缘；

12—拉杆弹簧；13—推力板支座；14—动颚破碎板；15—侧护板；16—固定颚破碎板

（2）复杂摆动颚式破碎机。

复杂摆动（复摆）颚式破碎机结构示意图如图 2.3.2-2 所示。与简单摆动颚式破碎机的不同之处在于动颚悬挂轴是偏心轴，连杆随之取消，推力板只有一块。出料口调整装置利用调节螺栓 7 来改变楔形顶座 8 和 9 的相对位置，从而使出料口的大小改变。

2.3.3　颚式破碎机结构参数及工作参数的确定

1. 结构参数的确定

1）进料口尺寸

（1）进料口宽度 B。

$$B = (1.1 \sim 1.25)D_{max} \tag{2-3}$$

式中：D_{max} 是最大进料粒度，由破碎机啮住物料的条件决定。

（2）进料口长度 L。

$$L = (1.25 \sim 1.6)B \tag{2-4}$$

对于大型破碎机，取 $L = (1.25 \sim 1.5)B$；

对于中小型破碎机，取 $L = (1.5 \sim 1.6)B$；

对于小型破碎机，为获得较高的生产率和破碎比，L/B 值可以选大些，$L/B = 2.5 \sim 5$。

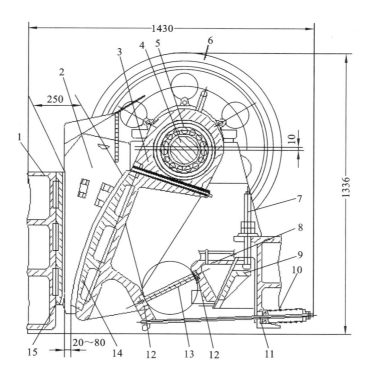

图 2.3.2-2　250 mm×400 mm 复杂摆动颚式破碎机

1—机架;2—侧护板;3—动颚板;4—偏心轴;5—滚动轴承;

6—皮带轮(飞轮);7—调节螺栓;8—前楔形顶座;9—后楔形顶座;10—拉杆弹簧;

11—拉杆;12—推力板支座;13—推力板;14—动颚破碎板;15—固定颚破碎板

2）卸料口最小宽度 n 或 e

（1）简摆颚式破碎机:

$$n = 175 - 50B \tag{2-5}$$

（2）复摆颚式破碎机:

$$e = d_{\max} - S = (1/7 \sim 1/10)B \tag{2-6}$$

式中: $d_{\max}$——最大卸料粒度;

　　　S——动颚板摆动行程（卸料口处的水平行程）。

3）动颚板摆动行程 S

动颚板摆动行程 S 应按物料被破坏时所需的压缩量来决定。

由于破碎板的变形,以及动颚板与固定颚板之间存在的间隙等因素的影响,实际选取的动颚板摆动行程远远大于理论上求出的数值。

在简摆颚式破碎机中,破碎腔的上部动颚板摆动行程小,下部动颚板摆动行程大。物料大小是从破碎腔的上部向下逐渐减小的,所以只要动颚板上部的摆动行程能够满足破碎物料所需的压缩量就可以。根据试验,破碎腔上部的动颚板摆动行程大于 $0.01 D_{\max}$, $D_{\max}$ 是最大进料粒度。

在复摆颚式破碎机中,破碎腔的上部动颚板摆动行程大,下部动颚板摆动行程小,下部动颚板摆动行程不得大于卸料口宽度的 $30\%\sim40\%$。

实际上,动颚板摆动行程是根据经验数据确定的。通常,对于大型颚式破碎机,$S=25\sim45$ mm,对于中小型颚式破碎机,$S=12\sim15$ mm。

4) 偏心轴的偏心距 r

对于简摆颚式破碎机,$S\approx r$;对于复摆颚式破碎机,$S\approx(2\sim2.2)r$。

2. 工作参数的确定

1) 钳角

颚式破碎机中的动颚板与固定颚板之间的夹角 α 称为钳角。

当破碎物料时,必须使物料既不向上滑动,也不从进料口中跳出来。为此,夹角 α 应该保证物料与颚板工作表面间产生足够的摩擦力,以阻止物料块被推出去。

设物料形状为球形,其质量为 G,如图 2.3.3-1 所示。

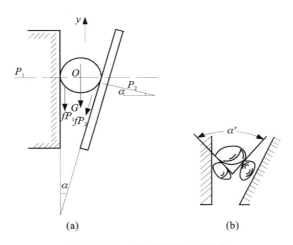

图 2.3.3-1　颚式破碎机的钳角

由于物料的重力比物料的破碎力小很多,可忽略不计。

在颚板与物料接触处,固定颚板和动颚板对物料的破碎力分别为 P_1 和 P_2,与颚板垂直。由这两个力所引起的摩擦力为 fP_1 与 fP_2,f 为物料与颚板之间的摩擦系数。

破碎腔中物料不向上滑动的条件为

$$P_1 = P_2\cos\alpha + fP_2\sin\alpha \tag{2-7}$$

$$fP_1 + fP_2\cos\alpha \geqslant P_2\sin\alpha \tag{2-8}$$

经整理得

$$\tan\alpha \leqslant \frac{2f}{1-f^2} \tag{2-9}$$

如果物料与颚板之间的摩擦角为 φ,则 $f = \tan\varphi$。

$$\tan\alpha \leqslant \frac{2\tan\varphi}{1-\tan^2\varphi} = \tan2\varphi \tag{2-10}$$

即

$$\alpha \leqslant 2\varphi \tag{2-11}$$

因此,钳角应小于物料与颚板之间的摩擦角的 2 倍。一般摩擦系数 $f=0.25\sim0.3$,则钳角最大值为 $28°\sim34°$。实际上,当破碎机喂料粒度相差很大时,虽然 $\alpha<2\varphi$,仍有可能出现物料被挤出的情况,这是由于大块物料楔塞在两个小块物料之间,如图 2.3.3-1 (b)所示,这时物料的钳角必然大于两倍物料间的摩擦角。所以,实际生产中,颚式破碎机的钳角 $\alpha=18°\sim22°$。

减小钳角,可使破碎机的生产率增加,但会导致破碎比的减小;相反,增大钳角,虽可增加破碎比,但会降低生产率,同时落在破碎腔中的物料不易被夹牢,有被推出机外的风险。

2)偏心轴的转速 n

根据颚式破碎机的工作原理,其工作过程是间歇式破碎,即偏心轴转一圈,动颚板往复摆动一次,前半圈破碎物料,后半圈卸出物料。

因此,偏心轴转速过高或过低都会降低颚式破碎机的生产能力。

动颚板后退时,破碎后的物料应在重力作用下全部卸出,然后动颚板立即返回破碎物料,这种情况下颚式破碎机可获得最大的生产能力。

由于颚式破碎机颚板较长,摆幅不大,因此,动颚板摆动时,钳角 α 值被认为保持不变,即动颚板做平行摆动。

令卸料口宽度为 e,动颚板摆动行程为 S,破碎后的物料在破碎腔内的断面为梯形,如图 2.3.3-2 所示。

每次能卸出的物料高度 h 为

$$h = S/\tan\alpha \tag{2-12}$$

物料在重力作用下自由落下,破碎后的物料卸料高度为

$$h = \frac{1}{2}gt^2 \tag{2-13}$$

$$t = \sqrt{\frac{2h}{g}} \tag{2-14}$$

为保证已达到要求尺寸的物料能及时地全部卸出,卸料时间应等于动颚板空转行程时间 t'。

$$t' = \frac{1}{2} \times 60/n = 30/n \tag{2-15}$$

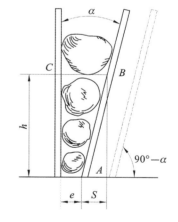

图 2.3.3-2 偏心轴转速计算

而

$$\sqrt{\frac{2h}{g}} = 30/n \tag{2-16}$$

则

$$n = \frac{30}{\sqrt{\frac{2h}{g}}} = \frac{30}{\sqrt{\frac{2S}{g\tan\alpha}}} = 665\sqrt{\frac{\tan\alpha}{S}} \ (\text{r/min}) \tag{2-17}$$

式中:n——偏心轴转速,r/min;

S——动颚板摆动行程,cm;

α——钳角;

g——重力加速度。

实际上,由于在动颚板空转行程初期,物料仍处于压紧状态,不能立即落下,因此,偏心轴转速应比式(2-17)算出的值低30%左右。于是

$$n = 470\sqrt{\frac{\tan\alpha}{S}} \text{ (r/min)} \tag{2-18}$$

上述计算过程未考虑物料性质和破碎机类型等因素对颚式破碎机偏心轴转速的影响,因此,只能用来粗略地确定破碎机偏心轴的转速。

通常,破碎坚硬物料时,转速应取小些;破碎脆性物料时,转速可取大些;对于较大规格的破碎机,转速应适当降低,以减小振动,降低动力消耗。

3)生产能力

颚式破碎机的生产能力与破碎物料的性质,破碎机的类型、规格、性能及操作条件等因素有关。

颚式破碎机的生产能力常常采用经验公式计算:

$$Q = \frac{K_1 K_2 qe\gamma}{1.6} \text{ (t/h)} \tag{2-19}$$

式中:K_1——物料易碎性系数,具体数值可查阅相关技术手册;

K_2——进料粒度修正系数,具体数值可查阅相关技术手册;

q——标准条件下(指开路破碎容积密度为 1.6 t/m³ 的中等硬度物料)的单位出口宽度的生产能力,$t/(mm \cdot h)$,具体数值可查阅相关技术手册;

e——出料口宽度,mm;

γ——物料的容积密度,t/m³。

4)功率

颚式破碎机的功率消耗可根据体积理论,按照破碎物料需要的破碎力算出。其计算结果与实际情况相差较大,故在实践中很少应用。

比较接近实际情况的算法是用实验数据导出的公式计算破碎力,然后计算功率。

在确定电动机安装功率 N_g 时,考虑到破碎机工作过程中可能出现过载和启动问题,应把计算值再增加50%作为安全储备。

简摆颚式破碎机的电动机安装功率为

$$N_g = [0.2 \times 2.7LHSn \times 0.57 \times 10^6/(1000 \times 60 \times 0.75)] \times 1.5 = 10.26LHSn \text{ (kW)} \tag{2-20}$$

复摆颚式破碎机的电动机安装功率为

$$N_g = [0.2 \times 2.7LHrn \times 10^6/(1000 \times 60 \times 0.75)] \times 1.5 = 18LHrn \text{ (kW)} \tag{2-21}$$

式中:L——破碎腔的长度,m;

H——破碎腔的高度,m;

n——偏心轴转速,r/min;

S——动颚板摆动行程,m;

r——偏心轴的偏心距,m。

2.3.4　颚式破碎机的主要零部件计算

1. 简单摆动颚式破碎机的受力分析

1）确定连杆作用力

采用电动机的额定功率作为破碎物料时功率消耗的最大值。

如图 2.3.4-1 所示,连杆所受作用力 F 由 0 变化到最大值,则连杆所受平均作用力为

$$F_m = F_{max}/2 \qquad (2\text{-}22)$$

偏心轴每分钟转速为 n 时所需的功率为

$$N = nA/(1000 \times 60) \qquad (2\text{-}23)$$
$$= nF_m \times 2r/(1000 \times 60) \text{(kW)}$$

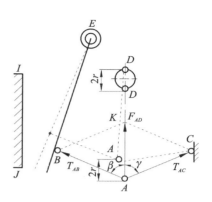

图 2.3.4-1　简单摆动颚式破碎机
推力板受力图

$$F_m = 3 \times 10^4 N/(nr) \text{ (N)} \qquad (2\text{-}24)$$

$$F_{max} = 2F_m = 6 \times 10^4 N/(nr) \text{ (N)} \qquad (2\text{-}25)$$

式(2-25)是理论计算值,实际应用时分为两种情况。

正常破碎时　　　　　　$F = 2F_{max} = 12 \times 10^4 N/(nr) \text{ (N)} \qquad (2\text{-}26)$

强力破碎时(落入非破碎硬物时)

$$F' = 4F_{max} = 24 \times 10^4 N/(nr) \text{ (N)} \qquad (2\text{-}27)$$

2）确定推力板作用力

简单摆动颚式破碎机推力板的受力如图 2.3.4-1 所示,其中 β 角和 γ 角分别是连杆与推力板 AB 和 AC 的夹角。为了简化计算,取 $\beta = \gamma$。

$$T_{AB}/\sin\gamma = T_{AC}/\sin\beta = F_{AD}/\sin(180° - 2\beta) \qquad (2\text{-}28)$$

$$T_{AB} = F_{AD} \times \sin\beta/\sin(180° - 2\beta) = F_{AD}/2\cos\beta \qquad (2\text{-}29)$$

$$T_{AC} = T_{AB} \qquad (2\text{-}30)$$

从式(2-29)中得知:当 β 角增大时,力 T_{AB} 也随之增大,研究表明,当 β 角接近 90°时,T_{AB} 将增加到最大值,因此,破碎力将达到最大值。所以,在设计简单摆动颚式破碎机时,要求当连杆处于顶端上极限位置时,β 角接近 90°,这样可减小连杆和偏心轴的作用力,从而减轻它们的质量。

3）确定物料块对动颚板的反作用力

简单摆动颚式破碎机受力分析如图 2.3.4-2 所示,由图可以推导出:

$$T_1 = T_{AB}\cos\gamma = T_{AB}\cos(\alpha - \delta) \text{ (N)} \qquad (2\text{-}31)$$

$$T_1 = T_{AB}\sin\gamma = T_{AB}\sin(\alpha - \delta) \text{ (N)} \qquad (2\text{-}32)$$

式中:α——钳角;

δ——推力板与水平线的夹角,当连杆在最高位置 D 点时,大型颚式破碎机 $\delta = 10° \sim 14°$。

$$P = 4aT_1/3l = [4aT_{AB}\cos(\alpha - \delta)]/3l \text{ (N)} \qquad (2\text{-}33)$$

式中:P——物料块对动颚板的反作用力,其作用点在离动颚板下端 $l/4$ 处;

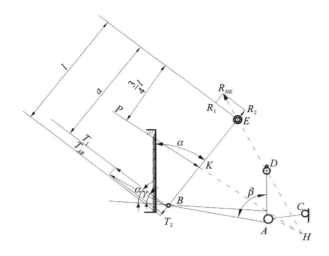

图 2.3.4-2　简单摆动颚式破碎机受力分析

　　l——动颚板下端到悬挂点的总长度，m；

　　a——推力板压力作用点到动颚悬挂点的距离，m。

　　4）确定动颚悬挂心轴的轴承反力 R_{HE}

$$R_1 = T_1[a-(3/4)l] \times 4/3l = T_{AB}\cos(\alpha-\delta)[(4a/3l)-1]（\text{N}）\tag{2-34}$$

$$R_2 = T_2 = T_{AB}\sin(\alpha-\delta)（\text{N}）\tag{2-35}$$

$$R_{HE} = \sqrt{R_1^2 + R_2^2}（\text{N}）\tag{2-36}$$

　　2. **复杂摆动颚式破碎机的受力分析**

　　国外一些厂矿采用经验公式，首先根据电动机功率给出推力板的受力公式，然后求出其他零件的外力。

　　1）确定推力板所受压力

　　如图 2.3.4-3 所示，推力板所受压力 T_{CB} 为

$$T_{CB} = 5700N/(rn\cos\beta)（\text{N}）\tag{2-37}$$

式中：N——电动机的安装功率，kW；

　　　　r——偏心轴的偏心距，m；

　　　　n——偏心轴的转速，r/min；

　　　　β——推力板与动颚板中心线的夹角，一般取 $\beta = 45° \sim 50°$。

　　2）物料块对动颚板的反作用力

　　由图 2.3.4-3 可得

$$T_1 = T_{CB}\sin\beta\tag{2-38}$$

$$T_2 = T_{CB}\cos\beta\tag{2-39}$$

$$P = 3T_1a/(2l) = 3aT_{CB}\sin\beta/(2l)（\text{N}）\tag{2-40}$$

式中：P——物料块对动颚板的反作用力，其作用点在离动颚板下端 $l/3$ 处；

　　　　a——推力板压力作用点到动颚悬挂点的距离，m；

　　　　l——动颚板下端到悬挂点的总长度，m。

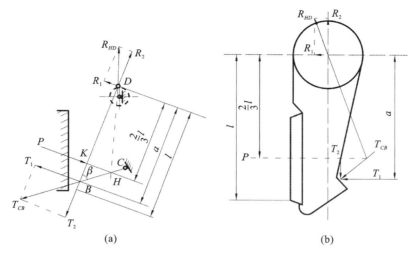

图 2.3.4-3　复杂摆动颚式破碎机受力分析
（a）破碎机受力分析；（b）动颚板受力分析

3）确定动颚偏心轴的轴承反力 R_{HD}

$$R_1 = T_1[a - (2/3)l] \times (3/2)l = T_{CB}\sin\beta[3a/(2l) - 1] \text{(N)} \tag{2-41}$$

$$R_2 = T_2 = T_{CB}\cos\beta \text{(N)} \tag{2-42}$$

$$R_{HD} = \sqrt{R_1^2 + R_2^2} \text{(N)} \tag{2-43}$$

3. 动颚板的计算（以复杂摆动颚式破碎机为例）

垂直于动颚板的作用力 P、T_1 和 R_1 使动颚板产生弯曲应力和剪切应力，一般按受集中力作用的两支点梁进行计算。平行于动颚板的作用力 T_2、R_2 和摩擦力 P_a（物料作用在动颚板上的摩擦力），因不通过动颚板的重心，会让动颚板产生拉伸应力和偏心弯曲应力的联合作用。

因此，动颚板承受弯曲、拉伸及剪切应力的联合作用，属于二向应力状态，同时载荷属于脉动循环载荷。计算公式如下：

$$\sigma_0 = \frac{\sigma_1}{2} + \frac{1}{2}\sqrt{\sigma_1^2 + 4\tau^2} \leqslant [\sigma] \text{(Pa)} \tag{2-44}$$

式中：σ_0——动颚板危险断面的主应力，Pa；

$[\sigma]$——动颚板材料的许用应力，Pa；

τ——垂直于动颚板的分力在危险断面所产生的剪切应力，Pa；

σ_1——动颚板危险断面的弯曲、拉伸和偏心弯曲的组合应力，Pa。

$$\sigma_1 = \sigma_2 + \sigma_3 + \sigma_4 \tag{2-45}$$

其中：σ_2——垂直于动颚板的作用力在危险断面所产生的弯曲应力，Pa；

σ_3——平行于动颚板的分力在危险断面所产生的拉伸应力，Pa；

σ_4——平行于动颚板的分力在危险断面所产生的偏心弯曲应力，Pa。

4. 推力板的计算

推力板是颚式破碎机中构造最简单、成本最低的零件，在标准结构中，一般都是用它作为保险零件,故计算时要降低其安全系数。

设计时建议将其许用应力提高 25%~30%。为了削弱推力板的断面,有时会沿其宽度方向钻些通孔。

5. 颚式破碎机的发展趋势

据有关资料统计,全国总能耗的 11.4%、全国工业能耗的 17.5%都来自矿业、建材及其他非金属矿物制品加工。选矿厂总能耗的 40%~70%用于粉磨,总能耗中仅 1%~3%是用于磨矿所做的有用功。

在水泥工业中,粉磨作业消耗了生产水泥所需电量的 60%~70%,其中产生有用功所消耗的电量仅占总电量的 1%~3%,大部分的输入能量都以工作中产生的热能和声能的方式浪费了。此外,粉磨作业还需要消耗大量的耐磨钢材,我国每年消耗 300 多万吨的金属耐磨材料,其中仅用于粉磨机的高锰钢板就达 40 多万吨。

因此,破碎物料的需求不断增加,贫矿和废料再利用的比重增大,能源越来越短缺,对破碎作业效率的改善越来越迫切。高效破碎设备的研发和现有破碎设备的改进,对破碎作业实现经济、优质、高产、低耗有着极其重要的意义。

近年来,世界各国都在不断地进行研究和改进,颚式破碎机的结构不断地被改善,随着科学技术的发展,颚式破碎机的自动化水平也有所提高。

综合破碎机械发展现状和破碎理论的发展趋势,破碎机械将向以下几个方向发展。

(1) 大型化。

资源的整合、企业规模的扩大、生产能力的提高等都进一步促进了破碎机械向大型化发展。颚式破碎机的规格已达 2000 mm×3000 mm,旋回破碎机达 2130 mm×4400 mm,圆锥式破碎机达 3048 mm,棒磨机直径达 6 m,自磨机直径达 12 m 等。设备的大型化有利于提高生产能力,降低投资及运营成本等。

(2) 轻型、绿色环保、结构简化。

对于矿山机械,简化结构、减轻机重不仅可以降低噪声,还可简化机器润滑、维护和检修等经常性的工作流程,减少设备故障。例如,组合机架有加工、装配和拆卸方便,机架质量轻的优点。目前,破碎机广泛采用组合机架代替整体机架,并且向着更节省材料、减轻机架质量的焊接机架方向发展。

(3) 智能化。

从 20 世纪 80 年代开始,高效和节能越来越被人们重视。科学技术的飞速发展促进了机械与电子的结合,机械技术与信息技术、传感技术、控制技术的结合。同步发展的机电一体化和电子控制技术,有效地推动了破碎设备的机电一体化和智能化的进程。例如,美国美卓矿机的 LokoTrack LT110C 型破碎机就配置了 IC 500 智能控制系统,可监控并优化整个破碎工艺,发生故障时,可为操作人员提供有关的故障信息。

(4) 标准化、系列化、通用化。

这是便于设计、生产和降低成本的有效途径,是工程机械发展的重要趋势。目前,国内外设计有多个系列的破碎机,而且对各系列的零件设计制定了相关标准。这些系列标准为后来的设计者提供了有利的参考数据,使破碎机的硬件设计研究更加方便、快捷,为相关优化分析处理节省了更多时间,进一步促进了破碎机的改良。

（5）设计人性化。

产品设计的人性化越来越受到人们的青睐，机械产品在设计时必须要充分地考虑相关工作人员和设备的安全。例如，美卓 C 系列破碎机配套设计的进料观察防护罩、出料皮带保护器和弹簧防护板等在很大程度上降低了人身和设备事故发生的可能性，得到用户的肯定。

（6）精加工、高质量。

在传统设备的改进及新设备的研制中，改进加工工艺，引进耐磨材料，能提高破碎机的机体质量和生产能力，减少零件的磨损，不但延长使用寿命，还提高自然资源的利用率。

（7）高效、节能。

充分利用现代设计技术对破碎机进行结构优化，得出最优的动颚运动特性、有效提高破碎机的性能、降低功耗等是研究人员不懈的追求。目前，市场上已经出现了多种多样的高效破碎机、节能破碎机。随着现代科技的发展和工业要求的不断提高，破碎机械将继续向着高效、节能的方向前进。

（8）破碎新方法。

目前，机械破碎法仍是实际生产中使用最广泛的破碎方法，然而机械破碎法的能量转换低，产品解离度特性也不好。为了达到节能和提高生产效率的目的，有学者提出了"多碎少磨"的技术原则。

当前这项原则的主要方向是指导基于料层粉碎原理的新型破碎机的研制，研究破碎理论主要从三个方面出发：一是研究强度理论，二是评价破碎效果，三是研究破碎功耗。长期以来，人们没有很明确、很系统地了解粉碎规律，只是在经验应用和统计推测上研究粉碎理论。尽管如此，新破碎方法的研究也一直进行着，如液电效应、热力破碎、电热照射等方法的研究。

2.4 圆锥式破碎机

2.4.1 圆锥式破碎机的应用

圆锥式破碎机如图 2.4.1-1 所示，是近年来随着矿山机械的不断进步而研发出来的传统破碎机的绝佳替代品，圆锥式破碎机较先前的破碎机最突出的特点就是使用寿命长、技术含量高、最大限度的节约能源。

世界上第一台圆锥式破碎机的专利公布于 1878 年，到 1898 年才制成产品。弹簧圆锥式破碎机是美国西蒙斯（Symons）兄弟研制的，故称为西蒙斯圆锥式破碎机。

19 世纪 50 年代，美国阿利斯-卡尔默斯（Allis-Chalmers）公司采用液压调整排料口和实现过载保

图 2.4.1-1 圆锥式破碎机外形图

护,首先生产制造了液压圆锥式破碎机和液压旋回破碎机。

我国于1954年在苏联2100和1650弹簧圆锥式破碎机的基础上,自行设计生产了1200弹簧圆锥式破碎机;1958年又设计制造了大型2200弹簧圆锥式破碎机。20世纪70年代,国内先后开发了顶部单、双缸液压圆锥式破碎机,经过多年的反复研究试验改进,到80年代,我国液压圆锥式破碎机已基本定型。

圆锥式破碎机广泛应用在冶金工业、建材工业、筑路工业、化学工业与硅酸工业中,适用于破碎中等和中等以上硬度的各种矿石和岩石。在工矿企业的原料破碎中,当生产量较小时,可以选用颚式或辊式破碎机,规模较大的企业几乎全部使用圆锥式破碎机。圆锥式破碎机用于破碎极坚硬物料,例如,在细碎刚玉时必须采取相应措施,因为这类物料的硬度达到莫氏硬度9.7级。

另外,圆锥式破碎机多用于要求破碎产品中立方体颗粒较多的场合。实践证明,圆锥式破碎机破碎后的物料中立方体颗粒较多,特别是其粒度接近排料口宽度的那部分粒级物料,其形状好,立方体颗粒多。因此,在实际生产过程中,圆锥式破碎机可作为第二段的细碎设备,用来细碎各种不同硬度的物料。

圆锥式破碎机与颚式破碎机相比较,其优点是生产能力大,破碎工作过程连续且工作平稳,破碎单位质量的物料耗电量少,产品粒度较均匀;其缺点是机器偏高,结构复杂,设备的制造和维护修理成本高,操作运行工作复杂。

2.4.2 圆锥式破碎机的工作原理和类型

1. 圆锥式破碎机的工作原理

圆锥式破碎机的工作原理如图2.4.2-1所示。圆锥式破碎机由内锥(动锥)和外锥(定锥)组成。

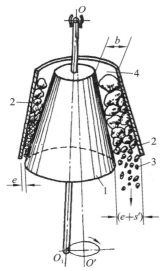

图2.4.2-1 圆锥式破碎机工作
原理示意图
1—动锥;2—定锥;
3—卸料口;4—进料口

其中,外锥(定锥)固定在主轴上,是机架的一部分,是静置的。而内锥(动锥)悬挂在交点O上,轴的下方则可在偏心衬套中活动。

主轴的中心线O_1O与定锥的中心线$O'O$在O点相交成一定角度。偏心衬套绕着$O'O$旋转,使动锥沿着定锥的内表面做偏旋运动。在靠近定锥的地方,物料受到动锥的挤压和弯曲作用而破碎。在远离定锥的地方,已经破碎的物料由于重力作用就从锥底落下。

偏心衬套连续转动,动锥也就连续转动,破碎过程和卸料过程也沿着定锥的内表面连续进行,物料夹在两个锥面之间同时受到弯曲力和剪切力的作用而破碎。

圆锥式破碎机与颚式破碎机的工作原理有相似之处,即都是对物料施加挤压后自由卸料。但圆锥式破碎机的工作过程是连续进行的,而颚式破碎机的工程过程是间歇进行的。物料夹在两个锥面之间同时受到弯曲力和剪切力的作用而破碎,故破碎在圆锥式破碎机中较易进行,因而圆锥式破碎机生产能力较大,动力消耗也较低。

圆锥式破碎机出料口不易堵塞,适合破碎片状物料,破碎产品的粒度比较均匀,产品粒度组成中超出出料口宽度的物料粒度较颚式破碎机的小,数量也少些。同时,加料口的任何一边都可以加料,料块可以直接从运输工具倒入进料口,无须设置喂料机。

但圆锥式破碎机相较于颚式破碎机,其易磨件多,重要磨损件不易检修,而且检修比较困难,修理费用较高,其机械结构相对复杂,投资费用较大。

2. 圆锥式破碎机的类型

圆锥式破碎机按结构特点可分为托轴式和悬挂式两种类型。

托轴圆锥式破碎机又称菌形圆锥式破碎机,如图 2.4.2-2 所示,通常用于中细碎。

菌形圆锥式破碎机处理中、小料块,进料口相对较小,因此,动锥(内锥)1 和定锥(外锥)2 都是正置。因此,菌形圆锥式破碎机在卸料口附近,动锥、定锥之间有一段距离相等的平行带,以保证卸出的物料粒度均匀。

菌形圆锥式破碎机动锥体表面斜度较小,卸料时物料沿着动锥斜面滚下,因此卸料就会受到物料面的摩擦阻力作用,同时也会受到锥体偏转、自转时的离心惯性力作用,故这类破碎机并非是自由卸料,因而工作原理和计算方法均与旋回式破碎机的有些不同。

悬挂圆锥式破碎机又称为旋回圆锥式破碎机,是可用于粗碎的圆锥式破碎机,其结构如图 2.4.2-3 所示。因为要破碎处理的颗粒尺寸较大,所以其进料口宽大,其结构为动锥(内锥)1 正置,定锥(外锥)2 倒置。

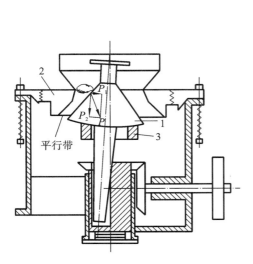
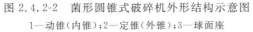
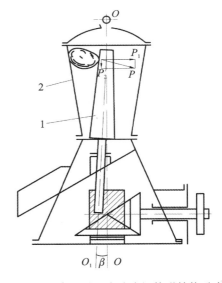

图 2.4.2-2　菌形圆锥式破碎机外形结构示意图　　图 2.4.2-3　旋回圆锥式破碎机外形结构示意图
　　1—动锥(内锥);2—定锥(外锥);3—球面座　　　　　　1—动锥(内锥);2—定锥(外锥)

旋回圆锥式破碎机反力的垂直分力 P_2 不大,故动锥可以用悬吊方式支承。支承装置在其顶部,因此,其结构比较简单,维修也比较方便。菌形圆锥式破碎机反力的垂直分力 P_2 较大,故用球面座 3 在下方将动锥支托起来(见图 2.4.2-2),因而结构复杂,维修也比较困难。

2.4.3 旋回圆锥式破碎机

1. 旋回圆锥式破碎机的构造

旋回圆锥式破碎机有侧面卸料和中心卸料两种。采用中心卸料的圆锥式破碎机整体机身高大,卸料容易堵塞,基本已经被淘汰,实际生产中普遍采用矮机架的中心卸料结构。

旋回圆锥式破碎机的规格用进料口宽度和卸料口宽度表示,如 PX1800/120 表示进料口宽度为 1800 mm,卸料口宽度为 120 mm 的旋回圆锥式破碎机,其结构如图 2.4.3-1 所示。

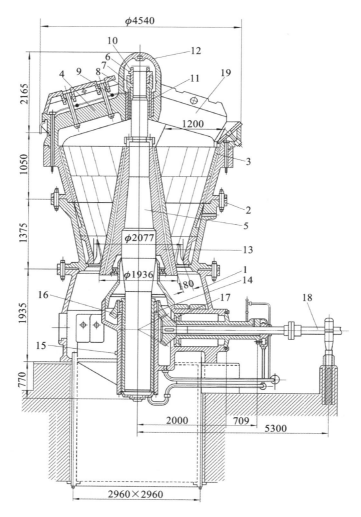

图 2.4.3-1 1800/120 mm 旋回圆锥式破碎机结构示意图

1—机架;2—定锥;3—衬板;4—弧形横梁;5—主轴;6—锥形螺母;7—锥形压套;8—衬套;

9—支承环;10—楔形键;11—轴承衬套;12—顶罩;13—动锥;14—偏心衬套;

15—中心套筒;16—大圆锥齿轮;17—小圆锥齿轮;18—传动轴;19—进料口

定锥 2 用螺栓紧固在机架 1 上,其工作表面镶有高锰钢衬板 3,上面连接着弧形横梁 4。

主轴 5 通过锥形螺母 6、锥形压套 7、衬套 8 和支承环 9 悬挂在横梁上,并用楔形键 10 防止锥形螺母退扣。横梁的中心装有主轴的悬吊轴承,轴承内有衬套 11,螺母支持在衬套上,通过螺母将轴悬吊在横梁上。为了防止喂入料块落在轴承内,用高锰钢制成的顶罩 12 将其遮盖,顶罩可以随时拆换。主轴上装有动锥 13,其工作表面也镶有高锰钢衬板,为了使衬板与锥体紧密接触,在两者中注锌,并用螺栓压紧。轴的下端插在偏心衬套 14 的侧斜孔中,衬套的内外面都嵌有耐磨的轴承合金衬层,它们装在中心套筒 15 中。大圆锥齿轮 16 固定在衬套上,与小圆锥齿轮 17 啮合,后者通过传动轴 18 和减速装置用电动机带动。因此,插套内主轴做偏心的旋回运动,使从上面圆环形进料口 19 喂入的物料在定锥、动锥之间破碎,破碎后的物料直接从锥间底部卸出。通过调节锥形螺母 6,卸料口的宽度可以得到调整。

2. 主要工作参数的确定

根据上述圆锥式破碎机工作原理,旋回圆锥式破碎机与颚式破碎机相比虽然结构不同,但其破碎和卸料过程基本类似,因此其可以按照颚式破碎机的计算原则进行相关参数的设计及计算。

1) 旋回圆锥式破碎机的钳角

为了简化计算,设两锥体的几何中心线互相平行,如图 2.4.3-2 所示。

$$\alpha = \alpha_1 + \alpha_2 \leqslant 2\varphi \tag{2-46}$$

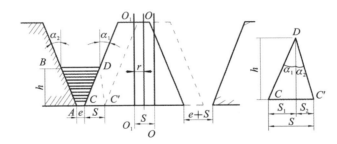

图 2.4.3-2　旋回圆锥式破碎机的钳角

式中:α——钳角,(°),通常取 $\alpha = 21° \sim 23°$;

　　　α_1——固定锥母线和垂直面的夹角,(°);

　　　α_2——动锥母线和垂直面的夹角,(°);

　　　φ——破碎机衬板与物料之间的摩擦角。

2) 动锥转速(动锥的摆动次数)

(1) 按颚式破碎机理论计算方法。

$$n = 470 \sqrt{\frac{(\tan\alpha_1 + \tan\alpha_2)}{S}} \ (\text{r/min}) \tag{2-47}$$

$$S = 2r$$

式中:r——出料口平面上动锥的偏心距,cm;

　　　S——出料口平面上动锥的摆动行程,cm。

(2) 按经验公式。

$$n = 175 - 50B \ (\text{r/min}) \tag{2-48}$$

式中:B——进料口宽度,m。

3) 生产能力

按经验公式计算:

$$Q = K_1 K_2 qe\rho/1.6 \ (\text{t/h}) \tag{2-49}$$

式中:K_1、K_2——修正系数,具体数值可查相关设计手册;

　　q——标准条件下(指开路破碎容积密度为 1.6 t/m³ 的中等硬度物料)的单位出口宽度的生产能力,t/(mm·h);

　　e——出料口宽度,mm;

　　ρ——物料的容积密度,t/m³。

4) 功率

电动机的功率可用下述的经验公式计算:

$$N = 85D^2 K \ (\text{kW}) \tag{2-50}$$

式中:D——动锥下端的最大直径,m;

　　K——考虑动锥转数改变的修正系数,当进料口宽度 $B \leqslant 900$ mm 时,$K = 1.0$;$B = 1200$ mm 时,$K = 0.91$;$B = 1500$ mm 时,$K = 0.85$。

3. 旋回圆锥式破碎机主要零件的受力分析

圆锥式破碎机的破碎过程中,破碎力的大小由于受物料的物理机械性质、粒度、破碎方法,以及物料在破碎腔内的分布状况等因素的影响,因此,很难用理论公式来计算。

目前,通常根据电动机的功率来计算破碎力。因为旋回圆锥式破碎机的偏心距较小,偏心轴套的转数也较低,不能形成很大的功能储备,所以电动机功率大部分消耗在破碎物料上。

设破碎力作用在动锥高度 h 的 1/3 处(从卸料口平面算起),如图 2.4.3-3 所示。

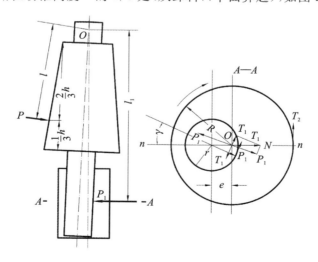

图 2.4.3-3　旋回圆锥式破碎机受力示意图

假定由破碎力 P 引起偏心轴套内表面的反作用力 P_1 作用在偏心轴套的中部。P_1 的作用线不在动锥轴线与机器中心线所组成的 $n-n$ 平面内,而是偏斜一个角度 γ。

根据偏心轴套的磨损情况，$\gamma = 20° \sim 30°$。由于主轴悬挂装置对动锥的反作用力对悬挂点 O 产生的力矩较小，近似计算时可忽略不计，因此破碎力 P 和偏心轴套的反作用力 P_1 对悬挂点 O 的力矩平衡方程式为

$$Pl = P_1 l_1 \tag{2-51}$$

即

$$P = P_1 l_1 / l \text{ (N)} \tag{2-52}$$

式中：l——P 到悬挂点 O 的距离，m；

　　　l_1——P_1 到悬挂点 O 的距离，m。

现在来研究偏心轴套上作用力的平衡问题。因为动锥和偏心轴套的不平衡质量的惯性力很小，所以讨论偏心轴套的平衡时可以不考虑。

在偏心轴套的内表面除 P_1 外，还作用有与 P_1 位于一个平面的摩擦力 $T_1 = f_1 P_1$，方向如图 2.4.3-3 所示，其中 f_1 是动锥轴与偏心轴套内表面间的摩擦系数。

在 O' 点上加两对大小相等、方向相反的力 P_1 和 T_1。将位于 O' 点的力 P_1 和 T_1 几何相加，则得合力：

$$N = \sqrt{P_1^2 + T_1^2} = P_1 \sqrt{1 + f_1^2} \tag{2-53}$$

合力 N 在偏心轴套的外表面引起摩擦力 $T_2 = f_2 N$，其中 f_2 是偏心轴套外表面与机架衬套间的摩擦系数。因此，作用在偏心轴套上的扭矩为

$$M = P_1 e \sin\gamma + T_1 (r - e\cos\gamma) + T_2 R = P_1 e \sin\gamma + f_1 P_1 (r - e\cos\gamma) + R f_2 P_1 \sqrt{1 + f_1^2} \tag{2-54}$$

$$P_1 = M / \left\{ \left[e\sin\gamma + f_1 (r - e\cos\gamma) + R f_2 \right] \sqrt{1 + f_1^2} \right\} \text{ (N)} \tag{2-55}$$

式中：e——偏心轴套内孔平均半径处的偏心距，m；

　　　r——偏心轴套内孔的平均半径，m；

　　　R——偏心轴套外表面的半径，m。

根据旋回圆锥式破碎机的工作情况，偏心轴套内外表面属半液体摩擦，取 $f = f_1 = f_2 = 0.03$。由于 f 和 e 值较小，故式(2-55)中的 $f_1 e\cos\gamma$ 和 f_1^2 可近似地取为零，于是式(2-55)可简化为

$$P_1 = M / [e\sin\gamma + f(r + R)] \text{ (N)} \tag{2-56}$$

则

$$P = M l_1 / l [e\sin\gamma + f(r + R)] \text{ (N)} \tag{2-57}$$

式中 M 的值可按电动机功率求出：

$$M = 9550 N\eta / n \text{ (N·m)} \tag{2-58}$$

式中：η——传动效率，$\eta = 0.6 \sim 0.7$；

　　　n——偏心轴套转速，r/min；

　　　N——电动机功率，kW。

考虑到电动机的过负荷和机器旋转部件惯性力的影响，其最大破碎力为

$$P_{max} = 2P = 2M l_1 / l [e\sin\gamma + f(r + R)] \text{ (N)} \tag{2-59}$$

旋回圆锥式破碎机的主要零件有传动轴、齿轮、偏心轴套、主轴和悬挂装置。只要已知电动机功率，传动轴和齿轮上的受力大小就可计算确定。已知 P 和 P_1 后，就可以计算主轴、偏心轴套和悬挂装置的强度。

在旋回圆锥式破碎机的运转过程中，当非破碎物进入机器内，或是机器超负荷运转

时,机器的保险装置效果不好,往往会引起主轴的局部裂痕或断裂等重大设备事故。除了上述原因外,主轴的材料不好,加工精度低,机器安装质量不高,这些因素也都会引起主轴的局部裂痕或断裂事故。旋回圆锥式破碎机主轴的断裂多发生在固定衬板处的螺纹退刀槽的地方。对于局部裂痕或断裂的轴可以用焊接法修理。

2.4.4　菌形圆锥式破碎机

1. 菌形圆锥式破碎机的构造

它的工作原理与旋回圆锥式破碎机的基本相同。动锥具有较高的摆动次数和较大的摆动行程,因而在破碎腔内的物料受大行程的快速冲击。此外,在破碎腔的下部设有一定长度的平行碎物区,能保证物料在平行区内至少被破碎一次。因此,菌形圆锥式破碎机具有破碎比大、产量高、功耗少、产品粒度均匀和适合破碎硬物料等优点,所以这种破碎机获得广泛应用。

根据破碎腔的形状,菌形圆锥式破碎机又分为标准型(中碎用)、中间型(中细碎用)和短头型(细碎用)三种形式,其中以标准型和短头型应用最广。菌形圆锥式破碎机的破碎腔形状如图2.4.4-1所示。根据调整出料口和过负荷时的保险方式,菌形圆锥式破碎机又分为弹簧圆锥式破碎机和液压圆锥式破碎机。

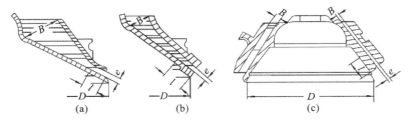

图 2.4.4-1　菌形圆锥式破碎机
(a)标准型;(b)中间型;(c)短头型

菌形圆锥式破碎机的规格尺寸用动锥的底部直径 D(mm)表示,这里用弹簧圆锥式破碎机说明其结构,如图2.4.4-2所示。

1750型圆锥式破碎机由动锥(带有锰钢衬板16)和定锥10(带有锰钢衬板12)组成其工作机构。动锥17与其衬板16之间要浇注一层锌合金,以保证其紧密结合。衬板12与定锥10之间也要浇注一层锌合金,同时用U形螺钉通过衬板上的挂钩将衬板悬挂在调整环上,以保证紧固的连接。

动锥17压装在锥形主轴15上。锥形主轴一端装入偏心轴套31的锥形孔内,锥形孔中装有青铜衬套30。偏心轴套放在机架7的中心套筒25中,其间还装有青铜衬套26。偏心轴套与衬套26的间隙及锥形轴与锥形衬套30的间隙对保证破碎机的正常运转极为重要,如图2.4.4-3所示。间隙过大会引起偏心轴套和锥形轴有很大的倾斜,使衬套局部发热;间隙过小也会引起衬套发热,甚至会因金属的扩散作用,使衬套发热部分缩小而将锥形轴夹紧。

电动机1的旋转运动通过弹性联轴节2、传动轴3和圆锥齿轮副(小圆锥齿轮4、大圆锥齿轮5)传给偏心轴套,使其绕破碎机中心线转动。当偏心轴套旋转时,支承在球面轴

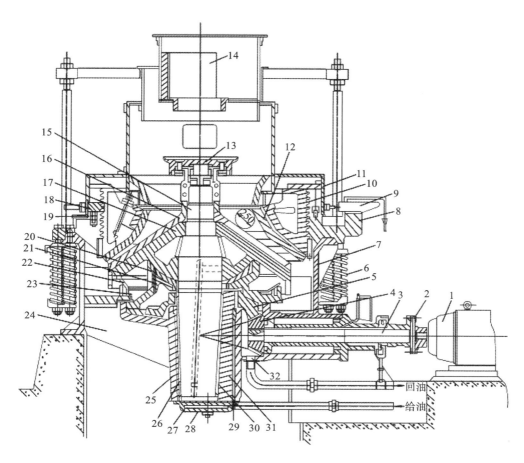

图 2.4.4-2 弹簧圆锥式破碎机

1—电动机；2—联轴节；3—传动轴；4—小圆锥齿轮；5—大圆锥齿轮；6—弹簧；7—机架；8—支承环；9—推动油缸；
10—定锥（调整环）；11—防尘罩；12,16—锰钢衬板；13—给料盘；14—给料箱；15—主轴；17—动锥；18—锁紧螺母；
19—活塞；20—球面轴瓦；21—球面轴承座；22—球形颈圈；23—环形槽；24—筋板；25—中心套筒；26—衬套；
27—止推轴承；28—机架下盖；29—进油孔；30—锥形衬套；31—偏心轴套；32—排孔

瓦 20 上的动锥便绕固定点 O 摆动，从而使物料在破碎空间不断地遭到挤压和弯曲作用而破碎。被破碎的物料从给料箱 14 落到给料盘 13 上，由此再均匀地落入动锥周围的破碎空间内。破碎后的物料从两锥体下部的出料缝隙经过连接机架 7 与中心套筒 25 的筋板 24 之间的空隙卸出。

上面的钢圆盘与偏心轴套用销钉相连，并随之转动，而中间的青铜圆盘则做相对滑动。

为了平衡动锥做旋回运动而产生的惯性力矩，保证偏心轴套与机架衬套沿全长接触，并使偏心轴套厚边紧压在机架的衬套上，所以在大圆锥齿轮上铸有平衡重。动锥支承在球面轴承座 21 的青铜球面轴瓦 20 上，为了保证破碎机的正常工

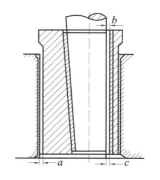

图 2.4.4-3 圆锥式破碎机
衬套的间隙

作,必须使动锥17的球面半径比球面轴瓦的球面半径大一些。在这种情况下,动锥将会支持在球面轴瓦的外圆,工作一段时间后,则支承在球面的整个表面上。

为防止灰尘进入机器运动部分的摩擦面,在球面轴承上有水封防尘装置。在球面轴承座21上有盛水或不结冻液体的环形槽23,而在动锥下端固定有球形颈圈22,其下端插入环形槽的水中,球形颈圈把灰尘挡住,使灰尘落入水槽中。水或其他液体不断地循环流动,清水从专用水箱用水泵经进水管送入槽中,带有灰尘的回水则从排水管中排出。

支承环8和调整环10组成了调节出料口缝隙的调整装置。支承环安装在机架7的上部,用装置在破碎机周围的弹簧6与机架紧贴。

支承环的上面有锁紧螺母18,支承环上部装有锁紧油缸及活塞19(1200型圆锥式破碎机装10个油缸,1750型圆锥式破碎机装12个油缸,2200型圆锥式破碎机装16个油缸)。

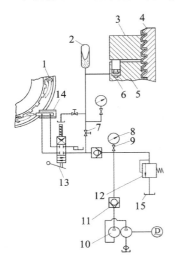

图 2.4.4-4　出料口液压调整装置
的液压系统

1—拨爪;2—蓄能器;3—锁紧螺母;
4—调整环;5—支承环;6—锁紧油缸;7—截止阀;
8—压力表;9—压力表开关;10—双级叶片泵;
11—单向阀;12—高压溢流阀;13—手动换向阀;
14—推动油缸;15—油箱

出料口液压调整装置的液压系统如图2.4.4-4所示。工作时,高压油进入锁紧油缸使活塞上升,将锁紧螺母和调整环稍微顶起,使锯齿形螺纹斜面紧密贴合。调整出料口时,锁紧油缸油液排出,锯齿形螺纹放松,然后操纵液压系统,推动油缸动作,防尘罩带动调整环向右或向左旋转,使定锥上升或下降,以达到调节出料口缝隙的目的。

安置在机架周围的弹簧是破碎机的保险装置,当破碎机中掉入非破碎物时,支承在弹簧上的支承环、调整环会尽量向上抬起而压缩弹簧,从而增大了出料口缝隙,使非破碎物从出料口排出,避免机件损坏。

锯齿形调整螺纹的润滑是通过支承环侧壁上的注油孔定期向螺纹中压入黄油来实现的。

液压圆锥式破碎机的工作原理与弹簧圆锥式破碎机的基本相同。这种破碎机出料口是通过油缸中油量的增加或减少使动锥上升或下降来调节的,从而实现出料口的减小或增大。

机器的过载保护作用是通过液压系统中惰性气体(氮气等)的蓄能器来实现的。蓄能器内的气体压力比油缸内的油压稍高一点,因此,在正常工作情况下油不能进入蓄能器内。当破碎机中进入非破碎物时,动锥向下压活塞,于是,油路中的油压大于蓄能器内的气体压力,油进入蓄能器内。因此,动锥下降,出料口增大,排出非破碎物,从而保障机器的正常运行。

液压圆锥式破碎机是菌形圆锥式破碎机的发展方向。目前国外已制造出 $\phi3048$ mm液压调整与保险的圆锥式破碎机,同时还生产了无齿轮传动的圆锥式破碎机。

2. 主要工作参数的确定

1) 钳角

菌形圆锥式破碎机的钳角如图2.4.4-5所示,需满足下列条件:

$$\alpha = \alpha_2 - (\alpha_1 - \beta) \leqslant 2\varphi \tag{2-60}$$

式中：α_1、α_2——动锥与定锥的锥面倾斜角；

$\qquad$ β——动锥轴线与机器中心线的夹角，一般 $\beta = 2°$；

$\qquad$ φ——物料与衬板之间的摩擦角。

设计时，通常取 $\alpha = 21° \sim 23°$。中碎用的圆锥式破碎机取 $\alpha_1 = 40° \sim 45°$，细碎用的圆锥式破碎机取 $\alpha_1 = 50° \sim 55°$。在不增加结构尺寸的条件下，尽量增大 α_1，这样可以提高机器的生产能力。

2）动锥的摆动行程 S、S_A

圆锥式破碎机的动锥摆动行程如图 2.4.4-6 所示，由图中的几何关系计算得

$$S = 2r = 2H\tan\beta \tag{2-61}$$

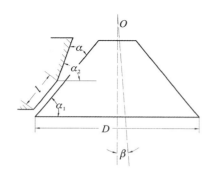

图 2.4.4-5　圆锥式破碎机的啮角及平行带

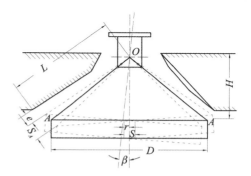

图 2.4.4-6　动锥的摆动行程

式中：r——动锥轴线在出料口平面内的偏心距；

$\qquad$ H——动锥下边缘到球面中心 O 点的高度。

动锥下部 A 点的行程为

$$S_A \approx 2L\tan\beta \tag{2-62}$$

式中：L——动锥母线长度。

$\qquad$ β——动锥轴线与机器中心线的夹角，取 $\beta = 2°$

3）平行带长度 l

为了保证破碎机的产品达到一定的细度和均匀度，圆锥式破碎机的破碎腔下部必须设有平行带 l。在平行带内物料至少受到一次破碎作用。对于标准型圆锥式破碎机，平行带长度 l 可按式（2-63）确定：

$$l = (0.08 \sim 0.085)D \tag{2-63}$$

式中：D——动锥的底部直径，mm。

短头型圆锥式破碎机平行带长度为标准型的 $1.75 \sim 2$ 倍。

4）动锥转速

动锥倾角 α_1 较小，在动锥下部还有一段平行带，故破碎物料不可能自由下落，因此，动锥转速应根据它的卸料特点进行计算。

$$n = 133\sqrt{(\sin\alpha_1 - f\cos\alpha_1)/l}\ (\text{r/min}) \tag{2-64}$$

式中：l——平行带长度，m。

f——物料与动锥表面的摩擦系数，一般 $f=0.25\sim0.35$；

α_1——动锥的锥面倾斜角。

为了简化计算，也常用下述经验公式计算：

$$n = 320/\sqrt{D} \ (\text{r/min}) \tag{2-65}$$

式中：D——动锥底部直径，m。

5）生产能力

在开路破碎时，生产能力按式（2-66）计算：

$$Q = K_1 K_2 q_0 e\gamma/1.6 \ (\text{t/h}) \tag{2-66}$$

式中：K_1——物料易碎性系数，具体数值可查阅相关技术手册；

K_2——破碎比的修正系数，具体数值可查阅相关技术手册；

q_0——单位出料口宽度的生产能力，t/(mm·h)，具体数值可查阅相关技术手册；

e——出料口宽度，mm；

γ——物料的容积密度，t/m³。

当采用闭路破碎时一般还需乘以修正系数 $1.15\sim1.4$（物料硬时取小值，软时取大值）。

6）功率

中细碎圆锥式破碎机的电动机功率可按下列经验公式计算：

$$N = 65D^{1.9} \ (\text{kW}) \tag{2-67}$$

式中：D——动锥底部直径，m。

3. 菌形圆锥式破碎机主要零件的计算

计算机器零件强度时，需首先确定破碎力的大小。弹簧圆锥式破碎机的破碎力根据保险弹簧初压力计算。

在正常破碎物料时，弹簧初压力应能阻止机器的支承环向上抬起，并保证它与机器经常接触。

当破碎机中掉入非破碎物时，破碎力急剧增加，弹簧初压力不足以阻止支承环向上抬起的力，因而支承环绕机架上的 A 点向上翻转某一角度，如图 2.4.4-7 所示，从而增大了夹有非破碎物那一边的破碎腔的出料口，造成弹簧的附加压缩，产生最大破碎力。

根据圆锥式破碎机的工作特点，必须分别确定正常破碎力和最大破碎力。

假设正常破碎力作用在平行带的起点，并取整个定锥作为分离体，则定锥上诸外力对 A 点的力矩平衡方程式为

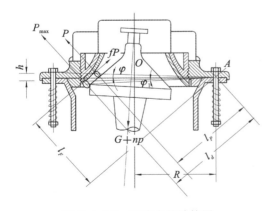

图 2.4.4-7　破碎力的计算图

$$Pl_P + fPl_F - (G+np)R = 0 \tag{2-68}$$

式中：P——正常破碎力，t；

R——定锥中心线到 A 点的距离，m；

G——定锥的质量，t；

n——弹簧的数目；

p——每个弹簧的初压力，t；

f——物料与衬板间的摩擦系数；

l_P、l_F——P 和 fP 力对 A 点的力臂，m。

计算破碎力 P 时，先选定弹簧的初压力 np。如果弹簧初压力过低，则定锥会出现剧烈跳动，从而引起机件摩损或损坏；如果弹簧初压力过高，则弹簧压缩裕量减少，不能适应过载或通过铁块的要求。

设最大破碎力作用在动锥末端，则定锥上诸外力对 A 点的力矩平衡方程式为

$$P_{max}l_d + fP_{max}l_F - (G + np)R - (3/4)ChnR = 0 \tag{2-69}$$

因此

$$P_{max} = [(3/4)ChnR + np + G]R/l_d + fl_F \tag{2-70}$$

式中：l_d——P_{max} 对点 A 的力臂，m；其余各符号意义同前。

液压圆锥式破碎机的破碎力，可以根据液压系统的液压力来确定。

单缸液压圆锥式破碎机的破碎力可用式(2-71)计算：

$$P = (0.785d^2p - G)/\cos(\alpha_1 - \beta)\ (N) \tag{2-71}$$

式中：d——液压缸柱塞直径，m；

　　　p——正常破碎物料时，液压缸压力或蓄能器的充气压力，Pa，各种规格的单缸液压圆锥式破碎机均取 $p = 5$ MPa；

　　　G——动锥的重力，N；

　　　α_1——动锥的锥面倾角；

　　　β——动锥轴线与机器中心线的夹角。

系统各液压元件的工作压力不应低于 7 MPa，以满足在运转过程中，调节出料口和排除破碎腔堵物事故的要求。

现仅研究主轴所受载荷和强度的计算方法。

主轴所受载荷可利用图 2.4.4-8 所示的图解法确定。假定动锥主轴以其下端边缘与偏心轴套接触。

取动锥作为分离体。假定破碎机的正常破碎力 P 作用在平行带的起点，最大破碎力 P_{max} 作用在动锥下边缘。将破碎力 P 和 P_{max} 沿其作用线方向移至主轴下端水平线上的 O_1 点和 O_2 点。偏心轴套给主轴下端的反力 R_a 或 R_a' 一定通过 O_1 点和 O_2 点，且成水平方向。根据三力平衡必交于一点的定理，球面轴承给动锥的反力 R_b 和 R_b'，必定通过 O_1 点或 O_2 点，以及球面中心 O 点。应用平行四边形作图法，可求得 R_a 或 R_a' 和 R_b 或 R_b' 的大小和方向。

利用图解法所求的结果是近似的，这种简化计算方法偏于安全，故在实际工作中是允许的。

已知 R_a 和 R_a' 后，把动锥主轴视为一端受集中载

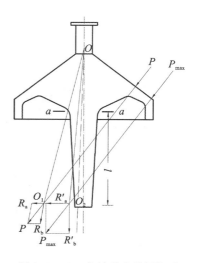

图 2.4.4-8　主轴受力的图解法

荷的悬臂梁,设主轴的直径为 d ,则其危险断面 a—a (见图 2.4.4-8)上的弯曲应力为

$$\sigma_{w} = R_{a}l/(0.1d^{3}) < [\sigma]_{w} \tag{2-72}$$

$$\sigma'_{w} = R'_{a}l/(0.1d^{3}) < [\sigma]'_{w} \tag{2-73}$$

2.4.5　颚旋式破碎机

颚旋式破碎机是在旋回圆锥式破碎机的基础上优化和改进的。

颚旋式破碎机将旋回圆锥式破碎机的圆形进料口改成长方形,从而克服了旋回圆锥式破碎机的喂料粒度与生产能力不相适应的缺点,综合了颚式破碎机和旋回式破碎机的优点。

颚旋式破碎机的主体结构为旋回式,但横梁上盖一半是封闭的,一半是敞开的,改为一侧进料,并且改变进料口底板的角度,使进料口扩大,如颚式破碎机,这样所允许的喂料尺寸比旋回破碎机的增大一倍。

该破碎机的工作原理与颚式破碎机和旋回式破碎机的相似,其上部破碎腔的作用如同颚式破碎机定颚板和动颚板的联合作用。

动锥主轴围绕破碎机中心线做偏旋运动,对破碎腔内料块进行挤压和弯曲使之破碎。该破碎机上部可视为初碎腔,下部可视为二次破碎腔。因此,喂料尺寸大,破碎效率较高,简化了流程。

颚旋式破碎机的规格表示方法与旋回圆锥式破碎机的相同。

2.4.6　采用 DEM 技术优化圆锥式破碎机动锥衬板结构

EDEM 是一款基于离散元(discrete element method,简称 DEM)的颗粒力学仿真软件,可以模拟散体物料加工处理过程中颗粒体系的行为特征,协助设计人员对相关工艺及设备进行分析和优化。另外,EDEM 还可以与 CFD、FEA、MBD 软件联合仿真,进行颗粒-流体问题分析、设备应力分析、多体动力学分析。

我国在 20 世纪 50 年代生产了第一台侧面排矿的旋回破碎机,此后圆锥式破碎机经历了 70 多年的发展历程。为了适应冶金、建材、能源、路桥建设等行业的发展需要,科研工作者设计制造出多类型多规格能够满足不同行业需求的圆锥式破碎机,如旋盘破碎机、液压旋回破碎机等。尤其是近年来随着采矿、选矿规模与日俱增,能源费用持续上涨,高效、低耗、大型化是未来圆锥式破碎机的发展趋势,为此,许多从事圆锥式破碎机研究设计的技术人员开展了大量工作。

1. 破碎腔简化模型

为得到合理有效的离散元及有限元分析模型,减少计算量,对 PYB 900 型圆锥式破碎机模型进行简化,只留下定锥衬板、动锥及衬板、转动轴,得到其破碎腔模型,如图 2.4.6-1 所示。

PYB 900 型圆锥式破碎机主要参数如表 2.4.6-1 所示。

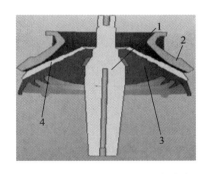

图 2.4.6-1　PYB900 型圆锥式破碎机
简化破碎腔

1—转动轴;2—定锥;3—动锥;4—动锥衬板

表 2.4.6-1　PYB 900 型圆锥式破碎机主要参数

动锥直径/mm	推荐最大给料宽度/mm	产量/(t/h)	立轴摆动次数/(r/min)
900	115	50~90	300
给料口宽度/mm	排料口调整范围/mm	偏心套转速/(r/min)	外形尺寸/mm
135	15~50	333	3050×1640×2350

结合 PYB 900 型圆锥式破碎机,其定锥衬板材料、动锥衬板材料及物料的参数设定如表 2.4.6-2 所示。

表 2.4.6-2　破碎机材料基本参数

类　　别	物　　料	定锥衬板材料	动锥衬板材料
	花岗岩	18Mn 合金钢	16Mn 合金钢
密度/(g/cm³)	2.63	79	78
剪切模量 G/MPa	21160	107510	103260
弹性模量 E/MPa	55000	272600	267600
泊松比 μ	0.3	0.3	0.3

2. 物料黏结破碎模型

BPM(bonded particle model),颗粒黏结破碎模型,其思想就是利用离散元软件 EDEM 创建一定数量的粒径相同或不同的小颗粒,加载 API 插件使小颗粒通过黏结键堆积形成所需形状的物料几何模型。这种黏结键由物料特性决定,且对于同一个黏结破碎模型其黏结力也不尽相同,能够承受一定大小的应力,当黏结键因受到外力作用而断裂时可认为物料发生了破碎。根据本研究模型的给料要求,建立花岗岩模型,如图 2.4.6-2(a)所示,其最大三维尺寸为 65 mm,符合给料要求,生成黏结键得到的模型,如图 2.4.6-2(b)所示。

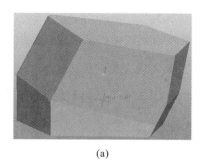

(a)　　　　　　　　　　　　　　　　(b)

图 2.4.6-2　物料模型

(a) 花岗岩物料模型;(b) 黏结键模型

3. 仿真过程

在 EDEM 软件中,将动锥旋摆速度设定为变量,分别针对 300 r/min、350 r/min、400 r/min 进行三组仿真试验,如图 2.4.6-3 所示,在此对转动轴及动锥设置隐藏。

图 2.4.6-3　圆锥式破碎机破碎物料过程

仿真结束后,导出与 WORKBENCH 软件兼容的动锥衬板受力数据,在 EDEM 模块中直接载入前述导出的受力数据,静态结构分析模块中按照实际情况进行材料库定义、导入几何模型操作。为得到较理想的计算结果,还需要对模型进行较高质量的网格划分。破碎腔网格以及动锥衬板网格分别见图 2.4.6-4(a)、(b)。设定接触、约束、加载求解得到每组仿真试验中动锥衬板的应变及变形云图。

(a)

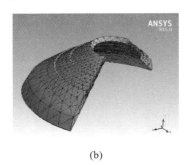

(b)

图 2.4.6-4　划分网格

(a) 破碎腔网格;(b) 动锥衬板网格

研究发现,圆锥式破碎机在破碎物料时,其动锥衬板作为易损件,最大等效应力出现在衬板外表面的下边缘附近处,该处靠近排料口,物料压缩程度高,挤压破碎力大;由于衬板闭边遭到较大程度的挤压,衬板下边缘出现最大变形量。

动锥旋摆速度是影响圆锥式破碎机破碎效果的重要因素之一,从仿真过程来看,低速不利于物料的下滑和相互挤压,会导致破碎效率不理想;高速能达到较高的破碎效率,但是会加剧衬板的磨损。

DEM 研究方法考虑到物料在破碎腔的破碎情况,得到所研究几何模型的具体载荷数据,也利用了有限元软件在进行结构静力分析时的直观性和高效性,能够为圆锥式破碎机甚至其他破碎设备关键部件的研究设计提供重要思路。

2.5　辊式破碎机

2.5.1　辊式破碎机的应用、工作原理和类型

辊式破碎机是一种非常古老的破碎机械,早在 1806 年世界上就出现了用蒸汽机驱动的辊式破碎机,距今已经有近 220 年的历史了。

辊式破碎机用于中硬质或软质物料中、细碎,也可破碎黏性与潮湿的块状物料,广泛用于建材、选矿及其他工业部门。

辊式破碎机有着诸多优点,如结构简单、机体紧凑轻便、价格低廉、工作可靠、调整破碎比较方便,过粉碎现象少、能粉碎黏性物料。

但是辊式破碎机生产能力相对较低,并且要求物料均匀连续地添加到辊子全长上,否则辊子磨损不均,所得产品粒度也不易均匀,同时辊子需要经常修理。对于光面辊式破碎机,添加料块的尺寸要比辊子的直径小得多,故不能破碎大块物料,也不宜破碎坚硬物料,通常用于中硬或松软物料的中、细碎。齿面辊式破碎机虽然可以钳进较大的料块,但也限于中碎时使用,而且料块的抗压强度不能超过 60.8 MPa,否则齿棱很易折断。

双辊式破碎机工作时,两个辊筒相对回转,进入两辊筒上面的物料,在与辊筒的摩擦作用下被曳入两辊筒的间隙之中,从而被挤压破碎,破碎后的物料借重力自行排出卸料口。由于物料通过辊式破碎机两个辊子中间时,只受压一次,因此过粉碎现象少。辊筒间隙的大小决定产品的粒度,国外有学者设计了专门的间隙调节器来调节辊缝间隙,而且可以检测间隙的零点位置。

辊式破碎机有双辊式和单辊式两种基本类型。双辊式破碎机由两个圆柱式辊筒作为主要工作部件。一般双辊式破碎机用于中、细碎。而单辊式破碎机由一个回转的辊筒和一块弧形颚板组成,故又称为颚辊式破碎机。物料在辊筒和颚板之间被压碎。单辊式破碎机一般用于中等硬度黏性物料的粗碎。

辊式破碎机型号表示方法如图 2.5.1-1 所示。

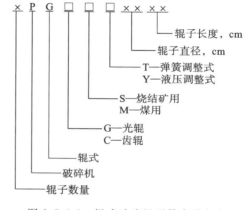

图 2.5.1-1　辊式破碎机型号表示方法

2.5.2　辊式破碎机的构造

1. 双辊式破碎机的构造

双辊破碎机的结构如图 2.5.2-1 所示,它的破碎机构是一对圆柱形辊子。两个辊子(前辊 1 和后辊 2)互相平行,并水平安装在机架上,并做相向旋转。

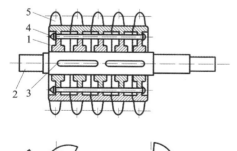

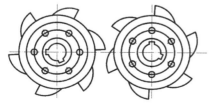

图 2.5.2-1　齿面辊子

1—钢盘;2—辊子心轴;3—键;4—螺栓;5—辊齿

物料加入喂料箱内,掉落在两个辊子的表面,由于辊子表面的摩擦力作用,物料被强制曳入转辊之间,受到辊子的挤压而破碎。破碎后的物料被转辊推出,向下卸落,因此辊式破碎机具有强制卸料的作用。

根据使用要求,辊子的工作表面可以选用光面(如后辊)和槽面(如前辊或齿面辊)。

齿面辊子由一块块带有辊齿 5 的钢盘 1 合并而成,如图 2.5.2-1 所示,钢盘用键 3 装在轴 2 上,螺栓 4 将各块钢盘串联起来,拉紧成一整体。

光面辊子主要以挤压方式破碎物料,它适合破碎中硬物料。为了加强对物料的破碎,两辊子的转速可以不一致,速差一般为 15%～

30%,此时对物料还有剪切和碾练作用,适用于黏土及塑性物料的细碎,产品粒度小且均匀,但其辊子转速比较高。

用带有沟纹的槽形辊子破碎物料时,除施于挤压作用外,还兼施剪切作用,故适用于强度不大的脆性或黏湿性物料的破碎,产品粒度均匀。当需要取得较大破碎比时,宜采用槽面辊子。用齿面辊子破碎物料时,除了施加挤压作用外,还兼施劈裂作用,故适用于破碎具有片状节理的软质和低硬度的脆性物料,如煤、干黏土、页岩等,破碎粒度也比较均匀。大、中型双辊破碎机都采用了万向联轴节或双电机分别驱动两个辊筒转动的运行方式。

辊式破碎机整体结构如图 2.5.2-2 所示,两个辊子均安装在焊接的机架 3 上。辊子由安装在轴 11 上的辊芯 4 以及套在辊芯上的辊套 7 组成。两者之间通过锥形环 6,用螺栓 5 拉紧,以使辊套紧套在辊芯上。这样的结构在辊套的工作表面磨损时,容易拆换。前

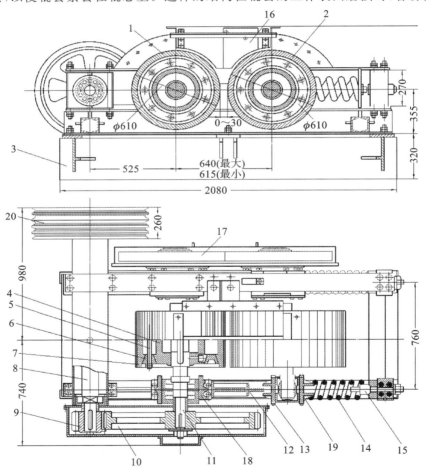

图 2.5.2-2　双辊破碎机结构示意图

1—前辊;2—后辊;3—机架;4—辊芯;5—螺栓;6—锥形环;7—辊套;8—传动轴;
9、10—减速齿轮;11—辊子心轴;12—顶座;13—钢垫片;14—强力弹簧;15—螺母;
16—喂料箱;17—传动齿轮;18—轴承座;19—轴承;20—胶带轮

辊的轴安装在滚柱轴承中,轴承座18固定安装在机架上。后辊的轴承19则安装在机架的导轨中,可以在导轨中前后移动,这一对轴承用强力弹簧14压紧在顶座12上。当转辊之间落入非破碎物时,弹簧被压缩,让硬物落下,然后在弹簧张力作用下,弹簧恢复原来位置。弹簧压力可用螺母15调整。在轴承19与顶座12之间放有可以更换的钢垫片13,即可调节两转辊的间距。

前辊1通过减速齿轮9和10、传动轴8及胶带轮20由电动机带动,后辊通过装在辊子轴上的一对传动齿轮17由前辊带动做相向转动。为了使后辊后移时,两齿轮仍能啮合,齿轮采用非标准长齿齿形。

双辊破碎机的规格型号通常用辊子直径 D(mm)×长度 L(mm)表示。因为辊子表面磨损不均匀,因此辊子的长度 L 应小于辊子直径 D,一般取:$L=(0.3\sim0.7)D$。在生产实际中,辊子的长度一般为 $400\sim1500$ mm。破碎硬的物料宜采用低的 L/D。

2. 单辊破碎机的构造

单辊破碎机实际上是将颚式破碎机和辊式破碎机的部分结构组合在一起,因而具有这两种破碎机的特点。单辊破碎机的规格型号也用辊子直径和长度表示,其结构示意图如图 2.5.2-3 所示。破碎机是由一个转动辊子1和一块颚板4组成。带齿的衬套2用螺栓安装在辊芯上,衬套磨损后可以拆换。

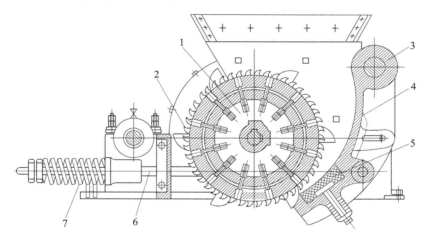

图 2.5.2-3　单辊破碎机
1—辊子;2—轴套;3—悬挂轴;4—颚板;5—衬板;6—拉杆;7—弹簧

颚板挂在悬挂轴3上,它的上面镶有耐磨的衬板5。颚板通过一根拉杆6借助于顶在机架上的弹簧7的压力拉向辊子,使颚板与辊子保持一定的距离。

辊子轴支承在装于机架两侧壁的轴承上。工作时只有辊子旋转,料块从加料斗喂入,在辊子与颚板之间受到挤压作用,并受到齿尖的冲击和劈裂作用而破碎。如果遇有非破碎物掉入,弹簧压缩,颚板离开辊子,出料口增大,使非破碎物排出,从而避免机件的损坏。

单辊破碎机具有较大的进料口,另外辊子表面装有不同的破碎齿条,当大块物料喂入时,较高的齿条会将大块物料钳住,并以劈裂和冲击的方式将其破碎,然后落到下方,较小的齿将其进一步破碎到要求的尺寸。

单辊破碎机可以用于物料粗碎,破碎比大,可达15,而且产品粒度比较均匀。在生产实际中,单辊破碎机通常用来破碎中硬或松软的物料,例如石灰石、硬质黏土及煤块等。当物料比较黏湿(如含黏土石灰石等),或破碎片状黏土物料时,单辊破碎机的破碎效果要好于颚式破碎机和圆锥式破碎机的破碎效果。

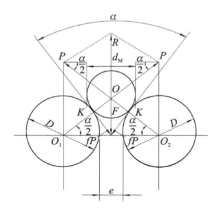

图 2.5.3-1　物料与辊间钳角

2.5.3　辊式破碎机工作参数的确定

1. 钳角

辊式破碎机钳角的定义:物料与两辊子接触点的切线夹角 α 称为辊式破碎机的钳角,如图 2.5.3-1 所示。为了简化计算,设料块为球形。辊子对料块的作用力为 P,由 P 引起的摩擦力为 fP,f 为摩擦系数。

由于重力比破碎作用力小得多,故可忽略不计。

向上推出物料的合力为

$$R = 2P\sin\alpha/2 \tag{2-74}$$

向下拉入物料的合力为

$$F = 2fP\cos\alpha/2 \tag{2-75}$$

为了能将物料钳进转辊间隙,必须使 $F \geqslant R$,即

$$2fP\cos\alpha/2 \geqslant 2P\sin\alpha/2 \tag{2-76}$$

物料与辊面间的摩擦角为 φ。

$$\tan\varphi = f \tag{2-77}$$

$$\alpha \leqslant 2\varphi \tag{2-78}$$

即钳角应小于或等于物料与辊面间的摩擦角的两倍。

石灰石、砂岩、花岗岩等干硬物料与钢制辊子表面的摩擦系数 $f=0.3$,湿黏土等 $f=0.45$,与此相应的最大钳角分别为 $33°24'$ 和 $48°27'$。辊式破碎机实际生产中采用的钳角还要小些。

在钳角与辊子间隙确定之后,一定直径的辊子所能钳住的料块的最大直径也就随之确定,即

$$\frac{D}{2} + \frac{e}{2} = \left(\frac{D}{2} + \frac{d_M}{2}\right)\frac{\cos\alpha}{2} \tag{2-79}$$

式(2-79)两边均除以 $d_M/2$,整理得

$$\frac{D}{d_M} = \left(\frac{\cos\alpha}{2} - \frac{e}{d_M}\right)/\left(1 - \frac{\cos\alpha}{2}\right) \tag{2-80}$$

辊式破碎机的破碎比一般为 $i=4$,故 $e/d_M=0.25$,并将 α 代入式(2-80)后:

对于干硬物料,有　　　　　　　　$D/d_M = 17 \tag{2-81}$

对于软湿物料,有　　　　　　　　$D/d_M = 7.5 \tag{2-82}$

实际上为了使破碎机可靠地工作,D/d_M 的数值还必须加大 $20\%\sim25\%$。此时辊子直径要比物料尺寸大 $9\sim22$ 倍。可见光面双辊破碎机用于物料粗碎是不恰当的。

对于槽面或齿面辊子可取较低的 D/d_M 值。破碎干硬物料时,槽面辊子 $D/d_M=10\sim$

12,齿面辊子 $D/d_M = 2 \sim 6$。

2. 辊子转速

辊子转速是影响辊式破碎机的生产能力的关键因素之一。

理论上,提高辊子转速可使生产能力提高。但是如果辊子转速过高,超过一定限度,落在转辊上的料块在较大的惯性离心力作用下,就不易被辊子拖曳至两个转辊之间。这样,辊式破碎机的生产能力不仅没有提高,而且会引起破碎机的电耗增加、辊子表面磨损、机械振动增大。

根据物料在辊子上的惯性离心力与各作用力的平衡条件,可得出当 $i = 4$ 时,光面辊式破碎机的极限转速为

$$n_{max} = 616 \sqrt{\frac{f}{\gamma d_M D}} \ (\text{r/min}) \tag{2-83}$$

式中:f——物料与辊子表面的摩擦系数;

γ——物料的容积密度,kg/cm^3;

d_M——入料块直径,cm;

D——辊子直径,cm。

实际上,为了减小机器的振动与辊子表面的磨损,取

$$n = (0.4 \sim 0.7)n_{max} \ (\text{r/min}) \tag{2-84}$$

辊子的合理转速一般通过实验确定。光面辊子取上限,槽面和齿面辊子取下限。对于硬质物料,取 $3 \sim 6$ m/s;对于软质物料,取 $6 \sim 7$ m/s。有一种快速细碎双辊破碎机的转速可达 26.2 m/s,机座考虑了消振问题,使振动减小。

3. 生产能力

$$Q = 188KLeDn\gamma \ (\text{t/h}) \tag{2-85}$$

式中:D——辊子直径,m;

L——辊子长度,m;

e——卸料口宽度,m;

n——辊子转速,r/min;

K——物料松散和卸料不均匀系数,对于干硬物料,$K = 0.2 \sim 0.3$;对于湿软物料,

$K = 0.4 \sim 0.6$;

γ——物料容积密度,t/m^3。

当破碎硬质物料时,在破碎力的作用下,弹簧压缩,转辊之间的距离通常会增大 25%,故

$$Q = 188KL(e + 0.25e)Dn\gamma = 235KLeDn\gamma \ (\text{t/h}) \tag{2-86}$$

4. 功率

破碎煤用的齿面辊式破碎机的功率,可按下列经验公式计算:

$$N = KLDn \ (\text{kW}) \tag{2-87}$$

式中:K——系数,破碎煤时,$K = 0.85$;

L——辊子长度,m;

D——辊子直径,m;

n——辊子转速，r/min。

为了准确地估算破碎机的电动机功率，有时也采用实际测得的单位功率消耗的数据。

2.6　锤式破碎机

2.6.1　锤式破碎机的应用、工作原理和类型

1895 年，美国发明了能耗较低的冲击式破碎机，M. F. Bedmson 在此基础上研制设计了锤式破碎机，经过一个多世纪的生产实践及应用，锤式破碎机已在建材、化工、电力、冶金等工业部门被广泛采用，用来破碎石灰石、煤、页岩、白垩、石膏、石棉矿石、炉渣、焦炭等众多物料。

锤式破碎机适用于脆性、中硬、含水量不大的物料，它利用高速回转的锤头冲击物料，如图 2.6.1-1 所示。

物料进入锤式破碎机中，受到高速回转的锤头冲击使其沿自然裂隙、层理面和节理面等而破碎，物料从锤头处获得动能，以高速冲向打击板而被第二次破碎。粒径合格的物料通过篦条排出，较大粒径的物料在篦条上再经锤头附加冲击、研磨，直至粒径合格后通过篦条排出。

锤式破碎机的结构类型很多，按回转轴的数目可分为单转子和双转子式；按锤头的排数分为单排和多排式；按转子回转方向分为不可逆式和可逆式；按锤头装置的方式分为固定锤式和活动锤式，固定锤式仅用于物料的细磨（锤磨机）。

锤式破碎机的优点是：具有较高的破碎比（一般为 10～25，有的可达 50 以上）；生产能力大；产品粒度均匀；过粉碎现象少；单位产品能耗低。此外还有结构简单、体型紧凑、设备质量轻、操作维修容易等优点。

锤式破碎机的缺点是：锤头和篦条磨损较大，要消耗较多的金属和检修时间，尤其是破碎坚硬物料时，磨损更快；破碎黏湿物料时，产量显著下降；篦条易堵塞，会导致停机。为避免堵塞，被破碎物料的含水量不应超过 10%。

锤式破碎机的规格型号用转子直径 D 和转子长度 L 来表示，如图 2.6.1-2 所示。

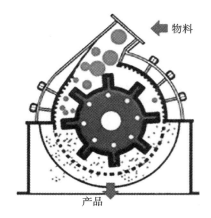

图 2.6.1-1　锤式破碎机工作原理

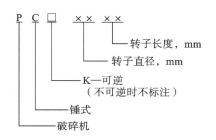

图 2.6.1-2　锤式破碎机规格型号表示方法

2.6.2 锤式破碎机的构造

锤式破碎机的主轴上装有锤架,在锤架之间挂有锤头,机壳的内壁镶有衬板,衬板磨损后可以拆换。主轴、锤架和锤头组成的回转体称为转子。

1. 单转子锤式破碎机

$\phi 1600 \times 1600$ mm 单转子、不可逆式、多排、活动锤头的锤式破碎机结构如图 2.6.2-1 所示。该破碎机由机壳 1、转子 2、篦条 3、打击板 4 和轴承 5 等部分组成。

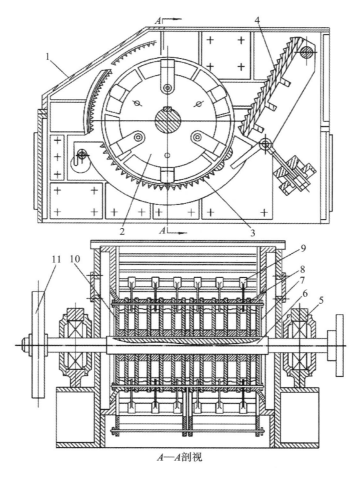

A—A剖视

图 2.6.2-1 $\phi 1600 \times 1600$ mm 锤式破碎机结构示意图
1—机壳;2—转子;3—篦条;4—打击板;5—滚动轴承;6—主轴;
7—锤架;8—锤头销轴;9—锤头;10—压紧锤盘;11—飞轮

破碎机的机壳由下机体、后上盖、左侧壁和右侧壁组成,各部分用螺栓联结成一体。上部设有加料口,机壳内部镶有锰钢衬板,衬板磨损后可以更换。为防止机壳和轴之间出现漏灰现象,设有油封。机壳的下部直接安放在混凝土基础上,并用地脚螺栓固定。为了便于检修、调整和更换篦条,下机体的前后两面均开有一个检修孔。为了检修和便于更换锤头,两侧壁也对称地开有检修孔。

1) 破碎机转子

转子是锤式破碎机回转速度较快的主要工作部件,由主轴 6(用来支承转子)、锤架 7(用来悬挂锤头)和销轴 8 组成。锤架上用锤头销轴 8 将锤头 9 悬挂在锤架之间,为了防止锤架和锤头的轴向串动,锤架两端用压紧锤盘 10 和锁紧螺母固定,转子支承在两个滚动轴承 5 上。

锤头用销轴铰接悬挂在圆盘上,当有金属物件进入破碎机时,因为锤头活动地悬挂在转子圆盘上,所以能绕铰接轴避开金属物件,以免损坏机件。

主轴是破碎机支承转子的主要零件,承受冲击力。因此,要求主轴的材质具有较高的强度和韧性,如用 35 硅锰钼钒钢锻造而成。主轴断面为圆形。锤架用 60 mm 宽的平键与轴连接。有的主轴断面为正方形,锤架活套在主轴上。

锤头的质量、形状和材质对破碎机的生产能力有很大影响。锤头动能的大小与锤头质量成正比,动能愈大,即锤头质量愈大,破碎效率愈高,但能耗也愈大。因此,应根据不同进料块尺寸来选择适当的锤头质量(可从几千克到一百多千克)。锤头耐磨性是其主要质量指标之一,常用的锤头形式如图 2.6.2-2 所示。

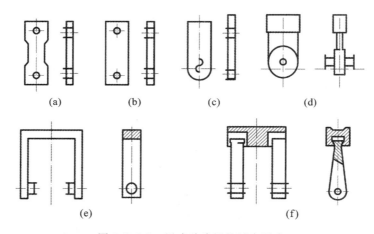

图 2.6.2-2　锤式破碎机的锤头形式

其中:图 2.6.2-2(a)、(b)、(c)所示为轻型锤头,质量通常为 3.5～15 kg,多用来破碎粒度为 100～200 mm 的软质和中等硬度物料,图(a)、(b)所示两种锤头两端带孔,磨损后可以调换使用 4 次,而图(c)所示锤头只能调换使用两次。图(d)所示为中、重型锤头,质量为 30～135 kg,用来破碎 800～2000 mm 的中等硬度物料。图(e)和(f)所示为重型锤头,质量达 50～120 kg,主要用来破碎大块和坚硬物料。锤头用高碳钢锻造或铸造,也可用高锰钢铸造。

为了提高耐磨性,锤头采用高锰低合金钢 ZG30MnSiTi 制造,有的锤头工作表面上还焊有一层硬质合金。近来出现了高铬铸铁锤头,其耐磨性比高锰钢锤头的高数倍。篦条的排列形式为与转子的回转半径有一定间隙的圆弧状,一般与锤头运动方向垂直(也有平行的),合格产品通过篦缝排出。篦条的断面形状有三角形、矩形和梯形三种,常用锰钢铸成。

2) 破碎机安全保险装置

为了防止金属物进入破碎机内造成事故,设有安全装置,如图 2.6.2-3 所示。

破碎机的主轴 1 上装有安全铜套 2,皮带轮 3 套在铜套上,铜套与皮带轮则用安全销 4 连接。当破碎机内进入金属物或过负荷时,安全销即被剪断而起到保护作用。

3) 箅条和破碎板

破碎机箅条装在锤式破碎机的下部,两端由可调节的悬挂轴支承。箅条的安装形式与锤头的运动方向垂直,锤头与箅条之间的间隙可通过螺栓来调节。在破碎过程中,合格的产品通过箅缝排出,未能通过箅缝的物料在箅条上继续受到锤头的冲击和研磨作用,直至通过箅缝排出。

箅条一般由高锰钢铸造或锻打而成,箅条间隙做成向下扩散形,物料易通过而不至于发生堵塞。

进料部分装有破碎板,由托板和衬板等部件组成,用两根轴架装在破碎机的机体上,其角度可用调节丝杆进行调整,衬板磨损后可以更换。

2. 双转子锤式破碎机

双转子锤式破碎机的结构如图 2.6.2-4 所示,破碎机有两个做相向回转运动的转子,物料的破碎主要发生在两个转子间。

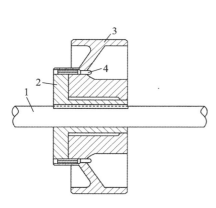

图 2.6.2-3　锤式破碎机的安全装置
1—主轴;2—安全铜套;3—皮带轮;4—安全销

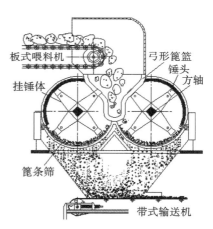

图 2.6.2-4　双转子锤式破碎机

双转子锤式破碎机由于分成了几个破碎区,黏湿物料黏附在固定腔壁的机会大大减少,因而双转子锤式破碎机对黏湿物料的适应性较强,不易发生堵塞。同时,破碎机具有两个带有多排锤头的转子,故破碎比大,可达 40 左右,生产能力相当于两台同规格单转子锤式破碎机的。另外,两个转子可以悬挂更多的锤头,可供使用的金属磨损量更大,锤头寿命更长。

2.6.3　锤式破碎机主要参数的确定

1. 基本结构参数的确定

1) 转子的直径与长度

转子直径与给料块尺寸之比为 1.2~5,大型破碎机取低值。转子直径与长度的比值一般为 0.7～2,物料抗冲击力较强时,应选取较大的比值。

2)基本结构尺寸的确定

给料口宽度大于 2 倍最大给料块尺寸。给料口的长度与转子长度相同。

卸料口尺寸受箅条间隙控制,而箅条间隙由产品粒度的大小决定。中碎时,产品平均粒度为间隙的 1/3～1/5;粗碎时,产品平均粒度为间隙的 1/1.5～1/2。

3)锤头质量的确定

计算锤头质量的方法有两种:一种是根据使锤头运动时产生的动能等于破碎物料所需的破碎功的原理;另一种是根据碰撞理论动量相等的原理。前一种方法由于没有考虑锤头打击物料后的速度损失,计算出来的锤头质量往往偏小,因此需要根据实际情况进行修正。

(1)按动能定理计算锤头质量。

假设被破碎物料受冲击前的速度为零,锤头冲击前后圆周速度不变,则转子上全部锤头每转一次所产生的动能 E 为

$$E = \frac{1}{2}(mK_1K_2)V^2 = \frac{1}{2}(mK_1K_2)(\pi Dn/60)^2 = (m\pi^2D^2n^2K_1K_2)/7200 \quad (2\text{-}88)$$

$$N = nE/(1000 \times 60)(\text{kW}) \quad (2\text{-}89)$$

$$m = 438 \times 10^5 N/(D^2n^3K_1K_2)(\text{kg}) \quad (2\text{-}90)$$

式中:m——锤头的质量,kg;

N——电动机的功率,kW;

n——转子的转速,r/min;

D——转子直径,m;

K_1——转子圆周方向的锤头排数;

K_2——转子横向每排的锤头个数;

E——锤头的动能,J;

V——锤头的圆周速度,m/s。

(2)按动量定理计算锤头质量。

根据碰撞理论动量相等的原理计算锤头质量时,考虑到锤头打击物料后,必然会产生速度损失。如果锤头打击物料后,其速度损失过大,就会使锤头绕本身的悬挂轴向后偏倒。这时,锤头动能因速度减小而减小,在下一次与物料相遇时,不能破碎物料,因而会降低破碎机的生产率和增加无用功的消耗。在第二次破碎物料前,为了使锤头打击物料后产生的偏倒能够在离心力的作用下很快恢复到正常工作位置,这就要求锤头打击物料后的速度损失不宜过大。根据实践经验,锤头打击物料后的允许速度损失随破碎机的规格大小而变,一般允许速度损失为 40%～60%,即

$$v_2 = (0.6 \sim 0.4)v_1 \quad (2\text{-}91)$$

式中:v_1——锤头打击物料前的圆周线速度,m/s;

v_2——锤头打击物料后的圆周线速度,m/s。

原则上转子的直径愈大,允许速度损失就愈大;反之,允许速度损失就愈小。

若锤头与物料为塑性碰撞,且设物料在碰撞前的速度为零,则根据碰撞理论动量相等的原理可得下列方程:

$$mv_1 = mv_2 + Qv_2 \quad (2\text{-}92)$$

$$m = (0.7 \sim 1.5)Q \tag{2-93}$$

式中：m——锤头折算到打击中心处的质量，kg；

Q——最大物料块质量，kg。

从式(2-93)可以看出，锤头质量只与打击物料的质量有关，实际上还与物料性质、受力情况和转子速度有关。根据动量定理：

$$m(v_1 - v_2) = Ft \tag{2-94}$$

式中：F——锤头作用在物料上的打击力，N；

t——锤头打击物料的时间，s，取 $0.001 \sim 0.0015$s。

在材料试验机上破坏物料的力 F' 为

$$F' = \sigma A \ (\text{N}) \tag{2-95}$$

式中：σ——物料的抗压强度，Pa；

A——物料垂直于外力方向的截面面积，m²。

假设物料是立方体，受力均匀，物料边长为 d，则 $A = d^2$。

在实际破碎过程中，物料是各向异性的，物料形状是不规则的，锤头打击过程中又不可能是面接触，且不是压碎，而是冲击破碎，故锤头作用在物料上的打击力与材料试验机上测得的破坏物料所需的力存在差异。这一差异用一个系数 μ 来修正，一般 $\mu = 0.21 \sim 0.28$，所以

$$F = \mu F' \tag{2-96}$$

$$m(v_1 - v_2) = \mu \sigma d^2 t \tag{2-97}$$

$$m = \mu \sigma d^2 t / [(0.4 \sim 0.6)v_1] \tag{2-98}$$

式中的 m 仅仅是锤头折算到打击中心处的质量（简称打击质量），锤头的实际质量 m_0 应根据打击质量的转动惯量和锤头质量的转动惯量相等的条件进行质量代换，于是

$$m_0 = m(r/r_0)^2 \ (\text{kg}) \tag{2-99}$$

式中：r——锤头打击中心到悬挂点的距离，m；

r_0——锤头重心到悬挂点的距离，m。

2. 主要工作参数的确定

1）转子的转速

$$n = \frac{60v}{\pi D} \ (\text{r/min}) \tag{2-100}$$

$$v = \sqrt{\frac{g}{\gamma}} \frac{\sigma^{\frac{5}{6}}}{E^{\frac{1}{3}}} \ (\text{m/s}) \tag{2-101}$$

式中：v——转子的圆周速度，m/s；

D——转子直径，m；

g——重力加速度，m/s²；

γ——物料体积密度，kg/m³；

σ——物料抗压强度，Pa；

E——物料的弹性模数，Pa。

式(2-100)、式(2-101)没有反映出破碎比和锤头质量这两个因素，只能作为转速选取

时的参考。目前锤式破碎机的转子圆周速度为 18~70 m/s。一般中小型破碎机的转速为 750~1500 r/min,转子圆周速度为 25~70 m/s;大型破碎机的转速为 200~350 r/min,转子圆周速度为 18~25 m/s。

2)生产能力

生产能力 Q 采用如下经验公式计算:

$$Q = KDL\gamma \text{ (t/h)} \tag{2-102}$$

式中:D、L——转子的直径和长度,m;

  γ——物料的容积密度,t/m³;

  K——经验系数,破碎石灰石等中等硬物料时,$K = 30 \sim 45$,机器规格较大时 K 取上限,较小时 K 取下限。破碎煤时,$K = 130 \sim 150$。

3)功率

功率 N 采用如下经验公式计算:

$$N = KD^2 Ln \text{ (kW)} \tag{2-103}$$

式中:K——经验系数,$K = 0.1 \sim 0.2$,大型破碎机取上限。

另一种与破碎比和生产能力有关的经验公式如下:

$$N = (0.1 \sim 0.15)iQ \text{ (kW)} \tag{2-104}$$

式中:i——破碎比;

  Q——生产能力。

4)锤头打击中心的计算

锤式破碎机是一种高速回转且靠冲击来破碎物料的机械。为了使其稳定运转、正常工作,首先,必须使它的转子获得静力平衡和动力平衡,其次是锤头的动力平衡。

由于锤式破碎机的锤头铰接悬挂在转子的销轴上,若锤头销轴孔位置不正确,尽管转子已达到静力与动力平衡,但当锤头与物料冲击时,仍将在锤头销轴、转子圆盘、主轴及主轴承上产生反作用力,如图 2.6.3-1 所示。

锤头打击物料时,在锤头打击点上将作用有打击力 N。如果锤头未经打击平衡计算,锤头销轴孔无法确定,则在锤头销轴上会产生反作用力 N_y。根据作用力与反作用力大小相等、方向相反的原理,在转子圆盘的销孔上也将有作用力,该力也会传给主轴,作用在主轴上的力用 N' 表示。N' 的反作用力 N'' 将作用在转子圆盘的中心轴孔上。N_y' 与 N'' 在转子圆盘上形成逆圆盘回转方向的力偶,因而额外地消耗了能量。作用在主轴上的 N' 力也将传给轴承,使轴承负荷增加,缩短轴承寿命。

通过上述分析,为避免反作用力的产生,在设计时需对所选用锤头的几何形状进行打击平衡计算,得出锤头销孔的正确位置。下面介绍几何形状最简单、具有一个销轴孔锤头的打击平衡计算,如图 2.6.3-2 所示。

假定锤头的打击中心在其外棱处,使打击力通过离销轴孔中心的距离为 l 的打击中心上,这样就可消除销轴孔的反力。

l 的大小按碰撞中心公式计算。其计算公式为

$$l = J_0/(mc) = J_{F0}/(F_0 c) \text{ (cm)} \tag{2-105}$$

式中:c——锤头销轴孔中心 o 到重心 s 点的距离,cm;

  l——锤头销轴孔中心到打击中心(锤头外棱)的距离,cm,$l = a - x$;

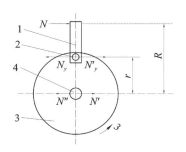

图 2.6.3-1　锤头打击反作用力
1—锤头；2—销轴；3—转子圆盘；4—主轴

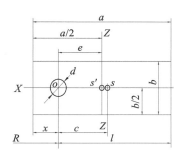

图 2.6.3-2　确定锤头悬挂销轴孔的位置

F_0——有孔锤头面积，cm^2；

m——锤头质量，kg；

J_0——锤头的转动惯量，$kg \cdot cm^2$；

J_{F0}——有孔锤头（平面薄板）的面积对其销轴孔中心的极惯性矩，cm^4。

经整理计算得如下公式：

$$x = \frac{a}{3} - \frac{b^2}{6a} + \frac{\pi d^4}{16a^2 b} \text{（cm）}$$ (2-106)

式中：a——锤头长度，cm；

　　　b——锤头宽度，cm；

　　　d——锤头销轴孔的直径，cm。

尽管按上述计算方法求得了锤头销轴孔的位置，但在实际工作中也难以避免锤头打击反作用力。因为在计算中假定的是锤头以其外棱打击物料，由于给料粒径发生变化，锤头并非都是以其外棱打击物料。另外，制造和安装的误差，以及锤头和销轴孔的磨损，都会改变打击平衡的条件。因此，在新设计锤头或改进锤头的时候，要有所考虑，可以将锤头打击中心取在锤头允许磨损高度的中点。

2.7　反击式破碎机

2.7.1　反击式破碎机的工作原理和类型

1. 反击式破碎机的工作原理

1924 年，德国哈兹马克公司，A·安德烈首先设计了实用的反击式破碎机。其结构相当于"棒式锤破机"，在美国用它来破碎焦炭行业烧结矿。那时，破碎机的结构类似于现代鼠笼型破碎机，但是无论从结构上，还是从工作原理上分析，它都具备反击式破碎机的特点。由于物料需要反复冲击，破碎过程中可以自由无阻碍排料，但是由于受到给料力度和反击式破碎机能力的限制，其渐渐地转化为了鼠笼型破碎机。

1942 年，德国人 Andreson 在总结了鼠笼型破碎机的锤式破碎机的结构特性和工作原理的基础上，发明了和现代反击式破碎机结构形式类似的 AP 系列反击式破碎机。这种反击式破碎机的生产效率高，可以处理比较大的物料，而且它的形式结构比较简单，维修方便,所以,这种反击式破碎机得到了迅速的发展。

伴随着破碎筛分、破碎理论的日益完善和技术的进一步发展,各种各样高性能的反击式破碎机也层出不穷。随着科技的不断发展,大型破碎筛分设备已经发展得非常完善。

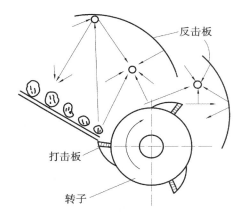

图 2.7.1-1　反击式破碎机工作原理示意图

反击式破碎机的工作原理(见图 2.7.1-1)与锤式破碎机的基本相同,它们都是利用高速冲击作用破碎物料的,但结构与工作过程有差异。

反击式破碎机工作时,物料在设定的流道内沿第一、第二反击板经一定时间、一定长度的反复冲击路线使物料破碎。物料的破碎是在打击板接触时进行的,随后物料被抛击到反击板上实现部分破碎,一部分料块群在空中互相撞击,进一步得到破碎。

料块群的流动方向看上去是杂乱无章的。实际上,料块群的重心受反击板的流道线所约束,是有规律的。反击板流道是根据物料性质和对产品粒度的要求设计的,避免不必要的飞行距离,以控制料流的流向。上述破碎机理可概括为三个方面。

1) 自由冲击破碎

它是产生破碎效应的主导部分,板锤与物料接触后,物料破碎并以两倍的转子速度抛出,而大部分粉尘是料块群在空间中撞击产生的。

2) 反击破碎

破碎料块群沿力学轨迹射入和反射出反击板。反击板是控制物料流向的主导因素,它也产生了部分破碎效应。

3) 铣削破碎

物料进入板锤破碎区间,大块物料被高速旋转的板锤一块一块铣削破碎并抛出。另外,经上述两种破碎作用未被破碎而大于出料口尺寸的物料,在出料口处也被高速旋转的板锤铣削而破碎。

2. 反击式破碎机与锤式破碎机的比较

反击式破碎机与锤式破碎机的结构及性能比较见表 2.7.1-1。

表 2.7.1-1　反击式破碎机与锤式破碎机的比较

比较内容	锤式破碎机	反击式破碎机
主要结构	转子(主轴、锤架、锤头、销轴)、机架、破碎板、筛板、传动部件,一组锤头铰接在锤架上	转子、打击板、机架、反击板、均整篦板、传动部件,板锤刚性连接在转子上
破碎机理	单个锤头对物料冲击破碎,物料获得的速度和动能有限	利用整个转子的惯性对物料冲击破碎(自由破碎、反击破碎、铣削破碎),物料获得的速度和动能较大

续表

比 较 内 容	锤式破碎机	反击式破碎机
破碎腔	破碎腔较小,冲击作用不能充分发挥	破碎腔较大,使物料有一定的活动空间,充分利用冲击作用
起始打击方向	锤头向下顺势打击物料 破碎作用小	板锤向上逆势打击物料 破碎作用大
产品粒度	产品粒度受篦条间缝隙宽度控制	产品粒度主要取决于转子转速及转子外缘与均整篦板间的间隙
磨损	磨损稍小	磨损大
应用	破碎中硬物料	破碎中硬物料,也用于熟料破碎

反击式破碎机广泛用于建材、选矿、化工等工业部门,特别适合破碎中等硬度的脆性物料。在建材工厂中,主要用来对石灰石、煤、砂岩、水泥熟料等物料进行粗碎、中碎和细碎。

3. 反击式破碎机的类型

反击式破碎机的规格型号表示方法如图 2.7.1-2 所示。

反击式破碎机按其结构特征可分为单转子和双转子两种类型,如图 2.7.1-3 所示。

单转子反击式破碎机分为不带均整筛板和带均整筛板的反击式破碎机,其中带均整筛板的反击式破碎机可控制产品粒度,因而产品中的大颗粒较少,产品粒度分布范围窄,粒度分布均匀。

图 2.7.1-2　反击式破碎机规格型号表示方法

双转子反击式破碎机按转子回转方向可分为以下三种类型。

(1) 双转子同向回转的反击式破碎机如图 2.7.1-3 的 F、H 所示,相当于两个单转子反击式破碎机串联使用,可同时完成粗、中、细碎作业,破碎比大,产品粒度均匀,生产能力大,但电耗也高。采用这种机械可以减少破碎段数,简化生产流程。

(2) 双转子反向回转的反击式破碎机如图 2.7.1-3 的 G 所示,相当于两个单转子反击式破碎机并联使用,生产能力大,可破碎块度大的物料,可作为大型粗、中碎破碎机使用。

(3) 双转子相向回转的反击式破碎机如图 2.7.1-3 的 I 所示,主要利用两个转子相对抛出的物料互相撞击进行破碎,所以破碎比大,金属磨损量较小。

2.7.2　反击式破碎机的构造

1. $\phi 500 \times 400$ mm 单转子反击式破碎机

$\phi 500 \times 400$ mm 单转子反击式破碎机如图 2.7.2-1 所示。该反击式破碎机主要由上下机架、转子、反击板等部分组成。电动机经三角皮带传动使转子高速回转,迎着物料下落的方向冲击物料,物料被破碎至小颗粒后由机体下部卸出。

转子上固定着三块板锤,板锤用比较耐磨损的高锰钢铸造而成。转子本身用键固定在主轴上。主轴两端借助滚动轴承支承在下机架上。

反击板的一端通过悬挂轴铰接于机架上部,另一端由羊眼螺栓利用球面垫圈支承在

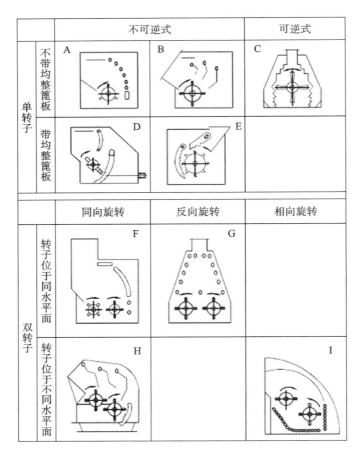

图 2.7.1-3　反击式破碎机的类型

机架上的锥面垫圈上。反击板呈自由悬挂状置于机体内部。调节羊眼螺栓上的螺母位置，可以改变反击板和转子间的间隙。当机器中进入不能被破碎的铁块等物时，反击板受到较大压力使羊眼螺栓向上及向后移开，使铁块等物排出，从而保证机器不受破坏。反击板在自身的重力作用下，又恢复到原来位置，以此作为机器的保险装置。机架沿转子轴心线分成上、下两部分。上机架上装有便于观察和检修用的侧门及后门，在门上设置有橡皮防尘装置。机器的进料处设置有链幕，用以防止物料破碎时飞出机外。

可逆转动的单转子反击式破碎机有一个可逆转动的转子。在转子上方的两侧都装有反击板，给料槽放在转子中心的上部。由于它具有可逆转动的特点，两套反击板两面的磨损可以得到平衡，这就大大减少了维护检修的工作量。

2.　$\phi 1250 \times 1250$ mm 双转子反击式破碎机

$\phi 1250 \times 1250$ mm 双转子反击式破碎机结构如图 2.7.2-2 所示。该反击式破碎机主要由平行排列的两个转子 4、11，机体 3，第一道反击板 5，分腔反击板 9，第二道反击板 12 等组成。两个转子分别由两台电动机 21、22 经过挠性联轴节 24、液力联轴节 23 和三角皮带 20 传动，并沿同一方向高速旋转。物料由上部加料口进入，破碎后的产品经机体下部的均整箅板 15、18 卸出。

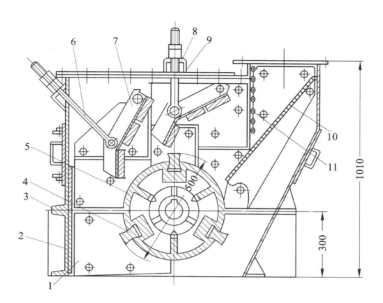

图 2.7.2-1　φ500×400 mm 单转子反击式破碎机结构

1—防护衬板；2—下机架；3—上机架；4—锤头；5—转子；6—羊眼螺栓；
7—反击板；8—球面垫圈；9—锥面垫圈；10—给料溜板；11—链幕

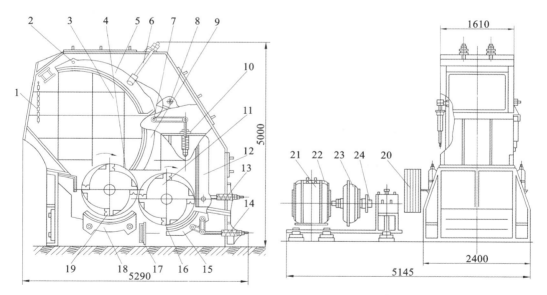

图 2.7.2-2　φ1250×1250 mm 双转子反击式破碎机结构

1—链幕；2,8—悬挂轴；3—机体；4—第一道转子；5—第一道反击板；6—螺杆；7—方截面轴；
9—分腔反击板；10—压紧弹簧；11—第二道转子；12—第二道反击板；
13,14—调节弹簧；15,18—均整篦板；16,19—板锤；17—固定反击板；20—三角皮带；
21,22—电动机；23—液力联轴节；24—挠性联轴节第一道转子 4 的上面用螺栓固定 4 排共 8 块板锤 19,以 30～40 m/s 的线速度破碎大块物料。第二道转子 11 上面用螺栓固定 6 排共 12 块板锤 16,以 52 m/s 线速度把从第一道破碎腔进来的物料破碎到要求的产品粒度。

两个转子有一定高度差,其中心连线与水平线所成的角约为 12°,这样可使第一道转子具有强迫给料的可能,从而使第二道转子的线速度提高。两转子上的板锤都是用耐冲击磨损的高锰钢铸造而成的。转子固定套装在主轴上,主轴两端用双列向心球面滚子轴承支承在下机架上。

第一道和第二道反击板 5、12 的一端通过悬挂轴 2、8,铰接于上机架的两侧壁上;另一端分别由特制的螺杆 6 和调节弹簧 13 支挂在机体上部或后侧壁上。

分腔反击板 9 通过支挂的方截面轴 7 与装在机体两侧面的连杆及压紧弹簧 10 相连接,悬挂在两转子间,将破碎腔分隔成两个部分。这种分腔集中反击破碎的方法增大了转子的工作角度,使两转子都能得到充分的利用。

在分腔反击板和第二道反击板的下半部,安装有不同排料尺寸的篦条衬板,它可使达到粒度要求的物料及时排出,以减少不必要的能量消耗。

为了避免让大于产品粒度的物料排出,在两转子下部的机体上设置均整篦板及固定反击板 17,并在与物料接触的表面上设置由高锰钢铸造的篦条栅和防护衬板。

机体沿着两个转子的高度差呈阶梯状地分为上、下两部分,下机体承受整个设备的质量,用地脚螺栓固定在地基上。上、下机体在物料破碎区域内壁都装有防护衬板,并在机体四周开设一定数量的小门,以便于观察和检修。在上机体的进料口处设置有链幕 1,以防止物料被击碎时飞出。

传动部分中配用 YL-75 安全型液力联轴节 23,既可降低启动负荷,减小电机容量,又能起过载保护作用。

φ1250×1250 双转子反击式破碎机产品粒度大小的调节主要靠改变转子的转速来实现,转速愈高,产品粒度愈细。调整反击板与板锤的间隙,也可以使产品粒度改变,但效果不明显。

在产品粒度改变时或在板锤等零件磨损后,零件间隙都需要进行适当的调整,主要是调整分腔反击板、第二反击板和均整篦板与转子上板锤端点的间隙。第一反击板用来配合分腔反击板,以使反击破碎腔保持近似圆弧形。调整分腔反击板时,拧动定位螺母即可。均整篦板与第二转子板锤端点间隙的调整,是通过调整相应的调节弹簧 13、14 来实现的。

这种双转子反击式破碎机是一种破碎比大、生产能力高、电耗低的破碎设备。在第一破碎腔中,可把小于 850 mm 的料块破碎至 100 mm 以下,然后进入第二破碎腔,继续破碎到 20 mm 以下。

在使用中发现,当料块在 1 m 以上时,料块相互间有阻卡现象。对含游离二氧化硅大于 5％～7％的脆性物料进行破碎时,板锤等零件磨损较大。此外,当物料水分大于 10％并夹杂泥土时,生产能力会降低,并容易产生堵塞故障。

2.7.3　反击式破碎机主要参数的确定

1. 基本结构参数

1）转子的直径与长度

根据资料统计,给料粒度与转子直径的关系可按下列经验公式确定:

$$d = 0.54D - 60 \tag{2-107}$$

式中:d——最大给料粒度,mm;

　D——转子直径,mm。

式(2-107)用于单转子计算时,其计算结果还要乘以 2/3。

转子的长度 L 与直径 D 之比,一般为 0.5~1.2。L/D 较小时,机体结构平稳性较差,可用于物料硬度小、处理能力要求不高的单转子反击式破碎机。

2）板锤数目

板锤数目与转子直径有关,转子直径愈小,板锤数愈少。

直径小于 1 m 时,可装设 3 个板锤;直径为 1~1.5 m 时,可装设 4~6 个板锤;直径为 1.5~2 m 时,可装设 6~10 个板锤。物料硬、破碎比大时,板锤数可多些。

3）基本结构尺寸的确定

反击式破碎机给料口宽度 $B \approx 0.7D$,给料口长度与转子长度相同。

反击式破碎机的卸料口尺寸为:$s_{1min} \approx 0.1D$;$s_{2min} \approx 0.01D$,如图 2.7.3-1 所示。

根据反击式破碎机的工作特点,要求入料块沿导板给入,其 $\beta \geqslant 50°$,否则会引起料块堆积。卸载点约在 $\alpha = 30°$ 处,冲击效果较好。

反击板的悬挂位置直接影响设备的处理能力,θ 角小,则料块在锤击区的冲击破碎次数增多,可以获得较大的破碎比。通常,$0° < \theta < 65°$,$r = (0.17 \sim 0.2)D$,$\gamma = 55° \sim 65°$,$\delta = 1° \sim 2°$。

图 2.7.3-1　反击式破碎机的基本结构尺寸

2. 主要工作参数的确定

1）转子的转速

在粗碎时,一般圆周线速度为 15~40 m/s,细碎时取 40~80 m/s。双转子反击式破碎机第一道转子的圆周线速度为 30~35 m/s,第二道转子的圆周线速度应取高一些,为 35~45 m/s。

2）生产能力

反击式破碎机的生产能力与转子的转速有关。物料被板锤拨动通过转子与反击板之间的间隙时,物料带的宽度等于转子的长度 L;物料的高度等于板锤的高度 h 加上转子与反击板之间的间隙 e;物料的厚度等于物料破碎后的粒度 d。因此,转子转一周,每一板锤所拨动的物料体积为

$$V = (h + e)Ld \ (\text{m}^3) \tag{2-108}$$

设转子上共有 Z 个板锤,则破碎机的生产能力 Q 为

$$Q = 60(h + e)LdZnK\gamma \text{ (t/h)} \tag{2-109}$$

式中:n——转子的转速,r/min;

　K——修正系数,一般取 0.1;

　γ——物料的容积密度,t/m³。

3) 功率

根据单位电耗确定功率 N,公式如下:

$$N = KQ \text{ (kW)} \tag{2-110}$$

式中:K——破碎单位物料需要的电耗,kW·h/t,视破碎物料的性质、破碎比和机器的结构特点而定,对于中等硬度的石灰石,粗碎时 $K = 0.5 \sim 1.2$;细碎时 $K = 1.2 \sim 2$;

　Q——生产能力,t/h。

按经验公式计算:

$$N = 0.0102(Q/g)v^2 \text{ (kW)} \tag{2-111}$$

式中:Q——生产能力,t/h;

　g——重力加速度,m/s²;

　v——转子的圆周线速度,m/s。

2.7.4　反击式破碎机主要零件的受力分析

1. 转子轴的强度计算

由于作用在转子轴上每一瞬间的载荷大小不同,且持续时间又短,仅为千分之几秒,故下面对轴的强度的计算仅作参考。

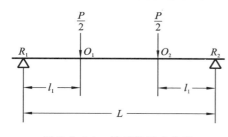

图 2.7.4-1　转子轴受力分析

作用在转子轴上的力有转子重力 P_1,转子外端的圆周力 P_2 和板锤的不平衡力 P_3,其合力为 P,受力分析如图 2.7.4-1 所示。图中 O_1、O_2 点为转子和转子轴热压配合的端点,R_1、R_2 点为轴承支点。

$$P = (P_1 + P_2 + P_3)K \text{ (N)} \tag{2-112}$$

式中:K——冲击系数,粗碎时 $K = 3.0$,中碎时 $K = 1.5$,细碎时 $K = 1.2$。

$$P_2 = 9550N/(nr) \text{ (N)} \tag{2-113}$$

式中:n——转子的转速,r/min;

　r——转子外端半径,m;

　N——电机功率,kW。

$$P_3 = (\mu P_1 r_1/2rg)r\omega^2 = \mu P_1 r_1/[2g(\pi n/30)^2] = \mu P_1 r_1 n^2/1800 \tag{2-114}$$

式中:μ——轴承的摩擦阻力系数,$\mu = 0.03$;

　r_1——轴承滚柱滚动面的半径,m。

转子轴的弯矩:　　　　　$M_u = (P/2)l_1 \text{ (N·m)} \tag{2-115}$

转子轴的扭矩:　　　　　$M_\tau = 9550N/n \text{ (N·m)} \tag{2-116}$

当量弯矩：
$$W = PL(L/3)/e \text{（N·m）} \tag{2-117}$$

已知当量弯矩后，即可计算转子轴的几何尺寸。

2. 轴承负荷的计算

作用在轴承上的载荷 P_e 可根据下述经验公式确定：
$$P_e = 3P_1 \text{（N）} \tag{2-118}$$

式中：P_1——转子重力，N。

轴承的使用寿命一般规定为 3 万小时。

3. 反击装置的自身重力、弹簧的预压力或液压力的确定

设物料碰撞前的速度为零，按动量定理有
$$mu = Pt \tag{2-119}$$
于是
$$P = mu/t \tag{2-120}$$

式中：P——冲击力，N；

m——物料块的质量，kg；

u——冲击后物料块的速度，m/s；

t——冲击时间，s。

物料块与高速回转板锤冲击后，获得了比板锤端点线速度更大的速度。根据碰撞理论，若假定物料块与板锤碰撞前的速度为零，则碰撞后物料块的速度为
$$u = v + Kv \tag{2-121}$$

式中：v——转子的圆周速度，即板锤端点的线速度，m/s；

K——恢复系数，$0 < K < 1$；若考虑物料块与板锤产生斜碰撞，可取 $K = 0.2 \sim 0.3$。

实验表明，物料块质量与板锤质量之比在 $1 : 40$ 到 $1 : 60$ 之间，冲击时间为 $0.0012 \sim 0.0016$ s。
$$P = mv(1 + K)/t \tag{2-122}$$

假设破碎过程是以自身等分形式进行的，冲击到反击板上的物料块质量见图 2.7.4-2。设第一块接触反击板的物料块质量是最大给料块质量的一半，即 $m_1 = m/2$，第二块为第一块的 $1/4$，依此类推。为了计算方便，取其平均值为
$$m_c = (m_1 + m_2 + \cdots + m_n)/n \tag{2-123}$$

式中：n——沿反击板高度方向上的物料块数。

整个反击板上承受的冲击力为
$$P_L = kZ\mu m_c v(1 + K)/t \text{（N）} \tag{2-124}$$

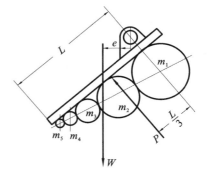

图 2.7.4-2　反击装置的平衡

式中：k——给料粒度不均匀性和物料块破碎后不规则形状与假设呈球形之间的差异修正系数，其值为 $0.5 \sim 0.7$；

μ——不均匀系数，$\mu = 0.1 \sim 0.25$；

Z——撞击在反击板长度方向上的质量为 m_c 的物料块数。

冲击力作用点的位置可近似地认为在距铰接点的 $1/3$ 处，见图 2.7.4-2。

根据反击板的平衡条件，即可求得所需反击板的自重为

$$W = PL(L/3)/e \, (\text{N}) \tag{2-125}$$

式中：L——反击板悬挂轴心到其下端点的距离，m；

e——反击板悬挂轴心到其重力作用线的距离，m。

若反击装置的卸料调整机构采用弹簧调节装置或液压装置，则可根据实际结构位置，按上述方法求得弹簧预压力或液压力的大小。

由于假设的料块破碎过程与实际情况有差别，因此上述计算方法的计算结果应参考现有设备进行修正。

理论和实践研究表明，降低物料入磨粒度起到的节能降耗的效果是显著的，"多破少磨"的理念也被众多的厂家和用户所接收。由此，人们对破碎设备的要求越来越高，在选择破碎设备时，都要优先选择新型的、高效的、节能的设备。

为了使破碎设备的性能得到更好的优化，国内外不少科技工作者开始了大量的研究和设计，许多新型的破碎设备不断问世，在节能降耗方面也取得了很大的成效。

2.7.5　采用 DEM 对反击式破碎机进行数值仿真

将 PF1520 型反击式破碎机 SolidWorks 以实体模型的形式导入 EDEM 中，并建立矿石的黏结破碎模型，对影响反击式破碎机破碎效果的不同因素不同水平进行正交试验设计并进行仿真分析，可以得到最佳破碎试验方案以及各个影响因素的主次，对改善反击式破碎机的破碎效果及其优化设计提供一个很好的研究思路。

图 2.7.5-1　破碎腔简化模型

1. 模型创建及参数设定

1）几何体模型

由于物料的破碎过程主要发生在破碎腔内，因此在使用 SolidWorks 对反击式破碎机建模时只需保留反击式破碎机破碎腔模型，忽略其他次要部件的模型，以便进行三级破碎仿真试验，破碎腔简化模型如图 2.7.5-1 所示，保存后以 STEP 格式导入 EDEM 软件中，并对破碎机箱体、挡板等部件做隐藏设置。

其中，转子和导板材料设定为铸造合金钢，反击板材料设定为普通碳钢，所需破碎物料设定为铜矿石，其物理参数如表 2.7.5-1 所示。

表 2.7.5-1　材料物理参数

物理参数	材料		
	铜矿石	普通碳钢	铸造合金钢
弹性模量/Pa	7.98×10^7	2.1×10^{11}	1.9×10^{11}
泊松比	0.29	0.28	0.26
密度/(kg/m³)	5000	7800	7300

在破碎时,颗粒与颗粒、反击板、转子、导板均会发生相互作用,接触系数如表 2.7.5-2 所示。

表 2.7.5-2　材料接触系数

接 触 系 数	接 触 材 料		
	铜矿石与普通碳钢	铜矿石与铸造合金钢	铜矿石与铜矿石
弹性恢复系数	0.13	0.1	0.12
静摩擦系数	0.53	0.3	0.5
动摩擦系数	0.36	0.05	0.3

2)颗粒黏结破碎模型

黏结破碎模型的思想就是创建多个小颗粒,使用已经编译好的 API 插件使小颗粒通过黏结键黏结成所需形状的大颗粒模型,这种黏结键能够承受一定大小的正应力和切应力,键的大小表征其所能承受的力的大小,当键发生断裂时视其发生了破碎。

因此在建立黏结破碎模型时,需要做如下假设:

(1)假定所破碎的物料几何形状为四方体,且由大量小颗粒通过黏结键黏结而成;

(2)假设颗粒接触模型为软球模型,即能发生一定的挤压变形,变形量取决于黏结键和小颗粒接触半径;

(3)假设小颗粒之间的黏结力相等。

由于 PF1520 型反击式破碎机能处理边长为 100～500 mm 以下的物料,最大进料尺寸为 700 mm,因此选择几何参数为 250 mm×200 mm×150 mm 的方形大块物料作为破碎原料,其由 1050 个半径为 10 mm 的小球颗粒黏结而成。首先在 EDEM 软件中的颗粒工厂中各创建一个大球颗粒和一个小球颗粒,其中大球颗粒必须能够完全容纳大块方形物料才能实现替换,因此大球半径选为 180 mm,小球半径选为 10 mm。然后运用 API 插件将 1050 个小颗粒用大颗粒替换并快速黏结,如图 2.7.5-2 所示。

图 2.7.5-2　颗粒替换过程

根据铜矿石的力学参数,按照一般经验公式可计算得到黏结参数:法向刚度系数为 $2.898×10^9$,切向刚度系数为 $1.739×10^9$,临界法向应力为 $9.92×10^7$ N,临界剪切应力为 $2.28×10^7$ N,接触半径为 11 mm。

2. 正交试验及仿真结果

1)正交试验设计

反击式破碎机的破碎腔对生产率、能耗、出料粒度等有非常重要的影响,因而合理设计破碎腔的参数能够显著提高其性能。

破碎腔结构参数有进出料口、进料导板倾角 β、导板卸载角 α、反击板几何参数等,PF1520 型反击式破碎机破碎腔简易结构如图 2.7.5-3 所示,其主要工作参数为转子转速。

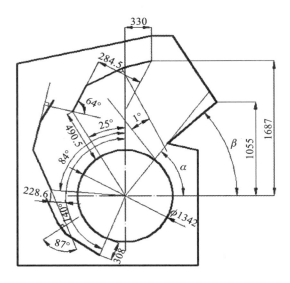

图 2.7.5-3　PF1520 型反击式破碎机破碎腔

针对导板卸载角 α、导板倾角 β 以及转子转速这三个因素进行数值仿真研究。

（1）转子转速。

反击式破碎机转子转速根据板锤线速度来决定,而板锤线速度又与本身的设计参数、粒度要求、破碎比要求等相关。通常来说,粗碎时的转速宜取较小值,中细碎时取较大值。因为转子转速高产生的动能增加使得物料冲击破碎更充分,并且细颗粒产品增加,但同时能耗增加、磨损加剧,对整机设计要求也更高,故在实际生产中转速不宜过高。

（2）导板卸载角 α。

一般 α 角选取与机身设计高度有关,对于移动式反击式破碎机,较小 α 角能够有效降低机身高度和减轻自重,便于移动式破碎机降低高度。此外,α 角小还可增加破碎腔圆弧角度,但是 α 角小则卸载点较低,物料会沿转子切线方向抛向反击板前部甚至是上挡板,此时破碎效果变差。

（3）导板倾角 β。

物料进入入料口后经下料导板到达破碎腔中,因此导板起着均匀给料、分散物料的作用。导板倾角 β 越大,物料下滑速度越快,但是破碎腔减小,物料容易抛向第一级反击板的下端;β 越小,破碎腔越大,但是物料沿导板下滑的速度减慢,严重时可能产生堆料现象。

将转子转速、导板卸载角 α、导板倾角 β 分别标记为 A、B、C,每个因素各选取三个水平,设计因素水平表如表 2.7.5-3 所示。

表 2.7.5-3　因素水平表

水　平	因　素		
	A/(r/min)	B/(°)	C/(°)
1	400	25	45
2	500	30	50
3	600	35	55

试验方案如表 2.7.5-4 所示,在每组仿真试验中,颗粒均创建在入料口上方的相同位置,颗粒以 5000 个/秒的速度生成,初始下落速度为 2000 mm/s,以此保证 12 块大块物料颗粒以相同的方式产生,由此得到的初始黏结键总数为 48271 个。统一设定每组试验的颗粒替换时间点为 0.3 s,黏结时间点为 0.301 s,时间步长为 0.5%,即 1.35×10^{-6} s,仿真总时间为 5 s,网格尺寸为 18 mm。

2) 仿真结果

将仿真数据从 EDEM 中导出,得到每组仿真试验在 5 s 内黏结键的断裂总数,结果如表 2.7.5-4 所示。

表 2.7.5-4 三因素三水平试验方案及结果

试 验 号	A	B	C	黏结键断裂数/个
1	1	1	1	27420
2	1	2	2	29782
3	1	3	3	26876
4	2	1	2	28530
5	2	2	3	28567
6	2	3	1	31896
7	3	1	3	30574
8	3	2	1	32937
9	3	3	2	30818

从表中可以直接比较 9 组试验在 5 s 仿真时间内的黏结键断裂数,第 8 组试验的黏结键断裂数最大,为 32937 个,对应的试验方案是 A3B2C1;第 3 组试验的黏结键断裂数最小,为 26876 个,对应的试验方案是 A1B3C3。

使用正交助手软件计算各个因素各个水平的黏结键断裂数平均值,分别记为 k_1、k_2、k_3,并计算 k_1、k_2、k_3 的极差 R,如表 2.7.5-5 所示。

表 2.7.5-5 k_1、k_2、k_3 及 R 值

试 验 号	A(转速)	B(α 角)	C(β 角)
k_1	28026.000	28841.333	30751.000
k_2	29664.333	30428.667	29710.000
k_3	31443.000	29863.333	29447.667
R	3417.000	1587.334	2078.667

根据极差的定义,可知 R 值越大,数据的离散程度越大,表明该因素对试验结果的影响越显著。因此可以得出转速、α 角、β 角三因素对试验中黏结键断裂数影响的主次顺序是转速、β 角、α 角。

转子转速越快,反击式破碎机的破碎效果越理想;导板倾角 β 越大,黏结键断裂数呈

现单调下降的趋势;黏结键断裂数随着导板卸载角 α 的增大呈现出先增加后减少的变化趋势,最优水平在 30°至 35°之间。

（1）转子转速越高,板锤动能越高,对物料的冲击破碎越充分。

因此在实际应用中,在综合考虑机身设计、能耗以及磨损等情况下,选择较高转速能够获得更理想的破碎效果。

（2）从仿真导出的视频数据来看,导板卸载角 α 越大,卸载点越高。

物料受到板锤迎击时容易直接抛向第一级反击板下部,在第一级破碎腔破碎时间减少,导致进入第二级破碎腔的物料粒度变大,以致影响最终产品粒度;α 越小,卸载点越低,物料被抛向第一级反击板上部,易与导板上的未破碎物料发生堆积。

（3）导板倾角 β 作为破碎腔设计的重要因素之一。

β 角越大,破碎腔会有一定程度地减小,而且物料离开导板时的速度较大,对转子冲击较大,反而对冲击破碎不利,导致黏结键断裂数随着 β 角的增大而逐渐减少。

本章思考题

2-1　使用 $\phi400\times600$ 的复杂摆动颚式破碎机破碎中硬石灰石,最大进料块为 340 mm。已知破碎机的钳角 $\alpha=20°$,偏心轴的偏心距为 10 mm,动颚板摆动行程 $S=13.3$ mm,出料口宽度为 100 mm。试计算偏心轴转速、产量及电机功率。

2-2　画出颚式破碎机物料块的受力分析图。

2-3　试比较简摆和复摆颚式破碎机的异同点。

2-4　颚式破碎机偏心轴转速如何确定?是否 n 越大,产量越高?请简要说明理由。

2-5　中细碎圆锥式破碎机与旋回圆锥式破碎机有什么区别?

2-6　从工作原理和工作过程以及功能应用上分析圆锥式破碎机和颚式破碎机的区别和特点。

2-7　简述辊式破碎机的工作原理、主要结构及性能特点。

2-8　简述锤式破碎机的工作原理、主要结构及性能特点。

2-9　如何计算锤头质量?何为锤头打击平衡?如何计算打击中心?

2-10　简述反击式破碎机的工作原理、结构,并与锤式破碎机比较异同。

2-11　请分别简述颚式破碎机、圆锥式破碎机和辊式破碎机钳角的定义,并说明钳角对破碎机性能的影响。

2-12　查阅相关 DEM 资料,简述 DEM 技术在破碎机械结构及优化设计中的应用。

第3章 粉磨设备

粉磨设备是指排料中粒度小于 3 mm 的排料占总排料量 50% 以上的粉碎机械。

这类设备通常按产品粒度的大小来分类:粒度为 3～0.1 mm 者称为粗粉磨机械;粒度在 0.1～0.02 mm 之间者称为细粉磨机械;粒度小于 0.02 mm 者称为微粉碎机械或超微粉磨机械。

粉磨设备的操作方法有干法和湿法两种。干法操作时物料在空气或其他气体中粉碎;湿法操作时物料在水或其他液体中粉碎,粉磨设备常与筛分或分级机械联合工作。

3.1 球 磨 机

球磨机是物料被破碎之后,再进行粉磨的关键设备,广泛应用于水泥、新型建筑材料、耐火材料、选矿以及玻璃陶瓷等众多行业,可对物料进行干式或湿式粉磨作业。

1891 年,法国人 Konow 和 Davidson 向德国专利局注册申请了第一台连续生产的管式球磨机专利,距今已经有 130 多年的历史了,直到今天,全球仍有将近 90% 的水泥厂还在使用球磨机。

新中国成立初期,由于我国的工业体系并不发达,所以磨矿设备制造工业也非常落后。当时,我国处于仿制国外产品的阶段。1958 年,开始自行设计制造球磨机设备,直到 1966 年实现了球磨机系列化设计。

3.1.1 球磨机的工作原理和类型

1. 球磨机的工作原理

球磨机的结构如图 3.1.1-1 所示。

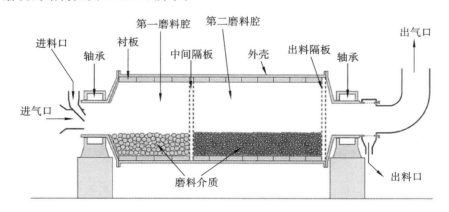

图 3.1.1-1 球磨机结构示意图

球磨机的主要工作部分是一个装在两个大型轴承上并水平放置的回转圆筒,筒体用隔板分成几个仓室,在各仓内装有一定形状和大小的研磨体。研磨体一般为钢球、钢段、钢棒、卵石、砾石和陶瓷球等。为了防止筒体磨损,在筒体内壁装有衬板。

当球磨机筒体回转时,由于离心力的作用,研磨体贴附在球磨机筒体内壁上,与筒体一起回转,并被带到一定的高度,然后因重力作用抛射落下,将筒体内的物料击碎。

研磨体上升、下落的循环运动是周而复始的。

此外,在球磨机筒体回转的过程中,研磨体还产生滑动和滚动,因而研磨体、衬板与物料之间发生研磨作用,将物料磨细。

由于进料端不断地喂入新物料,进料与出料端物料之间存在着料面差,能强制物料流动,并且研磨体下落时冲击物料产生的轴向推力也会迫使物料流动,同时磨内气流运动也有利于物料流动。因此,球磨机筒体虽然是水平放置,但物料却可以由进料端缓慢地流向出料端,完成粉磨作业。

2. 研磨体的运动状态

球磨机筒体的回转速度和研磨体的填充系数对于粉磨物料的作用影响很大。

当筒体转速不同和筒体内研磨体填充系数不同时,研磨体的运动状态如图 3.1.1-2 所示。

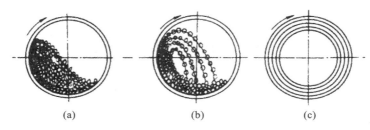

(a) (b) (c)

图 3.1.1-2 研磨体运动的三种基本状态

(a) 泻落状态;(b) 抛落状态;(c) 离心状态

1) 泻落状态

如图 3.1.1-2(a)所示,当筒体转速过低且研磨体太少时,研磨体顺着筒体旋转方向回转一定的角度,当研磨体超过自然休止角后,则像雪崩似的泻落下来,这样不断地循环。研磨体被提升的高度不够,只有滚动和滑动,基本上没有冲击作用,因而此时粉磨效率不佳。

2) 抛落状态

如图 3.1.1-2(b)所示,当筒体转速适宜时,由于离心力作用的影响,研磨体贴附在筒体内壁上,与筒体作圆弧上升运动,并被带到适宜高度,然后像抛射体一样降落。研磨体呈瀑布状态,以最大冲击力将物料击碎,同时在筒体回转的过程中,研磨体的滚动和滑动也对物料起到研磨作用。

3) 离心状态

如图 3.1.1-2(c)所示,当筒体转速过高时,由于离心力作用的影响,研磨体贴附在筒体内壁上与筒体一起回转而不降落,此时研磨体不发挥冲击和研磨作用,不能粉磨物料。

3. 球磨机的分类

不同类型的球磨机的共同特点是有一个水平放置的回转筒体,差别在于筒体形状、研磨介质类型、卸料方式、筒体支承方式、传动方式和作业特点等不同。

1）筒体形状

由于粉磨流程和物料粉磨细度要求的不同,分为各种不同长径比(筒体长度 L 与直径 D 之比)的球磨机。

短筒球磨机:筒体长度 L 小于筒体直径 D 的 2 倍,即 $L \leqslant 2D$ 的球磨机为短筒球磨机,其通常为单仓结构,主要用于粗磨作业或一级磨作业,其作业效率较高,可以实现 2～3 台球磨机同时串联使用,其使用范围较广。

中长筒球磨机:筒体长度 $L = 3D$ 时为中长筒球磨机。

长筒球磨机:筒体长度 $L \geqslant 4D$ 时为长筒球磨机。其一般分为 2～4 个仓。

2）研磨介质类型

钢球球磨机内装入的主要为钢段或钢球,此类球磨机的研磨力度较大,且结构轻便,转速平稳。

棒磨机主要用于钢棒介质的研磨,钢棒的直径多在 $50～100$ mm 之间,研磨时间较长。棒磨机各仓装入的研磨介质存在一定差异。一般将圆柱形的钢棒放在第一个仓内,而将钢球或钢段放在其他几个仓内。

砾石磨机内的研磨介质主要包括卵石、砾石、砂石、瓷球等。砾石磨机多采用瓷料或花岗岩作为衬板,被广泛应用于彩色水泥、白色水泥、陶瓷等生产领域。

3）卸料方式

球磨机按其卸料方式可以分为边缘卸料和中间卸料,如图 3.1.1-3 所示。

边缘卸料磨机分别以其首尾作为磨料的入口和出口。磨机在工作时,从入口端将磨料喂入,再由另一端将其卸出。中间卸料磨机的入口在两端,出口在磨机中部。通常从两端喂入磨料,再由筒体中部卸出。

4）筒体支承方式

球磨机按筒体的支承方式分为主轴承支承和滑履支承两种形式,如图 3.1.1-4 所示。其中,筒体两端的中空轴支承在主轴承上的支承方式比较普遍,而滑履支承则通过紧固在球磨机筒体上的轮带支承在滑履上运转。

  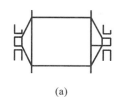 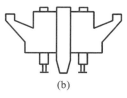

| (a) | (b) | (a) | (b) |

图 3.1.1-3　球磨机卸料方式　　　　图 3.1.1-4　球磨机筒体支承方式

（a）边缘卸料;（b）中间卸料　　　　（a）两端主轴承支承;（b）滑履支承

5）传动方式

球磨机按其传动方式可分为中心传动和边缘传动,如图 3.1.1-5 所示。

中心传动球磨机:此类球磨机的传动动力端在机身中心,电动机通过减速机实现了球磨机的运转。在运转时,球磨机中心的空心轴在动力系统的驱动下带动筒体做回转运动。

边缘传动球磨机:电动机通过减速机带动筒体边缘的齿轮从而驱动筒体运动。

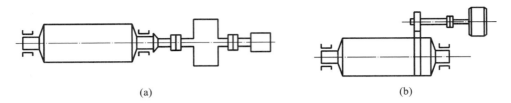

(a)　　　　　　　　　　　　　　(b)

图 3.1.1-5　球磨机的传动方式

(a) 中心传动；(b) 边缘传动

6）作业特点

湿式磨机，给料的同时加入水，排料成一定浓度的料浆排出，在闭路系统中与水力分级设备组成闭路作业。干式磨机，有的采用风流抽出排料，磨机与风力分级装置组成闭路；有的采用自流排料，如水泥磨采用的就是自流排料。

4．球磨机的特点

球磨机不但在建材工业中大量应用，而且在冶金、电力、选矿、化工等工业中也广泛采用。它具有如下优点：对各种性质的物料适应性强，如硬的、软的、脆的、有韧性的等都能粉磨；由于可制成各种大小规格的球磨机，因此能适应各种生产能力的要求，小至实验室球磨机，每小时产量仅几百克，大至工业球磨机，每小时产量二三百吨；能连续生产，生产能力高，可满足现代大规模工业生产的需要；破碎比大，可达 300 以上，易于调整与控制物料细度，产品粒度均匀，混合作用好；可适应不同的情况进行操作，既可干法作业也可湿法作业，还可把干燥和粉磨合并进行；结构简单、坚固，操作可靠，维护管理容易，易损件便于检查和更换，能长期连续运转。

球磨机存在如下缺点：能量利用率低，有效利用率只有 2%，其余绝大部分变为热能和声能而消失；水泥厂用于粉磨作业的电量约占全厂用电量的 2/3 以上，每吨水泥耗电不低于 70 kW·h；研磨体和衬板的消耗量很大，大约每吨水泥的钢材消耗量为 1 kg 左右；体型笨重，大型磨机可达数百吨；由于球磨机筒体转速很低，一般为 13～30 r/min，若用普通电动机驱动，需配置昂贵的减速装置；操作时噪声很大。

3.1.2　球磨机研磨体的运动分析

从球磨机的工作原理可知，球磨机的粉磨作用，主要是筒体内的研磨体对物料的冲击和研磨。

为了进一步了解球磨机操作时研磨体对物料产生的作用，必须对研磨体在球磨机内的运动状态加以分析研究，以便确定磨机的工作参数，如适宜的工作转速、功率消耗、生产能力、研磨体装填量以及掌握影响球磨机粉磨效率的各项因素、筒体受力情况与强度计算等。

然而，实际生产中，球磨机研磨体运动的实际状态是非常复杂的，这里做如下基本假设以简化理论计算问题。

分层运动互不干涉：球磨机在正常操作时，研磨体在筒体内按其所在的位置一层一层地进行循环运动，如图 3.1.2-1 所示。在轴向各个不同的横断面上，研磨体

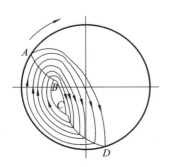

图 3.1.2-1　研磨体运动分层示意图

的运动状况完全相同。

研磨体的两种运动轨迹：一种是一层一层地以球磨机筒体横断面的几何中心为圆心，按同心圆弧轨迹随着筒体回转做向上运动；另一种是一层层地按抛物线轨迹降落下来。

忽略相对滑动：研磨体与球磨机筒壁间及研磨体层与层之间的相对滑动极小，具体计算时可忽略不计。忽略球磨机筒体内物料对于研磨体运动的作用。

忽略研磨体直径：研磨体作为一质点，因此，最外层研磨体的回转半径可以用筒体的有效内径表示。

研磨体按圆弧轨迹随筒体回转做向上运动，当达到一定高度时，开始离开圆弧轨迹而沿抛物线轨迹下落，此瞬时的研磨体中心称为脱离点。各层研磨体脱离点的连线称为脱离点轨迹，如图 3.1.2-1 中的 $\overset{\frown}{AB}$ 线。当研磨体以抛物线轨迹降落后，到达降落终点，此瞬时的研磨体中心点称为降落点。各层研磨体降落点的连线称为降落点的轨迹，如图 3.1.2-1 中的 $\overset{\frown}{CD}$ 线。

1. 研磨体运动的基本方程式

取紧贴筒体衬板内壁的最外层研磨体作为研究对象。研磨体以质点 A 表示，如图3.1.2-2所示。

研磨体在随筒体做圆弧向上运动的过程中，到达某一位置时，离心力 P 小于或等于它本身重力的径向分力，此时，研磨体就离开圆弧轨迹，开始抛射出去，按抛物线轨迹运动。由此可见，研磨体在脱离点应具备的条件为

$$mR\omega^2 \leqslant G\cos\alpha \qquad (3\text{-}1)$$

$$\cos\alpha \geqslant \frac{Rn^2}{900} \qquad (3\text{-}2)$$

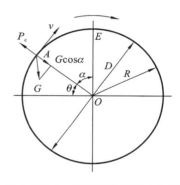

图 3.1.2-2　研磨体运动受力分析

式中：m——研磨体的质量，kg；

R——筒体的有效半径，m；

ω——角速度，rad/s；

G——研磨体的重力，N；

α——研磨体脱离角；

n——筒体转速，r/min。

式(3-1)称为研磨体运动的基本方程式。由此方程式可以看出，研磨体脱离角与筒体的转速及筒体的有效半径有关，而与研磨体的质量无关。

2. 研磨体运动脱离点的轨迹

将研磨体运动基本方程式改写为

$$R = \frac{900}{n^2}\cos\alpha \qquad (3\text{-}3)$$

此式就是脱离点轨迹 AC 曲线的方程，只不过 A 点坐标是用极坐标 R、α 表示的，而且脱离点轨迹 AC 曲线是以 ρ 为半径的一个圆，如图 3.1.2-3 所示。

若球磨机转速一定，则

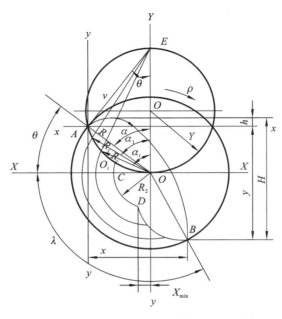

图 3.1.2-3　脱离点和降落点轨迹

$$\rho = \frac{450}{n^2} \tag{3-4}$$

3. 研磨体运动降落点的轨迹

研磨体自脱离点 A 抛出后,沿抛物线轨迹下落,其降落点位置 B 仍在原来研磨体层的圆弧轨迹上。为求得降落点的坐标,必须列出抛物线及圆的轨迹方程式,联立求解,所得结果即表明降落点的位置。为了简化演算,取脱离点 A 为坐标原点,则抛物线在 xAy 坐标系中的方程式为

$$y = x\tan\alpha - \frac{gx^2}{2v^2\cos^2\alpha} \tag{3-5}$$

式中:v——研磨体自脱离点抛出时的初速度,m/s;

　　　g——重力加速度,m/s²;

　　　α——脱离角。

圆在 xAy 坐标系中的方程式为

$$(x - R\sin\alpha)^2 + (y + R\cos\alpha)^2 = R^2 \tag{3-6}$$

联立求解,其结果就是降落点 B 的坐标

$$x = 4R\sin\alpha\cos^2\alpha$$

$$y = -4R\sin^2\alpha\cos\alpha$$

降落点 B 的 y 坐标中的负号表示降落点 B 的纵坐标位置在横坐标轴 xx 的下方,因只求降落距离,可取绝对值,则

$$y = 4R\sin^2\alpha\cos\alpha$$

从图 3.1.2-3 可知

$$\alpha = 90° - \theta$$

$$3\theta = \lambda$$

根据上述夹角的关系,降落点的轨迹可按以下方法作出:从脱离点轨迹曲线 AC 上取一系列的点 O_i,由各点与筒体中心 O 连成直线,便得一系列的脱离角 α_i,再作 $\lambda=3\theta$ 的射线,它与脱离点 O_i 对于 O 的相应同心圆相交之点的轨迹 BD,即降落点的轨迹曲线。显然,BD 曲线应通过筒体中心 O,故脱离点和降落点应交汇在一起。

4. 最内层研磨体半径

若要求各层研磨体恒在各自的轨迹上做循环周转运动,而又不产生互相干涉,就必须确定最内层研磨体的半径 R_2,否则就会使上升和下落的研磨体在中途相碰,互相干涉其运动规律。只要降落点处于极限位置,如图 3.1.2-3 中的 D,此处就是由降落曲线求得的横坐标 X 的最小值。

在 XOY 坐标系中:

$$X = x - R\sin\alpha = 4R\sin\alpha\cos^2\alpha - R\sin\alpha \tag{3-7}$$

为了求其最小值,取导数 $dX/d\alpha = 0$,将 $R = \dfrac{900}{n^2}\cos\alpha$ 代入上式,经化简整理后得 X 为最小值时的脱离角为 $\alpha_2 = 73°44'$。与此脱离角相当的最内层研磨体的半径为

$$R_2 = \frac{900}{n^2}\cos\alpha_2 = \frac{252}{n^2} \tag{3-8}$$

因此在确定研磨体装填量时,务必使最内层研磨体的半径比 $252/n^2$ 大,否则研磨体在降落时会互相干扰、碰撞,损失其能量,降低粉磨效率。

3.1.3 球磨机的构造

球磨机的规格是以筒体内径 $D(m)$ 和筒体的长度 $L(m)$ 的乘式来表示的。

例如:$\phi 4.5\ m \times 13\ m$,其中球磨机筒体的有效内径为 $4.5\ m$;筒体两端距离为 $13\ m$,不含中空轴长度。$\phi 5.6\ m \times 11\ m + 4.4\ m$,其中球磨机筒体有效直径为 $5.6\ m$,烘干仓长度为 $4.4\ m$,球磨机粉磨仓总长度为 $11\ m$。

短筒球磨机一般为单仓,中长筒球磨机设有两仓或三仓,而长筒球磨机则设置有 $2\sim4$ 个仓。生料粉磨多使用中长磨和长磨,统称管磨。

球磨机虽然由于规格、卸料、支承、传动方式的不同被分成多种类型,但其结构主要由五部分组成,即回转装置、支承装置、传动装置、进料装置及卸料装置。下面对前三部分做重点介绍。

1. 回转装置

1) 筒体

球磨机回转部分结构示意图如图 3.1.3-1 所示,其中球磨机筒体是球磨机回转部分最主要的零件之一。筒体是由若干块钢板卷制焊接而成的空心圆筒,属于薄壁壳体,两端用端盖与中空轴对中联接。

筒体上还开有磨门(人孔)和螺栓孔。它承受重载交变的动载荷,并处于低速而长期连续运转的状态。筒体属于不更换的零件,要保证工作中的安全可靠,并能长期使用。

由于球磨机筒体承受衬板、研磨体、隔仓板和物料的重量,运转起来会产生巨大的扭矩,需要有很大的抗弯强度和刚度,因此筒体要有足够的厚度,这个厚度为筒体直径的 $(1\sim1.5)\%$。

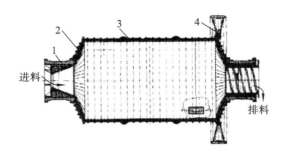

图 3.1.3-1　球磨机回转体结构简图
1—中空轴；2—端盖；3—筒体；4—大齿轮

制造筒体的材料有普通结构钢 Q235C 或 20 号优质结构钢，这些材料的强度、塑性和可焊性都能满足要求。在排列筒体钢板时，应充分利用钢板的规格尺寸和卷板机的最大能力，使筒体上的纵、环焊缝最少，避免在筒体中间出现环焊缝。大直径磨机，筒体两端钢板应选厚些，其内表面一律取平，厚钢板与薄钢板对接焊的过渡斜率以不大于 1：10 为宜。

筒体上的固定衬板和隔仓板的螺栓孔，应根据衬板的尺寸等距开设，纵横成行。筒体焊缝坡口边至孔边的最小距离为筒体厚度的 2 倍，以不小于 75 mm 为宜。

筒体在制造中要满足下列要求：筒体断面要圆，纵向中心线要直，法兰端面与纵向中心线要垂直。筒体各部分存在着内应力，是磨机工作时出现裂缝的根源，所以筒体在焊接、切割磨门和钻孔后，应当退火，这样才能尽量避免裂缝的出现。

筒体要开设几个磨门（与磨机的仓数有关），用于更换衬板、隔仓板，倒装研磨体和人员进入磨内检修。开设磨门会降低磨机筒体的强度，所以磨门不能开得过大，且磨门周围应焊接加强钢板，只要能满足零部件（衬板、隔仓板或卸料篦板散件、研磨体）和操作人员进出即可。磨门应开在各个仓位的中部，形状为具有较大圆角的矩形或椭圆形。

磨门（人孔）尺寸：短轴方向为 300～400 mm，长轴方向为 500～800 mm，其长轴应与筒体纵轴线平行。

由于开设磨门降低了该位置筒体的强度，因此需采取必要的补强措施：一种是用带法兰的铸钢框式结构铆贴在人孔上，或用型钢框式结构铆贴在人孔上；另一种是在人孔处补强一层钢板。

由于筒体的温度变化会引起热胀冷缩现象，从而引起筒体的轴向变形。因此，球磨机的设计、安装与维护都必须考虑筒体的热胀冷缩现象。

通常情况下，球磨机的卸料端靠近传动装置，为了保证齿轮的正常啮合，因而在球磨机卸料端是不允许有任何轴向窜动的，故在球磨机的进料端设有适应球磨机轴向热变形的结构。

磨机结构上确定筒体轴向热变形的方法有以下两种。

①在中空轴颈的轴肩与轴承之间预留间隙，预留间隙应不小于筒体轴向伸缩量。

$$\Delta L = \alpha(t_1 - t_2)L \tag{3-9}$$

式中：ΔL——筒体轴向的伸缩量，mm；

　　　L——磨机两端主轴承间的跨距，mm；

　　　α——钢的线膨胀系数，$\alpha = 1.2 \times 10^{-5}$ mm/℃；

t_1——磨机运转时可能达到的最高温度,对于水泥磨可取 $t_1=120$ ℃;

t_2——磨机可能达到的最低环境温度,一般取 $t_2=-20$ ℃。

在图 3.1.3-2 中,筒体轴向热变形的预留间隙 a 应不小于伸缩量 ΔL,在安装时应保证这个间隙,为考虑安装误差等不利因素,应取 $b=5\sim8$ mm。

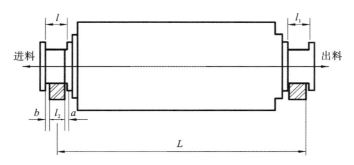

图 3.1.3-2　球磨机筒体轴向热变形进料端预留间隙

例如 $\phi 3$ m×11 m 的水泥磨机,其跨距 $L=12.683$ m,则其在进料端总的预留间隙为

$$\Delta L+b=1.2\times10^{-5}\times[120-(-20)]\times12.683+0.005=0.0263\ (\text{m})$$

②在主轴承座与底板之间,水平安装数根滚柱,使主轴承可随磨体的伸缩而来回窜动,如图 3.1.3-2。

2）磨头

磨头是由中空轴和端盖两部分组成的,承受着整个磨机的动载荷,在使用中要求长期安全可靠,所以在设计时应作为不更换零件来考虑。

磨头的结构形式主要有两种:一种是中空轴和端盖铸造成一整体,如图 3.1.3-3(a)所示。这是最早的结构形式之一,结构简单,安装较方便,对中小型磨机比较合适,但对直径较大的筒体,因铸造工艺带来日益严重的技术问题和质量事故而较少采用。

另一种是把端盖和中空轴分别铸造,加工后再组装到一起,如图 3.1.3-3(b)所示,可避免上述铸造缺陷,但这种结构的原材料消耗和加工工作量及安装工作量都比较大。

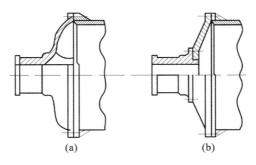

图 3.1.3-3　磨头结构形式
(a) 整体结构;(b) 组合结构

球磨机筒体两端法兰止口圆与磨头要同心,端盖与筒体结合面要精加工,两端法兰止口要平行,并与筒体纵向中心线垂直。

磨头和法兰的螺栓孔要精确重合,并有不少于15%的铰孔螺栓起定位作用。螺栓要用同种牌号的钢制造,并要均匀地拧紧,若达不到以上要求,在磨机运转中可能发生螺栓断裂,引起停车事故。

一般大中型磨机采用 ZG35 作为中空轴材料,小磨机因为受力较小,考虑到降低成本和取材容易,一般用铸铁或球墨铸铁作为磨头材料。

3）衬板

衬板的主要作用是用来保护筒体,使筒体免受研磨体和物料的直接冲击和研磨,同时也可利用不同形式的衬板来调整各仓内研磨体的运动状态。

球磨机粗磨仓内物料粒度较大,要求研磨体以冲击作用为主,研磨体应呈抛落状态;以后各仓内物料粒度依次递减,欲粉磨到要求的产品细度,要求研磨体应依次增强研磨作用,也就是让研磨体更快地形成泻落状态。由球磨机的工作原理可知,研磨体的运动状态取决于磨机筒体的转速。因此,粉磨过程要求各仓内的研磨体呈不同的运动状态,这与磨机筒体具有同一转速相矛盾。

为解决上述矛盾,可在球磨机各仓内采用不同表面形状的衬板,使之与研磨体产生不同的摩擦系数,以改变研磨体的运动状态,适应物料粉磨过程的要求,从而提高粉磨效率,增加产量,降低能耗。

球磨机衬板材料的选择,应根据受力和磨损性质来确定。衬板承受载荷的性质是小能量多次冲击,所受循环冲击次数高达 10^7 以上。但由于冲击能力小,作用时间短,因此在材料选择上的关键是硬度。

目前,球磨机衬板大多数用金属材料制成,也有少数用非金属材料制造。在生产实践中,多选用高铬铸铁、高碳奥氏体锰钢、42 硅锰铬钼钢、低碳硅锰耐磨合金钢、中锰球墨铸铁、耐磨白口铸铁等。

（1）衬板的表面形状。

球磨机衬板是球磨机的主要易磨部件,其形状对衬板的使用寿命和球磨机的工作能力有很大的影响。在设计球磨机的衬板时,要选择合适的衬板形状,如图 3.1.3-4 所示。

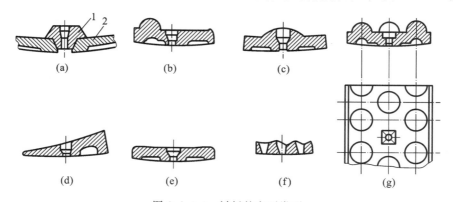

图 3.1.3-4　衬板的主要类型

（a）压条衬板;（b）凸棱衬板;（c）波形衬板;

（d）阶梯衬板;（e）平衬板;（f）波纹衬板;（g）半球形衬板

1—压条;2—平衬板

球磨机工业生产中最常用的衬板形状有以下几种。

①平衬板和压条衬板。

球磨机平衬板和压条衬板形状如图 3.1.3-5(a)(b)所示。

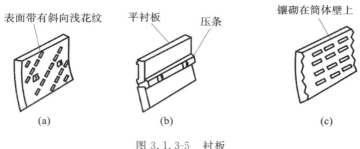

图 3.1.3-5　衬板

（a）平衬板；（b）压条衬板；（c）波纹衬板

平衬板表面平整或铸有花纹。由于磨机回转时,研磨体的上升高度也依赖于衬板之间的静摩擦系数。不论是完全光滑表面,还是在表面铸有一般花纹,都不可避免地会出现研磨体滑动的现象,因而降低了研磨体的上升速度和提升高度。正是因为有滑动现象,才使研磨体的研磨作用增加,因此,平衬板用于细磨仓较为适宜。

压条衬板由压条和平衬板组成,通过压条把衬板固定。这种衬板是由平衬板与研磨体间的摩擦力和压条侧面对研磨体的直接推力联合作用,带动研磨体,因而使研磨体上升较高,具有较大的冲击能量,所以压条衬板适合于作第一仓衬板。

压条衬板是组合件,可根据不同的磨损状况,分别进行更换,可降低钢材消耗。它的最大缺点是对研磨体的提升能力不均匀,在压条前侧面附近的研磨体被带得很高,但远离压条的地方又类似于平衬板那样出现局部滑动。当磨机转速过高时,被压条前侧面带得过高的研磨体抛落到对面衬板上而不能打击物料。因此,对转速较高的磨机不适合安装压条衬板。

②波纹衬板。

波纹衬板的形状如图 3.1.3-5(c)所示,波纹衬板的波峰和节距都小,适于细磨仓和煤磨。

③阶梯衬板。

平衬板的缺点是摩擦系数太小,摩擦力不足以防止研磨体沿其表面滑动。若衬板表面形成一个倾角,如图 3.1.3-6所示,这样就增大了衬板对研磨体的带动能力,安装后形成许多阶梯,加大对研磨体的推力,而且同一层研磨体被提升的高度均匀一致,防止研磨体之间的滑动和磨损,它优于压条衬板,适合安装在粗磨仓。安装阶梯衬板时注意薄端处于磨机转向的前方,不能装反。

图 3.1.3-6　阶梯衬板

④分级衬板。

磨粉机粉磨的理想状态是对大颗粒的物料用大直径的研磨体去冲击和破碎,即在磨机的进料方向配以大直径的研磨体,随着物料往出料方向的逐渐减小,研磨体也应顺次减小。

但如果磨机安装同种衬板,由于物料高度和粒度沿着磨机筒体纵向从进料端到出料端逐渐减小,致使大规格的研磨体会往出料方向窜动,小规格的研磨体却往进料端集聚,若在磨机内沿纵向安装具有一定斜度的分级衬板,则自动地与粉磨物料的平均粒径由大到小的分布规律相适应,可去掉隔仓板,将两仓或三仓合并为一仓,增大了磨机内的有效容积,减少了通风阻力,可以提高粉磨效率。

锥面分级衬板断面形状及仓内铺设如图 3.1.3-7 所示,其形状特点是沿轴向具有斜度,在磨机内的安装方向是每块衬板表面都向着进料端倾斜,环向形成一段一段的截锥面,纵断面呈锯齿形。

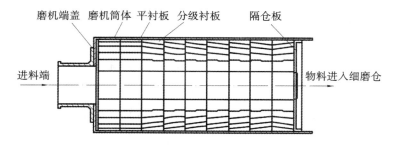

图 3.1.3-7　分级衬板铺设示意图

采用锥面分级衬板,因其本身沿轴向具有斜度,能使磨内钢球按直径大小沿料流方向递减,使不同直径的钢球在粉磨过程中按物料粉磨规律有效地发挥作用,因而可减少磨机仓数,增加磨机的有效容积,减少通风阻力,提高粉磨效率。生产实践证明,采用锥面分级衬板,粉磨产量有所提高,电耗有所下降。

⑤圆角方形衬板(又称角螺旋衬板)。

角螺旋衬板如图 3.1.3-8 所示,装有角螺旋衬板的磨机,由于其结构形状的改变,使研磨体的运动规律与普通圆断面磨机相比发生了变化。磨机内安装角螺旋衬板后,单位时间内研磨体在磨机内的循环次数增加,这就加强了研磨体和物料的接触与混合,可以提高粉磨效率。

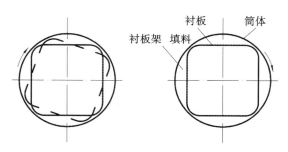

图 3.1.3-8　角螺旋衬板

⑥环沟衬板。

球磨机内的研磨体在被提升过程中与筒壁会产生相对运动,即研磨体在衬板上产生滑动。这样的长期摩擦形成了具有一定规律的环向沟槽。这是一种加快磨损的不利现象,而且一部分能量消耗在摩擦中变为无用的热量。如果把这种摩擦功用在对物料的粉磨上,就能充分利用能量。基于这种观点,环沟衬板(见图 3.1.3-9)应运而生。

磨机安装普通衬板时,钢球降落(或贴着衬板上升)与衬板为点接触,物料从钢球的两侧挤出,钢球和衬板之间几乎不起研磨作用。安装环沟衬板时,钢球与衬板是圆弧接触。由于物料不能从沟槽内挤出,在钢球和衬板之间总有一层物料,因此在沟槽中存在着附加研磨作用,这样就提高了磨机的粉磨能力,可以提高产量。

⑦端盖衬板。

球磨机端盖衬板的外形及结构如图 3.1.3-10 所示。衬板表面是光滑的,用螺栓固定在磨机的端盖上,以保护端盖免受研磨体和物料的磨损。

图 3.1.3-9　环沟衬板结构　　　　　　　图 3.1.3-10　端盖衬板结构

(2)球磨机筒体衬板的规格、排列及固定方法。

①球磨机衬板的规格。

确定球磨机衬板规格时,应考虑便于搬运、装卸和进出磨门。

在球磨机生产实践中,衬板尺寸多数长为 490 mm、宽为 314 mm,衬板分成整块和半块两种,半块衬板长为 240 mm,其趋势是衬板愈来愈小,今后可能发展变成现有衬板的一半左右。

衬板适宜平均厚度为 50 mm,质量在 60 kg 以下。衬板排列时环向缝隙不能贯通,要互相交错,如图 3.1.3-11 所示,以防止研磨体残骸及物料对筒体内壁的冲刷作用。考虑到衬板铸件的整形误差,衬板四周都应预留间隙,铸钢件为 10 mm,铸铁件为 5～8 mm。

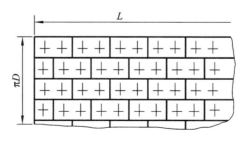

图 3.1.3-11　球磨机衬板筒体内排列图

②球磨机衬板的固定方式。

球磨机衬板的固定方式有螺栓固定、无螺栓固定和镶砌三种方式。

粗磨仓衬板一般都用螺栓固定。螺栓有圆头、方头或椭圆头多种。安装衬板时,要使它紧紧贴在筒体内壁上,不得有空隙存在。为了防止料浆或料粉进入,应在衬板与筒体间装设衬垫。为了防止料浆从螺孔流出,螺孔处应配有带锥形面的垫圈,如图 3.1.3-12 所示。

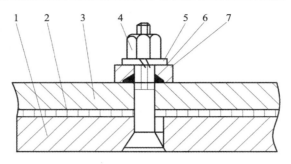

图 3.1.3-12　球磨机衬板的螺栓连接
1—衬板;2—衬垫;3—筒体;4—螺栓及螺帽;5—弹簧垫圈;6—密封垫料;7—锥面垫圈

在锥形面内填塞麻丝,拧紧螺帽,麻丝被紧紧压在锥形面垫圈内,以堵塞螺栓孔间隙。为了防松,螺栓要求用双螺帽或防松垫圈。螺栓连接固定的优点是抗冲击,耐振动,比较可靠。球磨机衬板这种安装方式的缺点是需要在筒体上钻孔,耗费人力、物力,削弱筒体强度,且可能漏料。

为了克服上述衬板安装的缺点,可在磨机粗磨仓采用无螺栓固定阶梯衬板的结构形式,如图 3.1.3-13 所示。在每块衬板的两个环向端面上均铸出一个圆弧形的凹槽,两块相邻衬板的环向端面接触后,便构成一个圆柱形的轴向孔,然后打入楔形销钉加以固定。

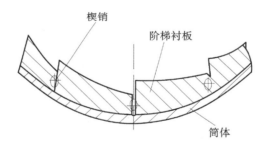

图 3.1.3-13　无螺栓固定的阶梯衬板及其固定方法

在一环末端两块衬板的接缝中,打入一个特殊的楔形销钉,整环衬板便可固定牢靠。采用无螺栓衬板的前提条件是筒体要有足够的刚性,而且内表面光滑、圆整。衬板要有足够的使用强度、平整的外形、均匀的质量和必要的耐磨性。

采用镶砌方式固定时,在衬板的环向缝隙中用铁板楔紧,衬板与筒体之间加一层1∶2的水泥砂浆或石棉水泥,将衬板相互交错地镶砌在筒体内,这种固定方法一般用在细磨仓中的波纹衬板上,衬板互相交错地镶砌在筒体内,彼此挤紧时就形成了“拱”的结构。

生产实践证明,这种镶砌衬板使用在 $\phi2.6$ m 以下的管磨机上时,能满足要求,但用在 $\phi2.6$ m 以上的管磨机上时,容易发生塌落。

（3）隔仓板。

隔仓板在多仓管磨机中用来分隔不同级配或不同形状的研磨体,使各仓研磨体的平均尺寸保持由粗磨仓向细磨仓逐步缩小,以适应物料粉磨过程中粗粒级用大球、细粒级用小球的合理原则。同时,隔仓板的篦缝可把较大颗粒的物料阻留于粗磨仓内,使其继续受到冲击粉碎。另外,球磨机内安装的隔仓板可以控制磨内物料和气流流速,隔仓板的篦缝宽度、长度、面积、开缝最低位置及篦缝排列方式,对磨机内物料的填充程度、物料和气流在磨机内的流速及球料比都有较大影响。

隔仓板分单层和双层两种,双层隔仓板中又分为过渡仓式、提升式、选分式和微介质式等多种类型。

①单层隔仓板。

单层隔仓板如图 3.1.3-14 所示,由扇形篦板组成,用中心圆板把这些扇形板连成一个整体。隔仓板的外圈篦板用螺栓固定在磨机筒体 1 的内壁上,内圈篦板装在外圈篦板的止口里,中心圆板和环形固定圈用螺栓与内圈篦板固定在一起。

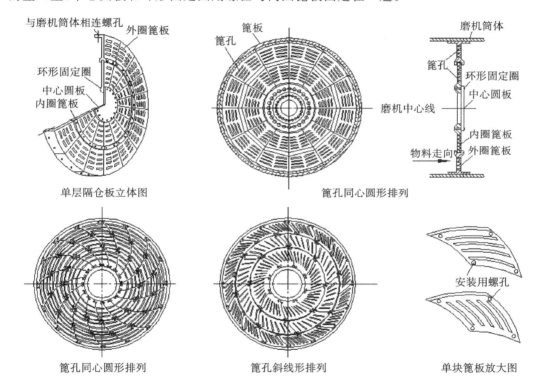

图 3.1.3-14　单层隔仓板

单层隔仓板适用于溢流式过料,前仓料位要高于后仓,料面差以下的细料通过时阻力较大。单层隔仓板所占磨腔容积最少,且通风阻力小。双层隔仓板正好相反,即使前仓料位低于后仓,也能及时将细料送入后仓。

②双层隔仓板。

双层隔仓板如图 3.1.3-15 所示,一般由前篦板和后盲板组成,中间设有提升扬料装置。

物料通过篦板进入两板中间,由提升扬料装置将物料提到中心圆锥体上,进入下一仓,系强制排料,流速较快,不受隔仓板前后填充率的影响,便于调整填充率和配球,适用于球磨机粗磨仓,特别是闭路磨。

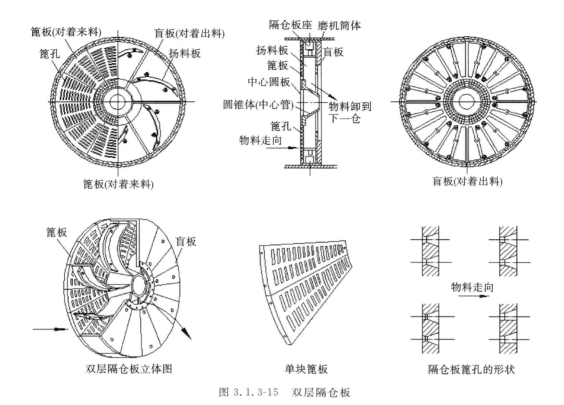

图 3.1.3-15　双层隔仓板

双层隔仓板的通风阻力大,占磨机容积大。双层隔仓板的箅板由若干块扇形板拼成。

③倾斜隔仓板。

带有倾斜隔仓板的磨机结构如图 3.1.3-16 所示,隔仓板与筒体中心线的角度 $\alpha=45°$。

球磨机在起始工作状态时,粗磨仓 A 的长度 l_1 最小,而该仓的填充系数 φ_1 最大。细磨仓 B 的长度 l_2 最大,而该仓的填充系数 φ_2 最小,如图 3.1.3-16(a)所示。

当筒体 1 回转 180° 时,一仓长度增加 $\Delta l=D\cot\alpha$,则该仓的填充系数减小到最小值 φ_1'。在此情况下,l_2 减小 Δl,等于 l_2',填充系数 φ_2' 增加到最大值。磨机继续回转 180°,隔仓板又处于起始状态,如此循环重复。

当隔仓板变换位置时,研磨体自然地沿筒体中心线由 ab 段流向隔仓板 2 下面的 fg 段。在此瞬间,由于研磨体流动性强,研磨体除了与普通垂直隔仓板磨机相仿的横向运动外,还有纵向运动,通过摩擦,产生附加的研磨作用。

在第二仓 B 中,bc 段的研磨体被隔仓板 2 带起,提升角为 80°~90°,顺着筒体中心线抛向位于 gh 段中的物料上,然后,隔仓板恢复到原始状态。位于 A 仓 fg 段中的研磨体被隔仓板带起,研磨体抛向 ab 段,对沿隔仓板表面从上向下运动的粉磨物料进行分级,细粉通过隔仓板 2 的缝隙漏下进入 B 仓,而粗粉返回 A 仓进行细磨。隔仓板上缝隙的布置只能使细粉从 A 仓流入 B 仓,而不能回粉。

在普通磨机内,处于研磨体中心部位的密实层沿接近圆形轨迹与筒体一起运动,不能做有用功,这部分称为停滞带。采用倾斜隔仓板可以破坏研磨体的停滞带。由于各仓长

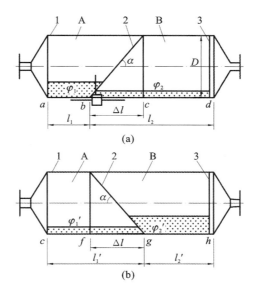

图 3.1.3-16 带有倾斜隔仓板的磨机结构

(a) 磨机的起始状态；(b) 筒体回转 180°时的设备状态

A—粗磨仓；B—细磨仓；1—筒体；2—隔仓板；3—卸料

度周期性变化,保证了研磨体的纵向强化运动。磨机各仓的填充系数周期性变化,决定了研磨体不同的工作状态。由倾泻状态过渡到抛落状态,保证了物料的选择性粉磨和合理利用能量,在隔仓板工作区提高了研磨体位能。

倾斜式隔仓板的结构比较简单,主要由一排圆钢棒组成,铺设在与磨机回转中心线成一定角度的平面内,它本身呈椭圆形。钢棒借助于焊在两端的凸耳板用螺栓固定在磨机的筒体上。钢棒一般用 $\phi 90$ mm 的 Q235 钢制作,它们之间有一定间隙,一般为 6～15 mm。

④篦板的篦孔排列方式及断面形状。

隔仓板的篦孔能让物料通过,但不准研磨体窜仓,篦孔的形状和排列是有一定要求的。

篦孔形状:孔深为 40 mm 和 50 mm(篦板厚度有 40 mm、50 mm 两种)。隔仓板上所有篦孔总面积(指小孔面积)与隔仓板总面积之比的百分数称为通孔率,通孔率为 7%～9%。若要调节小孔通孔率,可以先堵住外圈篦孔。

篦孔排列:篦孔多为同心圆形排列,即平行于研磨体物料的运动路线,它能使物料容易通过,但也易返回,不易堵塞。

在球磨机的一、二仓之间装双层隔仓板,二、三仓及三、四仓之间装单层隔仓板。安装篦板时,小端对着进料端,应使篦孔的大端朝向出料端,不可装反。

篦板有扇形和弓形两种,用得较多的是扇形板。

篦板上的篦孔排列方式很多,主要有同心圆形和放射形,其他还有多边形、斜线形和八字形等,如图 3.1.3-17 所示。

同心圆和多边形排列的孔平行于研磨体和物料运动路线,因此,物料通过阻力小,通

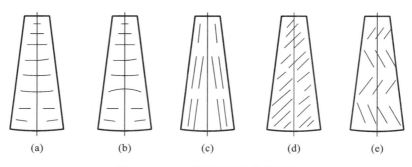

图 3.1.3-17　隔仓板篦孔排列形式

(a) 同心圆形;(b) 多边形;(c) 放射形;(d) 斜线形;(e) 八字形

过量较大,且不易堵塞,但通过的物料容易返回。放射形篦孔与此相反。斜线形和八字形篦孔与中心线都成一定的倾斜状,物料通过速度较快,堵塞较少,但这两种排列的篦孔,目前应用较少。

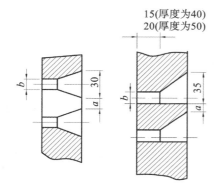

图 3.1.3-18　篦孔尺寸

(a) 放射形;(b) 切线形

干法生料磨和水泥磨的篦孔断面形状和几何尺寸规定如图 3.1.3-18 所示。篦孔的几何形状有放射形和切线形两种。篦孔宽度 b 有 8、10、12、14、16(mm)五种,篦孔间距为 40 mm,尺寸 a 为 5 mm。

篦孔宽度控制着物料的通过量和最大颗粒尺寸,尤其是第一道隔仓板的宽度比较重要,因为物料的粉碎主要是在第一仓进行,大于 10 mm 的颗粒很难在后面的几个仓内得到粉碎。

干法开流生产磨机第一道隔仓板的篦孔一般为 8 mm;干法圈流生产磨机第一道隔仓板的篦孔要稍大些,可达 10~12 mm;湿法仓磨机由于料浆流动性较好,篦孔要小些,因而定为 6 mm。

隔仓板上所有篦孔面积之和与其整个面积之比的百分数称为隔仓板的通孔率。设计时在保证篦孔板有足够机械强度的条件下,应尽可能多开些孔。在生产时,如发现异常,可以首先堵塞外圈的篦孔以进行调节。

2. 支承装置

磨机设计中所选用的轴承有滚动轴承和滑动轴承两种。

滚动轴承可应用于小型磨机。大型磨机不采用滚动轴承的原因是其单件加工费用高,与轴承配合部分的加工精度要求高,滚动轴承使用寿命有限,承受冲击载荷能力差。因此,较大型的磨机均采用滑动轴承。

滑动轴承按如何在润滑油膜中产生支承负荷所必需的压力而分为三种:动压润滑轴承、静压润滑轴承和动静压润滑轴承。

动压润滑是基于滑动件本身的相对运动,将油流的动能转化为压力能而达到润滑的目的,此时轴与轴瓦共同起着"间隙泵"的作用。

静压润滑是通过单独的高压油泵,将压力油直接供到轴承的润滑腔——油囊内,磨机的负荷由润滑腔内高压油流形成的油膜中的静压来承担。

动静压润滑是当磨机启动、停车和慢速运转时,采用静压润滑;在磨机正常运转时,采用动压润滑。

球磨机的滑动轴承,按其结构形式可分为带中空轴颈的主轴承和滑履支承。

①主轴承。

球磨机主轴承承担整个磨机回转部分的重力,一般由轴瓦、轴承盖、轴承座、润滑及冷却系统组成。主轴承有固定式和活动式两种形式。

活动式轴承只用于磨机进料端,如图 3.1.3-19 所示。轴承底座 1 固定在进料端的基础上,在轴承座与轴承底座之间装有活动辊子,用连接板将辊子连在一起,并用螺栓将密封压板紧固,防止漏油和进料。

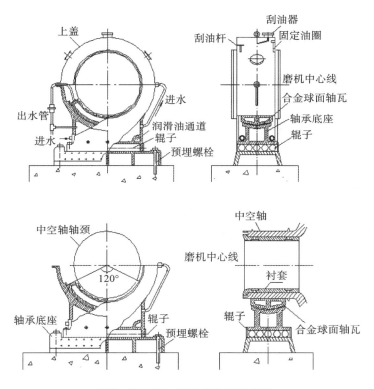

图 3.1.3-19　活动式主轴承支承

固定式主轴承支承如图 3.1.3-20 所示。用螺柱将轴承座固定在两端基础上,球形瓦的底面呈球面形,装在轴承座的凹面上。在球面瓦内表面浇注一层瓦衬,一般多用铅基或锡基轴承合金制成。轴承座上装有钢板焊成的轴承盖,其上设有视孔,以观察供油及轴和轴瓦的运转情况。为了测量轴瓦温度,还装有温度计,以防轴瓦温度超过允许值。中空轴与轴承盖、轴承座之间的缝隙均用压板将毡垫压紧,加以密封,以防漏油及进料。

轴承润滑采用动压与动静压润滑两种方式。动压润滑有油泵供油和油圈带油等几种形式。

在磨机主轴承工作时,由于磨机内热物料及热气体(烘干兼粉磨)不断向轴承传热,以

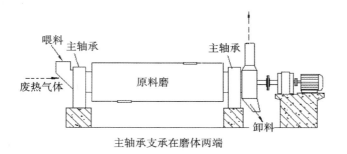

主轴承支承在磨体两端

图 3.1.3-20　固定式主轴承支承

及轴颈与轴衬的接触表面因摩擦产生热量,导致轴承温度逐步升高,因此必须排走热量,降低温度。一般用水冷却,可直接引水入轴瓦内部,或间接用水冷却润滑油,或两种方法同时使用。

②滑履支承。

由于磨机向大型化发展,使轴承负荷愈来愈大,特别是烘干兼粉磨的磨机,其进料口大,而且热气流温度高,主轴承已不能适应,这就产生了滑履支承。磨机两端可以都用滑履支承,也可以一端用滑履支承,另一端用主轴承支承。

主轴承单滑履支承装置如图 3.1.3-21 所示,滑履轴承支承的磨机是通过固装在磨机筒体上的轮带支承在滑履上来运转的,采用的是动静压润滑。由于轮带的圆周速度较大,且滑履能在球座上自由摆动、自动调整间隙,故润滑效果也较好。

3. 传动装置

球磨机是一种质量大、低速、重载、恒转速、有冲击的机械。

目前球磨机传动的最大功率已达 10000 kW 以上,对于直径为 1.8～5.8 m 的磨机,工作转速为 25～13 r/min。当电机转速为 750 r/min 时,整个系统的减速比相当于 30～58。

对于这种大功率、大速比的传动,在技术上必须给予充分重视。由于以上特点,球磨机传动的形式是多种多样的,主要根据球磨机的规格大小、加工制造水平、传动效率使用维护和综合经济指标等方面来进行选择。

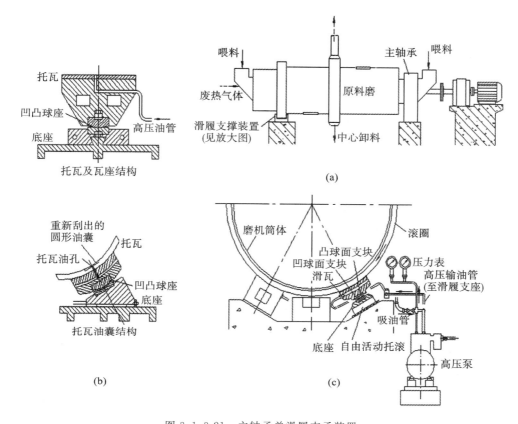

图 3.1.3-21   主轴承单滑履支承装置

（a）主轴承、滑履支承磨体两端；（b）滑履支承装置放大图；（c）滑履支承装置

（1）球磨机的传动形式。

①边缘传动。

采用高速电机的边缘单传动如图 3.1.3-22 所示。高速电机 3 驱动主减速机 4，再由小齿轮 5 带动安装在磨机筒体 7 上的大齿轮 6。采用低速同步电动机的边缘单传动如图 3.1.3-23 所示。低速同步电动机 1，通过离合器 2、小齿轮 3 带动安装在磨机筒体 5 上的大齿轮 4。

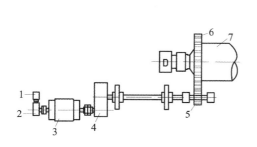

图 3.1.3-22   高速电动机的边缘单传动

1—辅助电动机；2—辅助减速机；3—主电动机；4—主减速机；

5—小齿轮；6—大齿轮；7—磨机筒体

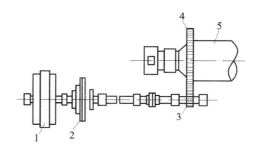

图 3.1.3-23   低速同步电动机的边缘单传动

1—低速电动机；2—离合器或联轴节；

3—小齿轮；4—大齿轮；5—磨机筒体

球磨机需要功率较大时则采用双传动,边缘双传动如图 3.1.3-24、图 3.1.3-25 所示。

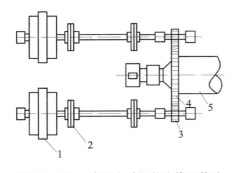 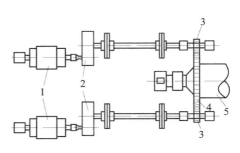

图 3.1.3-24　高速电动机的边缘双传动
1—低速电动机;2—离合器或联轴节;
3—小齿轮;4—大齿轮;5—磨机筒体

图 3.1.3-25　低速同步电动机的边缘双传动
1—电动机;2—减速机;3—小齿轮;
4—大齿轮;5—磨机筒体

这几种边缘传动方式都可以用高转矩电动机,直接连接到减速机或齿轮轴上,也可以用低转矩电动机,同时在电动机与减速机或电动机与小齿轮轴之间使用离合器,使电动机能空载启动。常用离合器有电磁离合器和气动离合器两种。

②中心传动。

中心传动是由电动机通过减速机来带动球磨机,减速机的凸轴与球磨机中心线同在一条直线上。中心传动分单传动(见图 3.1.3-26)和双传动(见图 3.1.3-27)两种。

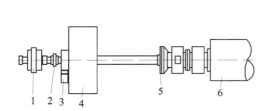 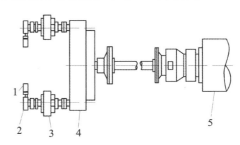

图 3.1.3-26　单电动机的中心传动
1—主电动机;2—联轴节;3—辅助电动机;
4—主减速机;5—联轴节;6—磨机筒体

图 3.1.3-27　双电动机的中心传动
1—辅助电动机;2—辅助减速机;3—主电动机;
4—主减速机;5—磨机筒体

随着大型减速机技术的发展,中心传动被广泛应用于 1000 kW 以上的管磨机传动中。在传动功率和传动比增大的同时,减速机的结构形式也有多种类型。由于传动功率愈来愈大,逐步采用同轴式减速机,这样可使相同条件下的齿轮承载能力成倍地提高;从提高效能、缩小外形和减轻机重来看,行星齿轮减速机比以上其他结构形式更具优越性。

齿轮技术方面的一些成果,在球磨机大型减速机的设计和应用中有所体现,如单位功率的机重大幅度下降;中心距显著缩短;承载能力和传动效率不断提高。现将一些行之有效的措施简介如下。

齿廓修形。它是使齿面受力合理的重要措施,修形部位和修形量是根据齿轮及其轴等零件满载时产生的综合弹性变形量及其部位来确定的,要用理论计算和试验分析相结合的方法来进行。修形后,由于齿面受力合理化,齿轮的承载能力和运转寿命可明显提高。

提高齿面硬度。这可以大幅提高齿轮的承载能力。硬齿面的硬度一般为 HB450～500,可采用渗碳淬火或高频淬火来达到。软齿面的调质硬度已由过去的 HB280 提高到 HB350 左右。

采用 25°压力角。与 20°压力角的齿形相比,25°压力角的齿形在相同条件下可提高接触强度 19.2%,弯曲强度提高 18.6%。为了补偿压力角增大后重合度下降的影响,25°压力角齿轮的齿顶高为 1.1 倍模数,而全齿高为 2.45 倍模数。

齿面镀铜。齿面镀铜能提高抗胶合能力,对铣齿、剃齿的软齿面齿轮能提高使用寿命,对精磨加工的硬齿面齿轮则不起作用。

除上述各种措施外,提高齿轮的加工精度,采用优质的钢材,以及齿面润滑剂的改善,都是提高减速机质量的必要条件。

(2) 球磨机传动装置的布置。

① 设置传动装置间。

为了创造传动装置长期安全运转的良好条件,应将电动机、减速机与磨机本体隔开,设置传动装置间,使环境清洁,工作安全,有利于设备的维护和检修。

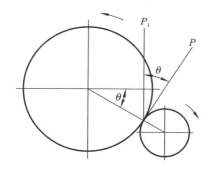

图 3.1.3-28　球磨机小齿轮的布置角

② 边缘传动大小齿轮的合理布置。

边缘传动小齿轮的布置角如图 3.1.3-28 所示,通常 $\theta=13°\sim18°$,其值和齿形压力角值接近,这时小齿轮的正压力 P_1 的方向接近垂直向上。使小齿轮轴的轴承受垂直向下的压力,则对轴承的连接螺栓和地脚螺栓的工作有利,运转平稳。

注意转向不可与图示方向相反,以免传动轴承受拉力,导致连接螺栓松脱和断裂。小齿轮位置角的确定,还应注意保证在不动小齿轮传动轴承下座或底座的情况下,小齿轮能够沿大齿圈滚入和滚出,进行调面或更换新的小齿轮。另外,还应使传动轴承与磨机主轴承的基础表面在同一平面上,以便于更换小齿轮。边缘传动大齿圈的结构,齿圈形大体重,一般都由两个半齿圈组合而成,这样便于拆装。齿圈的齿数为偶数,两半齿圈要准确吻合。目前普遍采用的连接方式是将齿圈用螺栓固定到筒体或端盖法兰上,如图 3.1.3-29 所示。

图 3.1.3-29(a)的结构是用一排螺栓固定,筒体法兰被夹紧在端盖法兰和齿圈法兰之间,固定端盖及齿圈的螺栓共用,要有数个只固定端盖的螺栓。这种结构适用于中小型磨机。

图 3.1.3-29(b)的结构是用两排螺栓将端盖和齿圈固定在法兰的同一侧,从而加大了齿圈的外廓尺寸。这种结构适用于大型磨机。

图 3.1.3-29(c)的结构适用于焊接平端盖磨机。这类连接方式的特点是结构简单,加工容易,是目前用得最多的一种连接方式。

磨机筒体法兰或磨头端盖法兰与大齿圈存在着大约 50 ℃的温度差,故在筒体法兰或端盖法兰外径与大齿圈法兰直径之间有径向间隙 h,如图 3.1.3-29(c)所示,以允许筒体

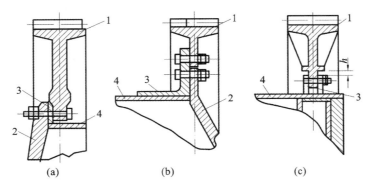

图 3.1.3-29　大齿圈与磨机筒体的连接方式

（a）单排螺栓固定；（b）双排螺栓固定；（c）用于焊接平端盖磨机

1—大齿圈；2—磨头端盖；3—磨体法兰；4—磨机筒体

法兰膨胀。为了使大齿圈与筒体的轴向中心线严格一致，在安装时用加垫的办法，严格校正大齿圈外圆的偏摆和径向跳动，达到要求后用几个铰孔螺栓定位，将垫拆除。

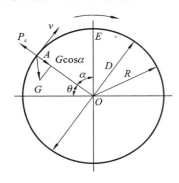

图 3.1.4-1　最外层研磨体受力图

3.1.4　球磨机主要参数的确定

1. 球磨机的转速

1）临界转速

当球磨机筒体的转速达到某一数值时，研磨体产生的离心力等于它本身的重力。理论上，研磨体将紧紧贴附在筒壁上，随筒体一起回转而不会降落下来，这个转速就称为临界转速。

如图 3.1.4-1 所示，当研磨体处于极限位置 E 点，即它升举至顶点时，脱离角 $\alpha = 0°$，此时即临界条件，有

$$\cos 0° = \frac{R_1}{900} n_c^2 \tag{3-10}$$

$$n_c = \frac{30}{\sqrt{R_1}} = \frac{42.4}{\sqrt{D_1}} \tag{3-11}$$

式中：n_c——临界转速，r/min；

R_1、D_1——筒体的有效半径和直径，m。

从理论上讲，当磨机转速达到临界转速时，研磨体将紧紧贴附在筒壁上，随筒体一起回转，不会降落，不能起任何粉磨作用。但实际上并非如此，因为在推导研磨体运动的基本方程时，忽略了研磨体的滑动、自转及物料对研磨体运动的影响；同时，在推导中仅分析了紧贴筒壁的最外层的研磨体，而其余各层的研磨体并未达到临界转速，愈接近磨机中心的研磨体层，其临界转速愈高。因此球磨机的实际临界转速比上述的理论计算值更高一些。

球磨机的理论临界转速只是标定球磨机工作转速时的一个相对标准。

2）理论适宜转速

当筒体达到临界转速时，不能起到粉碎作用，因此对物料的粉碎功为零。当筒体转速

较慢时,研磨体呈泻落状态运动,对物料粉碎作用很弱,即对物料的粉碎功很小。

球磨机内研磨体对物料粉碎所消耗的功是筒体转速的函数。因此,使研磨体产生最大的粉碎作用,也就是产生最大粉碎功时的筒体转速称为球磨机的理论适宜转速 n。要想得到最大粉碎功,研磨体必须具有最大的降落高度 H,如图 3.1.4-2 所示。

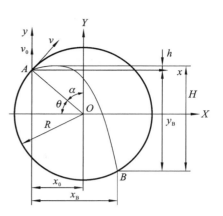

图 3.1.4-2　最大落差 H

$$H = y_B + h \tag{3-12}$$

其中:

$$y_B = 4R_1\cos\alpha\sin^2\alpha \tag{3-13}$$

研磨体由脱离点 A 上升的高度为 h。根据抛射体运动学可得

$$h = \frac{(v\sin\alpha)^2}{2g} = \frac{gR_1}{2g}\cos\alpha\ \sin^2\alpha = \frac{1}{2}R_1\cos\alpha\sin^2\alpha \tag{3-14}$$

于是

$$H = 4.5R_1\cos\alpha\sin^2\alpha \tag{3-15}$$

研磨体的总降落高度 H 是其脱离角 α 的函数。为了求得 H 的最大值,必须取导数 $\dfrac{\mathrm{d}H}{\mathrm{d}\alpha} = 0$,即

$$\frac{\mathrm{d}}{\mathrm{d}\alpha}(4.5R_1\cos\alpha\sin^2\alpha) = 0 \tag{3-16}$$

$$4.5R_1\sin\alpha(2\cos^2\alpha - \sin^2\alpha) = 0 \tag{3-17}$$

由研磨体脱离条件得出脱离角 $\alpha \neq 0°$,则 $\sin\alpha \neq 0$,因此

$$2\cos^2\alpha - \sin^2\alpha = 0 \tag{3-18}$$

于是得

$$\alpha = 54°44'$$

将 $\alpha = 54°44'$ 代入研磨体运动基本方程式中,可求得最外层研磨体获得最大粉碎功的转速,即理论适宜转速

$$n = \frac{22.8}{\sqrt{R_1}} = \frac{32.2}{\sqrt{D_1}}\ (\mathrm{r/min}) \tag{3-19}$$

令 K 为球磨机的适宜转速与临界转速之比,简称转速比。即

$$K = \frac{n}{n_c} = \frac{22.8/\sqrt{R_1}}{30/\sqrt{R_1}} = 0.76 \tag{3-20}$$

即理论适宜转速为临界转速的 76%。实际生产的磨机转速比与此数略有出入,但都在 76% 左右波动。

3)实际工作转速

理论适宜转速是从研磨体能够产生最大冲击粉碎功的观点推导出来的。这个观点没有考虑到研磨体在随筒体内壁上升的过程中,部分研磨体向下滑动和滚动的现象,这会影响研磨体的提升高度。为了能得到真正最大的降落高度,即真正最大粉碎功,实际转速要略大于理论适宜转速。但在实际生产中,考虑转速不能单纯从得到最大粉碎功的观点出发,因为物料的粉磨既有冲击破碎,还有研磨作用。因此,要从达到最佳经济指针的观点出发,即要求球磨机的生产能力最高,单位产量功率消耗最小,研磨体和衬板的磨损消耗量最少。

在确定球磨机的实际工作转速时,应考虑球磨机的直径、生产方式、衬板形状、研磨体的填充系数、研磨体的种类,还要考虑粉磨物料的物理化学性质、入磨物料粒度和粉磨细度等。为了能够比较全面地反映这些因素的影响,应通过科学实验来确定球磨机的实际工作转速。

球磨机直径愈大,工作转速可相应低些,反之则应高些;湿法磨机应比干法磨机的转速高5%,但考虑到同一磨机既能用于湿法,也可用于干法,有时就放弃了这一修正的必要性。球磨机在圈流条件下操作时,由于磨内物料的流速加快,生产能力较高,因此圈流操作比开流操作的磨机转速高一些。

带有凸棱形衬板的工作转速应比采用平滑形衬板的低一些。

球磨机内研磨体的填充系数愈小,相对滑动愈大,则转速应高一些;反之则低一些。

对于棒磨机,为了避免沉重的钢棒对筒体的冲击动能太大,并防止乱棒,转速应稍低,湿法棒球磨的转速比一般为68%～70%。

粉磨小块软物料,要比在相同条件下粉磨大块硬物料的转速低一些。粉磨粒度较细时,研磨起主要作用,转速可低一些。

2. 研磨体的填充率及级配

研磨体在磨机运转中不停地与物料、衬板、隔仓板及研磨体之间发生碰撞、摩擦,使之逐渐消耗,有的甚至破碎,因此需要定期补充一些研磨体,而且每隔一定时间清除那些两半球或碎球,重新将几种不同尺寸的研磨体按照一定的比例装进磨机的各个仓内。

往磨机各仓加入的研磨体的量叫装载量,通常以吨来计量。它的填充容积(研磨体的总体积＋孔隙)占磨机有效容积的百分数,称为研磨体的填充率,这里用 φ 来表示。

钢球(研磨体)直径的大小及其质量的配合称为研磨体的级配。

级配的依据主要根据被磨物料的物理化学性质、磨机的构造及产品的细度要求等因素确定。

研磨体的级配是针对球磨机而言的(立磨不涉及这一问题),主要内容包括:各磨仓研磨体的类型、配合级数、球径(最大、最小、平均球径)、不同规格的球(棒、钢段)所占的比例及装载量。级配确定后,需进行生产检验,并结合实际情况进行合理的调整。

完全用大直径和完全用小直径的研磨体都不适合,必须保证既有一定的冲击能力,又有一定的研磨能力,才能达到优质、高产、低消耗的目的。

根据生产经验,研磨体级配一般遵循下述原则。

(1) 根据入磨物料的粒度、硬度、易磨性及产品细度要求来配合。

(2) 当入磨物料粒度较小、易磨性较好、产品细度要求较细时,需加强物料的研磨,研磨体直径应小一些。

(3) 大型磨机和小型磨机、生料磨和水泥磨的钢球级配应有区别。小型磨机的筒体短,物料在磨内停留的时间短,所以在入磨物料的粒度、硬度相同的情况下,为延长物料在磨内的停留时间,其平均球径应较大型磨机小(但不等于不用大球)。在磨机规格和入磨物料粒度、易磨性相同的情况下,生料细度较水泥粗,加之黏土和铁粉的粒度小,所以生料磨应加强破碎作用,在破碎仓应减小研磨作用。

(4)磨内只用大钢球,钢球之间的空隙率大,物料流速快,出磨物料粗。为了控制物料流速,满足细度要求,经常是大小球配合使用,减小钢球的空隙率,使物料流速降低,延长物料在磨内的停留时间。

(5)各仓研磨体级配,一般大球和小球都应少,而中间规格的球应多,即所谓的"两头小中间大"。如果物料的粒度大、硬度大,则可适当增加大球、减少小球。

(6)单仓球磨应全部装钢球,不装钢段;双仓磨的头仓用钢球,后仓用钢段;三仓以上的磨机一般是前两仓装钢球,其余仓装钢段。为了提高粉磨效率,一般不允许钢球和钢段混合使用。

(7)闭路磨机由于有回料,钢球的冲击力由于"缓冲作用"会减弱,因此钢球的平均球径应大些。

(8)由于衬板的选择会使带球能力不足,冲击力减小,因此应适当增加大球。

(9)研磨体的总装载量不应超过设计允许的装载量。

3. 球磨机的功率

功率计算公式很多,这里仅介绍"聚积层"法。

"聚积层"是假想球磨机筒体中所有的研磨体都集中在某一中间层运动,其性质可概括地代表全部研磨体在筒体内的运动情况。这层的重心,也就是所有被提升的研磨体重心。

贴着筒体一起回转的部分研磨体和物料处于筒体中心线的一侧,因此研磨体和物料的重力 G_1 引起与筒体回转方向相反的恒定力矩,要将 G_1 提升至一定高度,并使之具有一定的速度抛射出去,就必须克服由重力 G_1 引起的反转力矩。

当筒体理论适宜转速为 n,研磨体的填充系数为 $\varphi = 0.3$ 时,随筒体一起回转上升的研磨体约为磨机内全部研磨体质量的 55%,而磨机内物料的质量约为研磨体的 14%,则粉磨物料所需功率 N_1 为

$$N_1 = 0.4mR_1n \, (\text{kW}) \tag{3-21}$$

球磨机中空轴在主轴承中的摩擦,以及传动装置中的摩擦等消耗的功率比例可用机械效率 η 表示,则球磨机需要的功率为

$$N = \frac{0.4mR_1}{\eta}n \, (\text{kW}) \tag{3-22}$$

式中:m——筒体内研磨体的总质量,t;

R_1——筒体的有效半径,m;

n——筒体的转速,r/min;

η——机械效率,中心传动球磨机 $\eta = 0.92 \sim 0.94$;边缘传动球磨机 $\eta = 0.86 \sim 0.90$。

球磨机的电动机功率 N_g 应在需要功率 N 的基础上再加大 10% ~ 15%,此储备量用来克服球磨机启动时研磨体的惯性力,并防止在工作时研磨体的可能过载。

$$N_g = (1.10 \sim 1.15)N \, (\text{kW}) \tag{3-23}$$

4. 球磨机的产量

影响磨机产量的因素很多,例如物料性质、入磨物料粒度、要求产品细度、加料均匀程度和磨内装填程度等。此外还与磨机的结构形式有关,如磨机的长度和直径、仓数、各仓

间长度的比值、隔仓板的形状和有效断面大小、研磨体种类、衬板形状等。还有一些新工艺和新技术的采用,也是提高磨机产量的有效措施。

1) 物料方面

入磨物料易碎性大时,易于粉磨,产量就高,反之则产量降低。

入磨物料粒度较大,磨机第一仓必须装入较多的大钢球,在一定程度上起到了破碎机的作用,因磨机的破碎效率比破碎机低得多,故这样的粉磨过程就不合理。减小入磨物料粒度能提高磨机产量,降低电耗。

物料均匀喂入,而且其喂入量适当,则磨机产量提高。喂料量太少或过多,都会降低磨机的产量。

2) 磨机结构方面

磨机长度与直径的比例和生产操作方式有关。对于开流生产的磨机,为保证产品的细度一次合格,长径比 $L/D=3.5\sim6$;对于圈流生产的磨机,应取较小的长径比,以加大物料的流通量,取 $L/D=2.5\sim3.5$。

磨机的仓数一般为 2~4 仓,长径比愈大,仓数愈多,可按生产实践经验来确定仓长比例。一般干法圈流生产磨机的仓长比例为:双仓磨时,第一仓仓长比例为 30%~40%,第二仓仓长比例为 60%~70%;三仓磨时,第一仓仓长比例为 25%~30%,第二仓仓长比例为 25%~30%,第三仓仓长比例为 40%~50%。对于开流生产的磨机,细磨仓应适当增加长度。生产高标号水泥时也是这样,这是为了增加细磨时间,使产品达到细度要求。

研磨体的类型一般有钢棒、钢球、钢段三种类型,每一种有大小不同的规格,其目的是想用最小的能量消耗,取得最大的粉碎效率。入磨物料粒度大、硬度大或成品要求粗时,其研磨体规格可大些,反之可小些。粉磨过程有冲击和研磨两种,若冲击次数多,效率就高。在单位研磨体质量中,钢球的直径愈小,个数就愈多,冲击次数也愈多,所以在保证对一定粒度的物料有足够冲击能量的前提下,研磨体的规格应尽量取小。此外,研磨过程还与研磨体的表面积有关,表面积愈大,粉磨效率愈高,所以研磨体有时用钢段或小钢球。

磨机衬板的形状对磨机产量的影响较大,它可改变研磨体的提升高度,影响冲击和研磨效率。

3) 采用新技术方面

(1) 磨机喂料量的自动控制。根据磨机噪声,采用电耳法控制皮带喂料机,使磨内物料量始终保持最佳状态,这样可提高产量。

(2) 加强磨内通风。由于磨内具有一定风速,使粉磨过程中产生的微粉能及时被气流带走,消除了微粉的缓冲作用,可以提高粉磨效率,产品质量不会受到影响。当通风良好时,磨内水蒸气能及时排出,隔仓板箅孔不致被堵塞,研磨体的贴附现象也减少,并能降低磨内温度,有利于磨机的操作和提高产品质量。磨内风速因粉磨物料的不同而有所差异,一般为 0.3~1 m/s。

(3) 水泥冷却。粉磨水泥时要产生很多热量,这对水泥质量和粉磨效率都是不利的,影响产量。现有三种解决方法:

①磨内喷水。当入磨熟料温度高时,采用磨头喷水。若熟料温度在 50 ℃ 以下,第一仓不必进行水冷却,而在细磨仓中可以从磨尾对着物料与气流逆向喷水冷却,也可以从隔

仓板顺流喷水冷却,喷水量占水泥量的 $1\% \sim 2\%$,对开流生产磨机来说这是唯一有效的冷却方法。这种喷水冷却对收尘是不利的,一般不宜采用袋收尘。

②采用水泥冷却器。出磨水泥温度一般为 $120 \sim 140\ ℃$,把这种水泥直接装入水泥仓时,必须对水泥进行冷却。用水泥冷却器可把水泥冷却至 $60 \sim 70\ ℃$。冷却流程有两种:一种是把冷却器放在水泥磨与选粉机之间,即出磨水泥经冷却后再进入选粉机选粉分离;另一种是把冷却器放在选粉机之后,只冷却粗粒物料,这样冷却器的体积可小一些,但效果也较差,成品水泥温度较高。

③在选粉机中用空气冷却。这种方法能将细粉温度降低 $25\ ℃$,粗颗粒温度降低 $19\ ℃$。若在选粉机筒体上加水套,用水冷却,细粉温度可降低 $35 \sim 40\ ℃$,但对粗颗粒温度影响不大,只降低 $5\ ℃$,所以磨机温度降低不多。

(4)磨内加入助磨剂。这种技术能提高产量,降低电耗。磨机不同,使用的助磨剂亦应不同。干法原料磨可用煤、石墨、焦炭、胶态炭、松脂、鱼油硬脂酸盐等;湿法原料磨则应使用稀释剂;水泥磨可用醋酸胺、乙二醇、丙二醇、油酸、石油脂、环烷酸皂、亚硫酸盐酒精废液、三乙醇胺、醋酸三乙醇胺、石油酸钠皂、木质纤维等。以上助磨剂掺入量占入磨物料的 $0.02\% \sim 0.1\%$。

以上这些因素都会影响球磨机的产量,但至今还没有一个能将这些因素全部包括在内的计算公式,一般要通过生产实践经验来确定。现介绍常用的球磨机产量计算公式如下:

$$Q = 0.2 VDn \left(\frac{m}{V}\right)^{0.8} K\ (\text{t/h}) \tag{3-24}$$

式中:V——筒体的有效容积,m^3;

　　　D——筒体的有效内径,m;

　　　n——筒体的转速,r/min;

　　　m——研磨体质量,t;

　　　K——球磨机单位功率单位时间的产量,t/(kW·h)。

3.1.5　球磨机主要零件的强度计算

1. 筒体

1)作用于筒体的合力 Q

球磨机运转时,作用于筒体的合力 Q 包括三部分:第一部分是球磨机回转部分的重力 G_m;第二部分是动态研磨体所产生的力 P;第三部分是粉磨物料的重力 G_6。

(1)球磨机回转部分的重力 G_m。

$$G_\text{m} = (m_1 + m_2 + m_3 + m_4 + m_5)g\ (\text{N}) \tag{3-25}$$

式中:m_1——筒体的质量,kg;

　　　m_2——磨头的质量,kg;

　　　m_3——磨尾的质量,kg;

　　　m_4——衬板和隔仓板的质量,kg;

　　　m_5——边缘传动磨机的大齿圈质量,kg;

　　　g——重力加速度,m/s^2。

（2）动态研磨体产生的力 P。

力 P 的计算有多种方法：可按全部研磨体的质量作用于筒体上，产生重力；按理论计算，研磨体处于抛落运动状态，其动态力相当于研磨体重力的 1.02 倍；研磨体处于泻落运动状态，其动态力相当于研磨体重力的 1.2 倍；用理论与实验相结合的方法计算不同规格直径的研磨体冲击力，磨内各仓研磨体冲击力大小不等，计算结果较前几种大。

最后计算筒体的许用应力时，安全系数也各有区别。通常，力 P 计算值小的，安全系数取大些；力 P 计算值大的，安全系数取小些。即载荷计算精度愈高，其安全系数愈低。这里用第一种方法计算最简单。

$$P = mg \text{（N）} \tag{3-26}$$

式中：m——研磨体质量，kg。

（3）物料的重力 G_6。

$$G_6 = 0.14mg \text{（N）}$$

其中，物料的质量为研磨体质量的 14%。

动态研磨体产生的力，其方向与重力方向夹角约为 7°，在计算筒体合力 Q 时，P 的方向采用重力方向垂直向下，其误差很小。

$$Q = G_\mathrm{m} + P + G_6 = (m_1 + m_2 + m_3 + m_4 + m_5 + 1.14m)g \text{（N）} \tag{3-27}$$

2）边缘传动时大齿圈的圆周力 P_C

$$P_\mathrm{C} = 9550\frac{N}{nR_\mathrm{b}} \text{（N）} \tag{3-28}$$

式中：N——球磨机需要的功率，kW；

n——球磨机的转速，r/min；

R_b——大齿圈的节圆半径，m。

3）筒体作用力的分布

计算作用在筒体上的弯矩时，作用力的分布情况如图 3.1.5-1 所示。

筒体质量 m_1、衬板和隔仓板质量 m_4、研磨体和物料质量 m，可看作沿筒体长度 l 均匀分布，其单位长度上受的力为

$$q = \frac{(m_1 + m_4 + 1.14m)}{l}g \text{（N/m）} \tag{3-29}$$

磨头质量 m_2 和磨尾质量 m_3 作为集中载荷，其作用点在磨头（或磨尾）和筒体接触面至支座反力作用点距离的 1/3 处。

4）筒体的弯曲强度

首先计算两端主轴承处的支点反力 R_A、R_B，第二步计算 $M_{\max}$，第三步计算扭矩 M_K。

$$R_\mathrm{B} = \frac{ql(\frac{l}{2} + l_3) + mg \times \frac{2}{3}l_3 + m_3 g(L - \frac{2}{3}l_4)}{L} \text{（N）} \tag{3-30}$$

$$R_A = (ql + m_2 g + m_3 g) - R_B \text{（N）} \tag{3-31}$$

$$Mx = R_A x - m_2 g(x - \frac{2}{3}l_3) - \frac{q(x - l_3)^2}{2} \text{（N·m）} \tag{3-32}$$

令 $\mathrm{d}M/\mathrm{d}x = 0$，求得 $x_{\max}$ 值，代入上式中，即可得到最大弯矩 $M_{\max}$。

$$M_\mathrm{K} = 9550\frac{N}{n} \text{（N·m）} \tag{3-33}$$

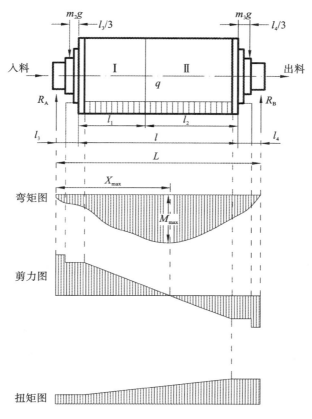

图 3.1.5-1　球磨机筒体上作用力的分布

式中：N——球磨机所需的功率，kW；

　　　n——筒体转速，r/min。

当量弯矩为

$$M = \sqrt{M_{MAX}^2 + (\alpha M_K)^2} \ (N \cdot m)$$

(3-34)

式中：M_K——扭矩，N·m；

　　　α——折合系数，一般取 $0.5 \sim 0.6$。

抗弯断面模数：

$$W = \frac{\pi (R_e^4 - R_a^4)}{4R_e} \ (m^3)$$

(3-35)

式中：R_e——筒体的外半径，m；

　　　R_a——筒体的内半径，m。

弯曲应力：

$$\alpha = \frac{M}{C_1 W} \ (Pa)$$

(3-36)

式中：M——筒体所受的当量弯矩，N·m；

　　　W——筒体的抗弯断面模数，m^3；

　　　C_1——筒体断面的削弱系数，是由人孔和衬板螺栓孔所引起的，一般取 $0.8 \sim 0.9$。

许用弯曲应力：

$$[\sigma] = \frac{\sigma_{-1}}{n} \ (\text{Pa}) \tag{3-37}$$

$$\sigma_{-1} = 0.27(\sigma_s + \sigma_b) \tag{3-38}$$

式中：σ_s——屈服强度，Pa；

σ_b——抗拉强度，Pa；

σ_{-1}——疲劳极限，Pa；

n——安全系数，$n \geqslant 6$。

要求弯曲应力 $\sigma \leqslant [\sigma]$。

筒体纵向挠度一般都在 0.3/1000 以内，这样小的挠度反映到具有球面支承的主轴承上，是不足为虑的。

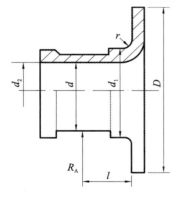

图 3.1.5-2 中空轴受力分析

式中：α，M_K 含义同式(3-34)。

2. 中空轴

边缘传动的两端中空轴，或中心传动的进料中空轴承受弯曲和剪切，而中心传动的出料端中空轴承受弯曲、剪切、扭转等多种载荷，如图 3.1.5-2 所示。

中空轴所受的弯矩 M_w 为

$$M_w = R_A l \ (\text{N} \cdot \text{m}) \tag{3-39}$$

式中：R_A——进料（出料）端主轴承处的支点反力，N；

l——主轴承中心线到轴颈由小变大过渡区的长度，m。

当量弯矩 M 为

$$M = \sqrt{M_w^2 + (\alpha M_K)^2} \ (\text{N} \cdot \text{m}) \tag{3-40}$$

中空轴环状断面模数 W 为

$$W = \frac{\pi}{4} \frac{\left[\left(\dfrac{d_1}{2} \right)^2 - \left(\dfrac{d_2}{2} \right)^2 \right]}{\dfrac{d_1}{2}} \ (\text{m}^3) \tag{3-41}$$

式中：d_1——中空轴外径，m；

d_2——中空轴内径，m。

中空轴所受弯曲应力 σ 为

$$\sigma = K \frac{M}{W} \ (\text{Pa}) \tag{3-42}$$

式中：K——应力集中系数，可查表 3.1.5-1。

表 3.1.5-1 应力集中系数

r/d_1	0.3	0.2	0.1	0.05
K	1.5	2	2.25	3

注：表中 r 为交接面处的过渡圆半径(m)。

验算中空轴的弯曲强度:$\sigma \leqslant [\sigma]$

$$[\sigma] = \frac{\sigma_{-1}}{n} \, (\text{Pa}) \tag{3-43}$$

式中:$[\sigma]$——中空轴的许用弯曲应力,Pa;

σ_{-1}——中空轴材料的疲劳极限,Pa;

n——安全系数,一般取 5～8。

中空轴的安全系数比较大,这是因为:它是一个重要零件,若损坏将引起事故和停产;要求长期连续运转而不进行更换,同时还有一定的磨损;中空轴在过渡处容易造成铸造缺陷和浇注不均匀。关于中空轴的切应力,一般不需要验算,因为计算结果远较其许用值低。

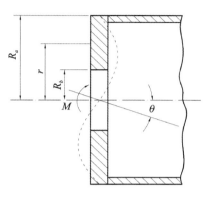

3. 端盖

筒体上的焊接式平板端盖,主要承受由中空轴法兰传来的弯曲力矩,其受力如图 3.1.5-3 所示。

根据其结构特点,按照非对称载荷作用下圆板的弯曲计算,周边固定,在刚性中心上作用有一集中力偶。

图 3.1.5-3   端盖受力分析

1) 刚性中心部分的转角 θ

$$\theta = \frac{3[(K^2+1)\ln K - (K^2-1)](1-\mu^2)}{\pi(K^2+1)} \frac{M}{Et^3} = \alpha \frac{M}{Et^3} \, (\text{rad}) \tag{3-44}$$

$$\alpha = \frac{3[(K^2+1)\ln K - (K^2-1)](1-\mu^2)}{\pi(K^2+1)}$$

$$K = \frac{R_a}{R_b}$$

式中:μ——泊松比,取 0.3;

E——弹性模量,Pa;

M——弯曲力矩,N·m;

K——应力集中系数;

t——端盖厚度,m;

R_a——端盖外半径,m;

R_b——端盖内半径,m;

α——系数,其值见表 3.1.5-2 所示。

2) 端盖内的应力 σ_r

$$\sigma_r = \frac{3(K^2-1)}{\pi(K^2+1)} \frac{M}{rt^2} = \beta \frac{M}{rt^2} \tag{3-45}$$

式中:$\beta = \dfrac{3(K^2-1)}{\pi(K^2+1)}$,系数 β 的取值见表 3.1.5-2 所示;

r——端盖上任意点的半径,m。

端盖上最大应力在内周边上：　　$\sigma_{r\max} = \beta\dfrac{M}{R_b t^2}$　　　　　　　　　　（3-46）

端盖上最小应力在外周边上：　　$\sigma_{r\min} = \beta\dfrac{M}{R_a t^2}$　　　　　　　　　　（3-47）

表 3.1.5-2　系数 α, β

系数	R_a/R_b									
	1.25	1.5	1.75	2	2.5	3	4	5	7	10
α	0.003	0.018	0.046	0.081	0.167	0.259	0.483	0.596	0.857	1.149
β	0.21	0.367	0.458	0.573	0.692	0.764	0.843	0.881	0.917	0.936

3）端盖的应力验算

端盖材料的许用应力 $[\sigma]$

$$[\sigma] = \frac{\sigma_{-1}}{n}（Pa）\qquad（3-48）$$

式中：σ_{-1}——端盖材料的疲劳极限，Pa；

n——总安全系数，n 取 5。

3.2　辊　磨　机

3.2.1　辊磨机的工作原理、用途及类型

世界上第一台辊磨机（立磨）是 20 世纪 20 年代德国研制出来的，它是采用料床粉磨原理粉磨物料，克服了球磨机粉磨机理的诸多缺陷。

辊磨机又称立磨、环辊磨、中速磨以及用制造厂命名的磨机，其外形及结构如图 3.2.1-1 所示。

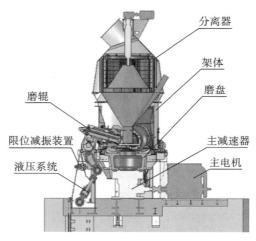

图 3.2.1-1　辊磨机外形及结构

辊磨机的工作原理是利用 2～4 个磨辊紧贴在磨盘上,作中速旋转。物料经回转下料器、喂料溜管进入磨内并堆积在磨盘中间。由于磨盘的旋转带动磨辊转动,物料受离心力的作用向磨盘边缘移动,并被啮入磨辊底部而粉碎。磨辊由液力系统增压以满足粉磨需要。

当物料处于磨辊磨盘碾磨作业区时,大块物料直接被压碎,细粒物料受挤压后形成料床,进行粒间粉碎。在颗粒床中间,一个颗粒对着另一个颗粒擦挤而过,引起棱角和边缘的掉落,从而被粉碎。

粉碎后的细粉被推向磨盘外缘,越过挡料圈落入风环,被高速气流带起,大颗粒折回落到磨盘,小颗粒被气流带入磨机上部的分选粉机,在回转风叶的作用下,进行分选。粗粉重新返回磨盘再粉磨,合格品随气流带出机外被收集作为产品。由于风环处的气流速度很高,因此传热速率快。小颗粒瞬时得到干燥,大颗粒表面被烘干,在折回重新粉碎过程中得到进一步干燥。

特别难磨的料块以及意外入磨的金属件将穿过风环孔沉落,并通过刮料板和出渣口排出磨外。

辊磨机属于细磨设备,在建材工业中用于细磨硬的、中等硬度或软质物料,尤其是在水泥工业、陶瓷工业、煤炭、化工、电力部门等用得较多,如水泥熟料、石灰石、黏土、瓷土、石膏、长石、重晶石及煤等。磨机内通入的热空气可对物料同时进行烘干和粉磨。

辊磨机与球磨机相比,其主要优点如下:

(1)粉磨效率高,能量消耗少。

辊磨机是利用料床原理进行粉磨,料床粉磨大大降低了粉磨无用功,以及大量的再循环减少了过粉磨和缓冲作用,从而提高了粉磨效率。

能耗低,粉磨产品的电耗仅为球磨机的 40%～60%。但由于立磨风机电耗大,整个粉磨系统的电耗比球磨机系统低 10%～20%,降低值随原料水分的增加而增加。

(2)烘干能力强。

由于热风从环缝中进入,风速高达 60～80 m/s,烘干效率高。立磨磨内高速运动的气流和粉磨物料多次接触,边粉碎边烘干,在粒度减少的条件下进行悬浮烘干,也大大提高了烘干速率。

悬浮预热窑和预分解窑的窑尾废热气可被充分利用。原料水分高达 15%～20%[①]的物料可采用热风炉热源来进行烘干。

(3)入磨物料粒度大。

物料入磨粒度可达 50～150 mm,最大入磨粒径通常可按磨辊直径的 5% 计算,所以大型辊磨机可以省掉二级破碎。

(4)生料化学成分测定快,颗粒级配均齐。

物料在辊磨机内停留的时间短,仅 2～3 min,而球磨机则要 15～20 min。因此,辊磨系统中,生料的化学成分可以很快得到测定和校正。

(5)结构紧凑,占地面积小,噪声低。

辊磨机占地面积为球磨机的 50%,基建投资约为球磨机的 70%。

---

①　书中未特别标注的物质百分含量均为质量分数。

（6）不适用于粉磨腐蚀性大的物料，磨辊和磨盘容易磨损。

（7）制造要求高，操作管理要求严格。

辊套一旦损坏，不能自配，必须由制造厂提供，而且更换费工，要求高，影响运转率。

辊磨机的种类很多，尽管它们的工作原理相同，但其工作部件的几何形状、加压方式和分离器都各有特点。

辊磨机分两大类：一类是磨辊既公转又自转，磨盘静止，如悬辊式辊磨机；另一类磨辊不公转只自转，磨盘旋转，如盘式辊磨机。加压方式有两种：一是弹簧加压，二是液力加压。分离器有静止型惯性分离器和带变速转子的分离器两种。

生产实践中辊磨机有众多类型：如美国 Raymond 离心辊磨机（也称雷蒙磨）、德国伯力鸠斯公司的 RM 磨、德国莱歇公司的莱歇磨（也称为 LM 磨，国产的称为 TRM 磨）、德国非凡公司的 MPS 磨、丹麦史密斯公司的 ATOX 磨、日本宇部公司的 UB-LM 磨等。

HRM（H 是合肥拼音的第一个字母，RM 是立式辊磨 roller mill 的字头）磨是由我国合肥水泥设计院自主研制开发适合中国国情的立式磨机；PRM 是由我国天津水泥设计院自主研制开发适合中国国情的立式磨机，产量 100t/d。HRM1100、HRM1250 是指由合肥水泥设计院设计的磨盘直径为 1100 mm、1250 mm 的立式磨机。辊磨机和立式磨机的主要形式如图 3.2.1-2、表 3.2.1-1 所示。

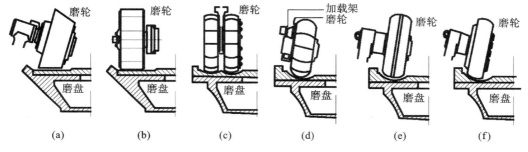

图 3.2.1-2　辊磨机和磨盘的形式

（a）LM（国产的称为 TRM 磨）；（b）ATOX 磨；（c）RM 磨；（d）MPS 磨；（e）OK 磨/CK 磨；（f）HRM 磨

表 3.2.1-1　立式磨机的主要形式

序号	立磨型号	立磨装置性状	选粉机形式	磨辊能否抬起翻出	磨辊数量/个
1	LM（莱歇磨）	锥形磨辊、平磨盘	回转笼式	启动时磨辊能自动从磨盘上抬起，减少启动力矩	2～6
2	ATOX	圆锥磨辊、平盘形盘	静态选粉机回转笼式	否	3
3	RM（伯力鸠斯磨）	轮胎斜辊、碗形形盘	回转笼式	否	2 组 4 辊
4	MPS	轮胎斜辊、环沟形盘	回转笼式	否	3

续表

序号	立磨型号	立磨装置性状	选粉机形式	磨辊能否抬起翻出	磨辊数量/个
5	OK/CK	轮胎斜辊、环沟形盘	回转笼式	能	2～4
6	HRM（合肥院）	轮胎辊、沟槽盘	回转笼式	能	3～4
7	TRM（天津院）	圆锥磨辊、平盘形盘	回转笼式	能	2～4

3.2.2 辊磨机的构造

虽然辊磨机的类型很多,但是它们的结构和粉磨原理基本相同,区别在于磨盘的结构、碾辊的形状、数目上的差别以及磨机的选粉机结构,还有对磨辊的加压方式等,在粉磨效果上各有千秋。

1. 悬辊式辊磨机

悬辊式辊磨机又称摆辊式、离心式辊磨机,通称雷蒙磨。

悬辊式辊磨机构造如图 3.2.2-1 所示。悬辊式辊磨的型号以磨辊的个数和直径及高度的厘米数表示。例如 4R3216 型悬辊磨,有四个磨辊,其直径为 32 cm,高度为 16 cm。

底盘 8 固定在混凝土机座上,底盘上面装有空心轴架 4,轴架套有轴衬,主轴 3 安装于轴衬内。主轴下端装有一对圆锥齿轮 12,主轴上端装有横梁 2(称梅花架或星形架),其上铰接摆 1,用于悬挂磨辊 6。

电动机通过胶带轮 11、传动轴 10、圆锥齿轮 12 带动与主轴连接的横梁旋转。磨辊在惯性离心力的作用下,绕铰接中心向外摆动而紧压在圆环 14 内壁上公转,在摩擦力作用下又绕悬轴中心自转,使喂入的物料受到挤压和研磨作用而粉碎。

在底盘下缘开有许多长方形的孔,外围为环形风筒 9。风机鼓入的空气经风筒由底盘下缘的长方形孔吹入磨内。气流把磨细的物料带起,在经过顶部分离器 15 时,粗粒被分出,又落回底盘上。然后被装在铲刀架 5 上随同横梁转动的铲刀刮起,重新撒在底盘的圆环上,再次粉磨,直到达到要求的细度为止。悬辊磨于机侧圆环上方装有分格轮自动喂料器 7,并装有空气控制器,可以根据磨内空气的条件自动调节喂料量,使磨机保持正常的产量。

2. 盘式辊磨机

盘式辊磨机根据磨辊与磨盘的组合形式不同可分为六种类型,如图 3.2.2-2 所示。

1) 锥辊-平盘式

锥辊-平盘式辊磨机又称莱歇磨,国产的称为 TRM 磨。

(1) 平盘-弹簧压力式辊磨机。

ϕ1600/1380 平盘-弹簧压力式辊磨机的主要技术特性:磨盘直径 1600 mm;磨辊大头直径 1380 mm;磨盘转速为 50 r/min;入料粒度<30 mm;生产能力为 20 t/h;单位产量耗电量为 10～15 kW·h/t;主电机功率为 310 kW。该辊磨机主要用于小型磨或较软物料。

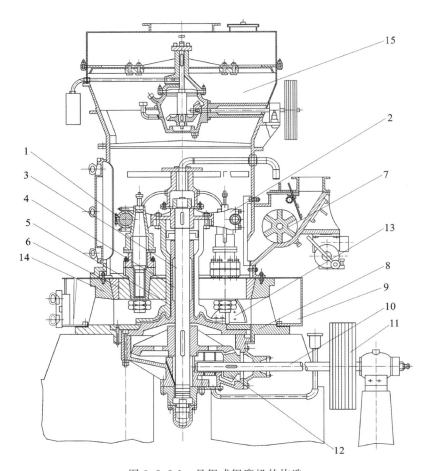

图 3.2.2-1　悬辊式辊磨机的构造

1—摆；2—横梁；3—主轴；4—空心轴架；5—铲刀架；6—磨辊；7—喂料器；8—底盘；

9—环形风筒；10—传动轴；11—胶带轮；12—圆锥齿轮；13—铲刀；14—圆环；15—分离器

$\phi1600/1380$ 平盘-弹簧压力式辊磨机构造如图 3.2.2-3 所示,传动装置 6 使磨盘 5 转动,弹簧装置 3 把一对磨辊 4 紧压在磨盘上。在磨盘周围设置风环 8,由倾斜 30°的叶片组成。由磨盘下方热风道 7 进入的气流与水平方向成 30°角,并旋转向上,气流在风环喉部的速度达 50 m/s 时有效地阻止了物料的下落。

正常工作情况下,磨机可放出少量铁件和硬质石块,这些杂物收集在四个料渣箱内,定期清除。料层挡环 9 的作用是确定磨盘内料层的高度。研磨时,料层厚度随物料种类和硬度的不同而不同,例如硬料的料层厚度应该薄一些,而软料的料层厚度可以厚一些。

磨辊由辊套及辊体等组成,辊套靠连接螺栓固定在辊体上,装于摇臂顶部的调整螺钉 10,可用来改变磨辊与磨盘的间隙,该间隙应调整为 3～5 mm。

空载时,由于研磨部件互不接触,所以磨机的启动和空载特性很好,启动时间短,空载电流小。当磨机运行一段时间后,因磨辊和磨盘的磨损引起料层增加,生产能力降低,此时可借调整螺钉进行调节。由 24 片叶片组成的伞形转子旋转分离器 1 的转速可由电磁调速异步电动机调节,使料粉细度改变,以满足产品要求。

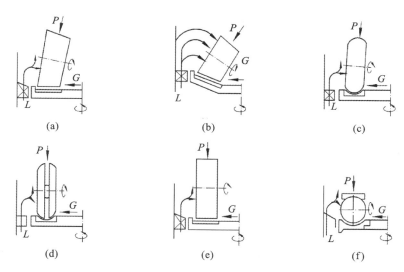

图 3.2.2-2　磨辊和磨盘的几种组合形式

（a）锥辊-平盘式；（b）锥辊-碗式；（c）鼓辊-碗式；（d）双鼓辊-碗式；（e）圆柱辊-平盘式；（f）球-环式

（2）平盘-液压式辊磨机（TRM 磨）。

TRM 型辊磨机外形及结构如图 3.2.2-4 所示，其特点如下：

①磨机设有保护装置，当辊压超过或低于调定范围极限值时，自动报警并自行停磨，确保磨机安全运行。

②磨机液压系统具备自动控制和手动控制两种功能，可提高操作的灵活性、可靠性。

③主要研磨件辊套和磨盘衬板均由国产高耐磨性材料制成，粉磨中硬水泥原料时，其使用寿命为 6000～8000 h。各磨辊有其独立的液压加压装置，每个液压缸都配置了足够的蓄能器，保证磨机运转中辊压波动最小，以使磨机运转平稳。液压站供油系统及其压力控制均为自动控制，因此磨机运行平稳。

④分离器采用直流电动机传动，改变转速即可满足各条件下对产品细度的要求，细度调节灵活方便。风环为可调节设计，改变风环截面积可以调节风环风速，适应不同物料。设有液压翻辊装置，检修时，磨辊能翻转至磨外，节省检修时间，减轻劳动强度。磨辊辊套与轮毂之间，以及辊轴与摇臂之间分别采用锥面结构和胀套结构连接，拆装方便。

2）锥辊-碗式

这是雷蒙磨的另一种形式。它主要由一个带有 15°倾斜的旋转磨碗和磨辊组成。磨辊通过弹簧向磨碗施加压力，磨碗的边缘线速度为 5.3～6.5 m/s。由于磨盘呈碗形，无论制造和检修均不方便，近年来已趋于淘汰。

3）鼓辊-碗式

此辊磨机也称 MPS 磨，如图 3.2.2-5 所示，有三个轮胎形的鼓辊，磨辊倾斜 15°，压在带环形圆弧凹槽的磨盘上。一组液压气动的预应力弹簧系统对三个磨辊同时施加压力，以便产生必要的研磨压力。电动机通过减速装置带动磨盘转动。由于物料与磨盘间摩擦力的作用，磨辊会绕本身轴自转。

物料咬入磨辊与磨盘之间，受到挤压和研磨作用而粉碎。气流通过围绕磨盘周围的

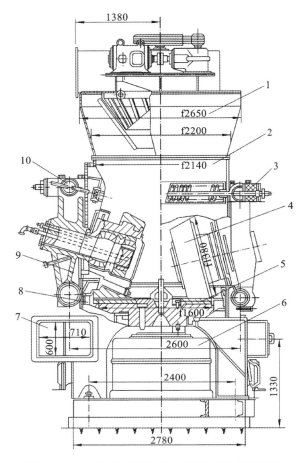

图 3.2.2-3　φ1600/1380 平盘-弹簧压力式辊磨机

1—分离器；2—粉磨腔；3—弹簧装置；4—磨辊；5—磨盘；6—传动装置；7—热风道；8—风环；9—挡环；10—调整螺钉

风嘴吹入粉磨室内，将磨细的物料带入上部分离器内。分离器为旋转叶轮式，细粉通过叶片自上部排出，进入收尘器。粗粉被叶片阻留落回磨盘上，与新喂入的物料一起粉磨。碎铁屑等杂物则从风嘴掉下排出磨外。对于潮湿物料，可以通入热风，在粉磨的同时可将物料烘干至水分含量为 0.5% 以下。

由于 MPS 磨机的辊子为轮胎形，和磨盘上的轮沟相匹配，故辊套磨损较均匀，比较耐磨。与磨盘尺寸相同的其他辊磨机比较，其磨辊直径较大，故喂料粒度大可达 80～300 mm，可省去磨前的预破碎工序。

在同样的粉磨能力下，MPS 磨的磨盘直径比其他辊磨机的大，使得磨机压强较莱歇磨或雷蒙磨低 20%，因此风机动力较节省。这种磨机的磨辊不能翻出磨盘，磨辊或磨盘磨损后通常在磨内更换，可用慢转装置将磨盘转到便于维修的位置。如果需要取出整个磨辊，必须拆除整个磨顶，或从磨的边门取出每个磨辊。图 3.2.2-6 所示为 MPS 型辊磨机的磨辊磨盘局部放大图。

4）双鼓辊-碗式

双鼓辊-碗式辊磨机又称为伯力鸠斯辊磨机，国内称为 HRM 磨、PRM 磨，其外形结

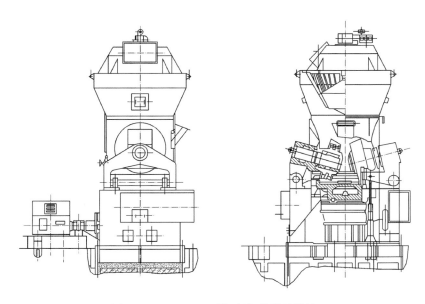

图 3.2.2-4　TRM 型辊磨机外形及结构

⇨ 气体
┄┄┄→ 带有细粉的出磨气体
───→ 细粉和粗粉物料
→ 喂料
┄─┄→ 粗料

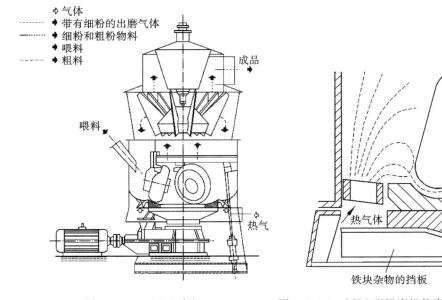

图 3.2.2-5　MPS 磨机　　　　　图 3.2.2-6　MPS 型辊磨机的磨辊磨盘局部放大图

构如图 3.2.2-7 所示。

　　它具有曲面形的磨辊和碗形的磨盘,每个磨辊由两个窄的辊子并装在一起,磨辊随着磨盘的旋转一起运动,磨辊上的两个辊子可以各自调节它们相对于磨盘的速度,减少滑动摩擦。磨辊的压力由液压调节,以提供所需的研磨压力。粗颗粒的一部分经过磨盘边缘落下,卸入外部的斗式提升机,提升机又将其返回磨内。磨内已粉碎的物料被移向磨盘边缘,此处有一圈风嘴,气流将物料向上带进分离器,细粉收集在电收尘器内。这种流程的优点在于风量使用较少,因此风嘴的风速较低。

5）圆柱辊-平盘式

圆柱辊-平盘式辊磨机又称为 ATOX 磨，其外形结构如图 3.2.2-8 所示。

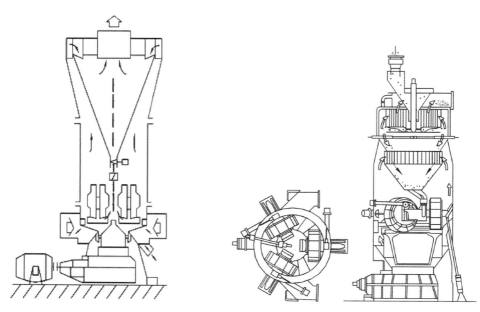

图 3.2.2-7　伯力鸠斯辊磨机　　　　　图 3.2.2-8　ATOX 水泥辊磨机

ATOX 磨的磨辊是圆柱形，磨盘是平面形，结构简单，衬板易于分段组合，可用于粉磨煤、水泥生料和熟料。为了降低风机能耗，磨机内的气流速度较低，最大为 10 m/s。由于穿过喷嘴环的风速较低，使大量的粗物料要通过喷嘴环落下，所以应设置一台提升机，把这些物料返回磨机再进行粉磨。

ATOX 磨可在很宽的范围内调节产品细度，它的分离器由主转子和副转子组成，主转子为无级变速，副转子可把大颗粒先分离出来。

6）球-环式

这种形式的辊磨机称为 E 型磨机，其外形结构如图 3.2.2-9 所示。

这种磨多用于煤粉制备，主要由粉磨室、分离器和传动机构组成。粉磨室由研磨环构成，下环回转，上环固定。用可调弹簧、液压装置或液压、气动装置压于上环，使之互相紧密地顶着磨球，像巨型止推滚珠轴承那样，球在上下环之间滚动。喂料机从上部通过分离器，或从侧边通过磨机壳体将入磨物料喂入粉磨室，然后靠离心力将物料甩到球下。磨后的产品从粉磨装置的周边排出，被上升的气流带入分离器。分离后的粗料返回粉磨室，而细粉则随气流排出磨外。该磨配置 10～12 个高耐磨铸钢制成的空心球，按磨机规格的不同，球径最大达 500 mm。

3.2.3　辊磨机主要参数的确定

1. 钳角 α

为计算简便，假设被破碎物料块是球形的，物料本身的重力与破碎力相比可略去不计，由于磨盘上的风力对料层的影响较小，因此磨盘上的风力也可略去不计。

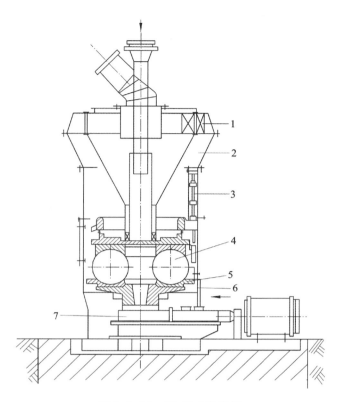

图 3.2.2-9 球-环式辊磨机

1—控制挡板;2—分离器;3—盘式给料机;4—研磨球;5—下磨环;6—热气流进口;7—磨机传动机构

从物料块与磨辊及磨盘的接触点引切线,两条切线的夹角称为钳角 α,如图 3.2.3-1 所示。要把直径为 d 的物料块拖到磨辊下面,同时把它压碎,若钳角 α 太大,就不能达到此目的。

物料与磨辊的接触点产生正压力 P,P 与垂线成 β 角。在 E-E 方向上的力平衡是保证钳住物料的基本条件,即

$$fP\cos\alpha + fP_1\cos\frac{\alpha}{2} \geqslant P\sin\frac{\alpha}{2} + P_1\sin\frac{\alpha}{2}$$

$$(3\text{-}49)$$

式中:f——钢在物料上的摩擦系数,$f \approx 0.24$;

α——引 A、B 两点的切线所夹的角,即钳角;

P——磨辊作用在物料上的力;

P_1——磨盘作用在物料上的反作用力。

解不等式(3-49),可得对于平盘式辊磨机的钳角为

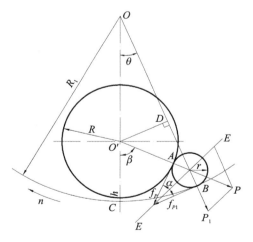

图 3.2.3-1 辊磨机的钳角

$$\alpha \leqslant 2\varphi = 27°$$

式中：φ——摩擦角，$f = \tan\varphi$。

实际采用的钳角应小于 $27°$。对于粗块的最大允许钳角为 $16°40'$，在粉磨水泥生料时，钳角应为 $8°\sim10°$。

2. 磨辊直径 D 与物料粒径 d 的比例

由图 3.2.3-1 的几何关系可知

$$OB = r + (R + r)\cos(\beta - \theta) + (OC - h - R)\cos\theta \tag{3-50}$$

式中：R——磨辊半径，m；

　　　r——物料半径，m；

　　　h——磨盘与磨辊之间的间隙，设 $h = kR$，其中系数 $k = 0\sim0.06$。

经演算化简得

$$d/D = 0.0576 \sim 0.061 \tag{3-51}$$

此比值说明了物料粒径 d 与磨辊直径 D 的关系：磨辊直径大，入料粒径也可相应增大。若比值等于或超过式（3-51）中的值，则辊磨机的平稳性就差，振动和噪声也会相应增加，一般取 $d \leqslant 0.05D$。

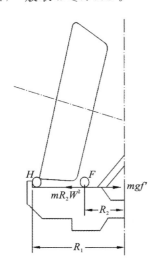

图 3.2.3-2　物料受力平衡图

3. 磨盘转速

为了保证物料能很好地进入磨辊下面，当磨辊在平盘上转动时，必须使靠近磨辊内侧 F 点处的物料所受的离心力和摩擦力相平衡，如图 3.2.3-2 所示。

$$mR_2\omega^2 = mgf' \tag{3-52}$$

式中：m——物料的质量，kg；

　　　f'——物料的摩擦系数，$f' \approx 1$；

　　　ω——角速度，s^{-1}。

物料在 H 点的速度为　　　$V_H^2 = 2a_Hs \tag{3-53}$

式中：V_H——H 点的速度，$V_H = \omega R_1$，m/s；

　　　a_H——H 点的加速度，m/s²；

　　　s——物料走过的路程，$s = R_1 - R_2$，m。

物料在 H 点的受力状态为

$$mR_1\omega^2 - mgf' = ma_H \tag{3-54}$$

$$R_1\omega^2 - gf' = a_H \tag{3-55}$$

经运算化简求得磨盘的理论转速公式为

$$n = \frac{55}{\sqrt{R_1}} \; (\text{r/min}) \tag{3-56}$$

磨盘的实际转速 n' 应引进一个速度修正系数 q，具体数值可查阅相关技术手册。

$$n' = \frac{55q}{\sqrt{R_1}} \; (\text{r/min}) \tag{3-57}$$

以其直径 D_1 代替 R_1 得

$$n' = \frac{78q}{\sqrt{D_1}} \; (\text{r/min}) \tag{3-58}$$

4. 辊磨机的功率

辊磨机的功率主要消耗在克服磨辊与物料间的滑动和滚动,以及机械传动摩擦上。平盘式的辊磨机所需功率可简化得

$$N \approx 9.2 \times 10^{-5} VPZ \text{(kW)} \tag{3-59}$$

式中:V——磨盘的圆周速度,m/s;

　P——磨辊对料层的作用力(包括磨辊本身的重力),N;

　Z——磨辊个数。

5. 辊磨机的产量

平盘辊磨机的产量与从磨辊下通过的物料层厚度、磨辊压入物料的速度、磨辊母线的长度和磨辊个数成正比,与物料的循环次数成反比。

$$Q = 3600\gamma L_2 hZ / K' \text{(t/h)} \tag{3-60}$$

式中:γ——水泥生料的容积密度,$\gamma = 1.45 \text{ t/m}^3$;

　V——磨辊母线长度中点处的线速度,m/s;

　L_2——磨辊母线的长度,m;

　h——物料层的厚度,m;

　Z——磨辊个数;

　K'——物料在磨内的循环次数,与物料的易磨性有很大关系,一般 $K' \approx 30$。

3.3　辊　压　机

3.3.1　辊压机的用途和工作原理

辊压机,又名挤压磨、辊压磨,是 20 世纪 80 年代中期发展起来的新型水泥节能粉磨设备,具有替代能耗高、效率低的球磨机预粉磨系统,并有降低钢材消耗及噪声的功能。

辊压机是一种粉磨脆性物料的设备,适用于粉磨水泥熟料、粒状高炉矿渣、水泥原料(石灰石、砂岩、叶岩等)、石膏、煤、石英砂、铁矿石等物质。

辊压机主要由两个速度相同、相对转动的辊子组成。其工作原理如图 3.3.1-1 所示,物料从辊子上部喂料口卸下,进入辊间的缝隙内。

物料在 $50 \sim 300$ MPa 的高压研磨力作用下,床层受到挤压,受压物料变成密实且充满裂缝的扁平料片,称为料饼。这些料片的机械强度很低,手捻即碎,含有大量的细粉,其中小于 $90 \ \mu\text{m}$ 的成品细小颗粒占 $20\% \sim 30\%$,在挤压过的料片中小于 2 mm 的物料颗粒占 $70\% \sim 80\%$,而且物料还有许多微裂缝。

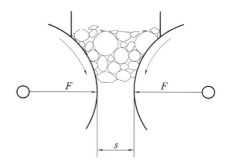

图 3.3.1-1　辊压机的压力粉碎

尽管辊压机的辊压方式与辊式破碎机相似,但其根本区别在于前者辊子间的压力远大于后者,因此,经辊压机处理过的物料所含有的细粉量远多于辊式破碎机处理过的

物料。

辊压机与球磨机相比有如下特点：

（1）粉磨效率高,增产节能。

在球磨机中物料受到的力是压力和剪力,是两种力的综合效应。在辊压机中,物料基本上只受压力。试验表明,在颗粒物料的破碎过程中,如果只施加纯粹的压力所产生的应变相当于剪力所产生的应变的 5 倍。

（2）降低钢铁消耗。

粉磨水泥时,球磨机单产磨耗为 $300\sim1000$ g/t,采用辊压机的粉磨系统,单产磨耗为 0.5 g/t,所以它可以满足粉磨白水泥的要求。

（3）噪声低。

球磨机的噪声在 110 dB 以上,而辊压机的噪声约为 80 dB。

（4）体形小,质量轻,占地面积小,安装容易,甚至可以整体安装。

（5）由于辊压机的辊子作用力大,辊压机还存在辊面材料脱落及过度磨损的情况,轴承容易损坏,减速器齿轮过早溃裂等设备问题。

（6）对工艺操作过程要求严格。

如果要求喂料粒柱密实、充盈,并保持一定的喂料压力,回料量控制要适当,否则它的优越性就难以发挥。

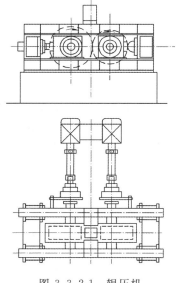

图 3.3.2-1　辊压机

3.3.2　辊压机的构造及主要零部件

辊压机主要由两个辊子和一套产生高压的液压系统构成,如图 3.3.2-1 所示。

在辊压机的工作过程中,两个辊子必须保持平行,以便使物料均匀受压,这对保证辊压机的正常作业十分重要。

在辊轴两端装有调心滚动轴承。一个辊子用螺栓固定在机架上,另一个辊子的轴承装在滑块上,以便按喂料量和物料性质随时调节辊子间的间隙。粉磨压力由液压系统通过滑块施加给活动辊。在液压系统中,有压力缓冲保护装置,若喂料中混有铁块等硬物时,可以使活动辊瞬时退回原来的位置,这时两辊的间隙加大,可放走铁件,保护设备不受损伤。辊子间隙靠位移传感器检测控制。辊轴串水冷却,采用电控集中润滑。

1. 挤压辊

挤压辊是辊压机中的主要部件之一。它有两种结构形式,即镶套压辊和整体压辊。如果物料较软,可以采用带楔形连接的镶套式挤压辊,如图 3.3.2-2(a)所示。上半部分表示辊芯与轴为整体,下半部分表示多加了一个实心辊芯,与轴热装。它不能承受高压力,故在水泥行业很少采用。

轴与辊芯为整体,表面堆焊耐磨层,如图 3.3.2-2(b)所示。此种结构可承受较高压力,焊后表面不加工,硬度可达 HRC 52～55。经磨损后的耐磨层,可以多次堆焊,为此随设备一起专门配备堆焊用的电焊机,供修复辊面时使用。

热装结构可将轴和辊套热压配合,如图 3.3.2-2(c)所示。

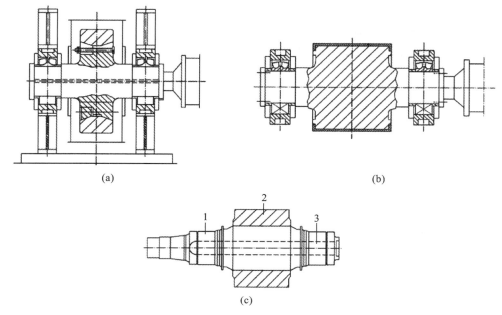

图 3.3.2-2　挤压辊的不同构造
（a）镶套式挤压辊;（b）整体锻造表层堆焊式挤压辊;（c）热装式挤压辊;
1—轴;2—辊套;3—冷却水孔道

2. 挤压辊的辊面形式

目前有光滑辊面和沟槽辊面两种。光滑辊面在制造或维修方面的成本都比较低,辊面一旦腐蚀也容易修复。光面辊在工作中存在的主要问题是:当喂料不稳定时,出料流量也随之波动,容易引起压辊负荷波动超限,产生振动和冲击,进而影响辊压机的安全稳定运转;光滑辊面咬合角小,挤压后的料饼较薄,与相同规格的辊压机相比,其产量较低。

为克服上述缺点,辊面多采用沟槽辊面,辊面结构形式均通过堆焊来实现,如图 3.3.2-3所示。

德国开发了一种耐磨扇形块组合式挤压辊,如图 3.3.2-4 所示。组成挤压辊的这些扇形块是被卡紧到辊体上的,而不是用螺钉或热压固联到辊体上的。运转中,在扇形块上产生的倾翻力矩仅由这种卡紧结构就可克服。采用这种结构形式,400 mm 高的扇形块所允许的磨损厚度可达 60～120 mm。扇形块可为冷硬铸造材料制成的耐磨件。它们较整体式磨辊或辊套更容易铸造。此外,可在不加任何预应力的情况下,将扇形块安装到辊体上。当在单块扇形块的辊面上堆焊出一定形式的凸纹时,这种组合式挤压辊的使用寿命可达 20000 h。

这种新型结构的优点是可直接在辊压机现场对损坏的辊面进行修理、对磨损的扇形块进行更换。

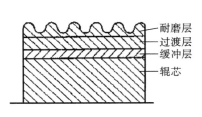

耐磨层
过渡层
缓冲层
辊芯

图 3.3.2-3　沟槽辊面

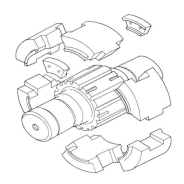

图 3.3.2-4　扇形块组合式挤压辊的结构

3. 机架

辊压机的机架结构如图 3.3.2-5 所示,它包括上机架(仅采用一块厚钢板)、下机架、端部件等结构件。这些结构件用螺栓相互连接,构成轴承箱的刚性框架体,因此,传载均衡,结构合理。辊子间的强大作用力由连接面的剪切销钉 2 承受。连接螺栓只受拉力,不承受剪力。固定辊的轴承座与机架端部件之间衬有橡胶支承板,起缓冲减震作用。

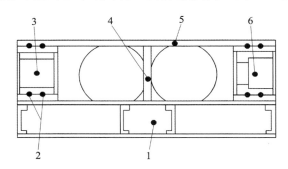

图 3.3.2-5　辊压机架结构示例
1—下机架;2—销钉;3—端部件(固定磨辊);4—中间件;5—上机架;6—端部件(可动磨辊)

4. 挤压辊的支承

磨辊轴支承在特殊结构的重型双列自动调心滚子轴承(也有的辊压机其挤压辊轴采用多列圆柱滚子轴承与推力轴承相结合的支承结构)上。一个挤压辊的两个轴承分别装入用优质合金钢铸成的轴承箱内,作为固定轴承(即轴承在其轴承箱内不可轴向移动),如图 3.3.2-6 所示。

由于温度变化引起的挤压辊轴长度变化,是通过轴承箱在框架内的移动得以补偿。为了减小滑动摩擦,在机架导轨面上固结有聚四氟乙烯面层。在轴承设计时,辊子轴向力按总压力的 4% 考虑,并允许一侧的轴承箱留有轴向移动量。通过这些措施确保了轴承箱的精确导向。

5. 辊端挡板

辊压机对物料的挤压属高压,在挤压辊的两端或两侧辊隙处的物料极易被挤出,这部分物料没有受到全部挤压,因此产生的大颗粒较多,影响辊压机的粉磨效率,尤其对窄辊辊压机的影响更严重。需采用辊端挡板的方法加以解决。辊端挡板与辊端的距离过小,

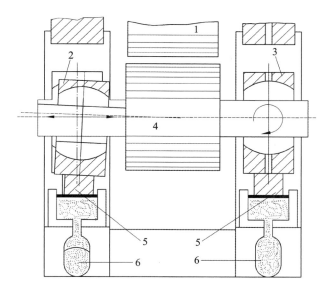

图 3.3.2-6　支承在自动调心滚子轴承上的可动磨辊（当其一端受载时的活动情况）
1—固定磨辊；2—滚动支承；3—固定支承；4—可动磨辊；5—液压缸；6—蓄能器

堵料效果好，但当挤压辊偏斜时，容易碰撞，加剧磨损。若与辊端距离过大，起不到堵料的作用。因此，采用可以调节的弹簧支撑结构，如图 3.3.2-7 所示。辊端挡板 1 与挤压辊端部的间隙可借助丝杠 2 进行调整，在运转时遇有挤压辊偏斜或硬物质进入，可借助弹簧 3 回缩，避免损坏。它可以保持挡板与辊端的合适间隙，而且便于检修更换。

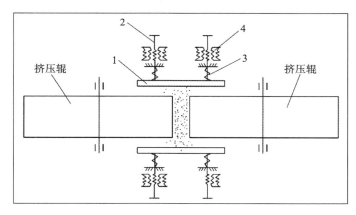

图 3.3.2-7　$\phi 1000$ mm×300 mm 辊压机的辊端挡板结构示意图
1—辊端挡板；2—丝杠；3—弹簧；4—固定丝母

6. 传动装置

两挤压辊是分别由电动机经多级行星齿轮减速机带动的，两端采用端面键（扁销键）连接。有的电动机与减速机间的转矩是经万向轴来传递的。在这种情况下，为了防止传动系统过载，特装有安全联轴器。在驱动功率较小的装置中，成功地采用了三角带传动。只要没有特殊要求，辊压机就可采用鼠笼式电动机，作恒转速驱动，如图 3.3.2-8（a）所示。

另一传动方案是两挤压辊由一台电动机经一双路圆柱齿轮减速机及中间轴和圆弧齿轮联轴器驱动,如图 3.3.2-8(b)所示。

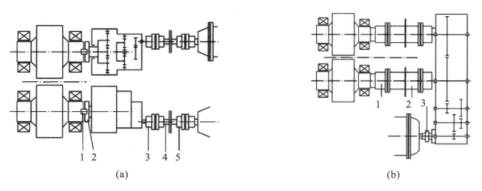

(a)　　　　　　　　　　　　　　　　　　　(b)

图 3.3.2-8　辊压机的两种传动方案

1—端面键;2—带法兰的轴;3—安全联轴器;4—万向轴;5—法兰联轴器

3.3.3　辊压机的主要参数确定

1. 辊径 D 和辊宽 B 及最小辊隙 S_{min} 的确定

在设计和使用上,辊径有两种方案:一为大辊径;二为小辊径。辊径 D 有如下简化计算式:

$$D = K d_{max} \text{(mm)} \tag{3-61}$$

式中:K——系数,由统计资料而得,$K = 10 \sim 24$;

　　　d_{max}——喂料最大粒度,mm。

采用大辊径有如下优点:

(1) 大块物料容易咬入,向上反弹的情况少。

(2) 由点载荷、线载荷、径向挤压三者所组成的压力区高度较大,物料受压过程较长。

(3) 辊子直径大、惯性大、运转平稳。

(4) 辊径大,则轴承大,轴承及机架受力情况较好,且有足够的空间便于轴承的安装与维修。

(5) 辊面寿命相对延长。

辊径大的缺点是质量和体积较大,整机质量比小辊径方案重 15% 左右。

辊宽 B 的设计也有两种方案:一为宽辊;二为窄辊。辊宽 B 有如下简化计算式:

$$B = K_B D \text{(mm)} \tag{3-62}$$

式中:K_B——辊宽系数,$K_B = 0.2 \sim 1.2$;

　　　D——辊径,mm。

宽辊相应的辊径要小,窄辊相应的辊径要大。宽辊具有边缘效应小、质量轻、体积小等优点。但对喂料程度的反应较敏感,出料粒度组成及运转平稳性略差。

辊压机两辊之间的间隙称为辊隙,在两辊中心联机上的辊隙,称为最小辊隙,用 S_{min} 表示。

根据辊压机的具体工作情况和物料性质的不同,在生产调试时,应将辊隙调整到合适的

尺寸。在喂料情况变化时,更应及时调整辊隙。在设计时,最小辊隙 S_{min} 可按下式确定:

$$S_{min} = K_S D \text{ (mm)} \tag{3-63}$$

式中:K_S——最小辊隙系数,因物料不同而异,水泥熟料取 $K_S = 0.016\sim0.024$,水泥原料取 $K_S = 0.020\sim0.030$;

D——挤压辊外直径,mm。

2. 工作压力

水泥工业用辊压机,对于作为水泥原料的石灰石和熟料,平均单位压力控制在 $140\sim180$ MPa 之间比较经济,设计最大工作压力宜取 200 MPa。这个压力值又直接控制着辊子的工作间隙和物料受压过程的压实度。为了更精确地表示辊压机的压力,用辊子的单位长度粉磨力(即线压力)F_m(kN/cm)来表示,一般为 $80\sim100$ kN/cm。

3. 辊速

辊压机的辊速有两种表示方法:一种是以辊子圆周线速度 V 表示,另一种是以辊子转速表示。

辊子的圆周线速度与产量、功率消耗和运行的平稳性有关。辊速高,产量也大,但过高的转速使得辊子与物料之间的相对滑动增大,咬合不良,使辊子表面磨损加剧,对辊压机的产量产生不利影响。

目前,一般辊速为 $1\sim1.75$ m/s,也有人提出,为了保证合理的轴承使用寿命,辊速不允许超过 1.5 m/s。转速的确定公式如下:

$$n \leqslant \sqrt{\frac{K}{D}} \text{ (r/min)} \tag{3-64}$$

式中:K——系数,不同物料取不同系数,对回转窑熟料,$K = 660$;

D——辊子外径,m。

4. 生产能力 Q

辊压机生产能力 Q 的计算公式如下:

$$Q = 3600BS_{min}V\gamma \text{ (t/h)} \tag{3-65}$$

式中:B——辊子宽度,m;

S_{min}——最小辊隙,m;

V——辊子圆周线速度,m/s;

γ——辊压机产品(料饼)的密度,t/m³,由实验得出,生料 $\gamma = 2.3$ t/m³,熟料 $\gamma = 2.5$ t/m³。

5. 传动功率 N

$$N = \mu FV \text{ (kW)} \tag{3-66}$$

式中:μ——辊子的动摩擦系数,由实验得出,水泥熟料 $\mu = 0.05\sim0.1$;

F——辊子粉磨力,kN;

V——辊子圆周线速度,m/s。

由于式(3-66)中的 μ 难以精确确定,因而误差较大,仅作参考。辊压机的装机功率可用经验值来确定,表 3.3.3-1 所示为辊压机的单位产量电耗。

表 3.3.3-1　辊压机的单位产量电耗(kW·h/t)

被粉碎物料	需用电耗	装机电耗
熟　料	3.5	4.0
矿　渣	6.0	8.0
石灰石	3.0	3.5

3.4　卧辊磨

随着现代科技的快速发展,水泥行业的相关技术也被迫跟上脚步,实现了许多跨越式的进步。自从 20 世纪 80 年代以来,由于传统粉碎工艺的诸多弊端日渐凸显,各种新型粉碎技术应运而生。

1993 年 9 月,德国水泥协会第四届国际水泥工艺研讨会在杜塞尔多夫召开,法国 FCB 公司和意大利 Buuzi 水泥公司联合研发的新型挤压粉碎设备——HOROMILL,即卧辊磨首次亮相。墨西哥 MOCTEZUMA 水泥厂的生产数据显示,该厂自从使用 FCB 公司开发的 ϕ3800 型卧辊磨以来,系统生产能力达到 108 t/d,水泥产品比表面积达到 4200 cm^2/g,而电耗仅为 17 kW·h/t,这是当前所有类型粉碎系统无可比拟的。

3.4.1　组成结构及其工作原理

卧辊磨主要由筒体系统、压辊系统、传动装置、刮刀及导料装置、液压系统等部分组成,如图 3.4.1-1 所示,其外形如图 3.4.1-2 所示。

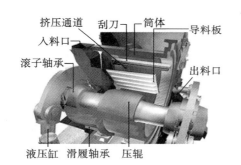

图 3.4.1-1　卧辊磨组成结构图

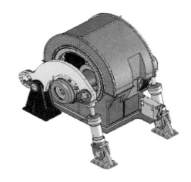

图 3.4.1-2　卧辊磨外形图

筒体系统主要由筒体、衬板、大齿轮等组成。大齿轮位于筒体边缘,由传动系统直接提供动力,使筒体以高于临界转速的速度转动。粉碎物料在挤压通道内堆积形成挤压料床,并借助筒体转动在离心力作用下紧贴于衬板沿筒壁转动。

压辊系统主要由压板、上下支架、液压缸等组成,负责对物料施加挤压作用。压辊与筒体之间的空隙构成挤压通道,液压系统上的压力经压杆后由压辊施加于物料,筒体与物料、物料与压辊之间的滑动摩擦使得压辊的回转方向与筒体相同。

传动装置主要由电动机、联轴器、减速机等组成。电动机的驱动力经由减速机、传动装置后传递到筒体边缘的大齿轮上,进而带动筒体转动。

刮刀及导料装置主要由刮刀、导料槽、导板等组成。当物料跟随筒体衬板旋转至刮料装置处时,刮料装置便会将其刮落,使其重新回到物料进给装置上,接着导板将物料再次导引至挤压通道内,完成下一步挤压粉碎作业。

液压系统主要由油箱、油泵、油路控制阀组等组成,是挤压粉碎作业的动力来源。

卧辊磨的工作原理如图 3.4.1-3 所示,粉碎物料从入料口进入挤压通道内,筒体以高于临界转速的速度回转,压辊与筒体轴线以一定角度安装,其回转方向与筒体相同。

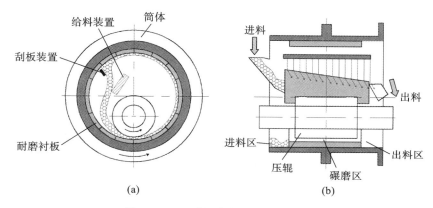

图 3.4.1-3　卧辊磨粉碎过程示意图

物料受到来自液压系统的挤压作用力,由于物料与筒体、物料与压辊之间的摩擦力以及离心力作用,使得物料均匀分布在筒体衬板上;挤压通道内的物料完成一次挤压粉碎作业后,依靠筒体回转引起的离心力紧贴在筒体衬板表面;当筒体继续回转时,物料也由筒体底部被带到筒体上部,此时安装于上部的刮料装置将物料刮落;被刮落的物料落在以一定倾角安装的导料装置上,引导物料向筒体轴向移动,进入下一次挤压粉碎作业;经过多次循环挤压粉碎后的物料最后从出料口排出磨机。

3.4.2　性能特点

1. 挤压通道形式

如图 3.4.2-1(a)、(b)、(c)所示,分别为立磨、辊压机、卧辊磨的挤压通道形式。三种料层挤压粉碎机械的挤压通道形式大相径庭,其中卧辊磨的挤压通道为内环面＋柱面,拥有最小的挤压通道收缩率,因此具有以下优点:

(1) 料层挤压区域较宽,压力分布较均匀;

(2) 挤压通道内物料流稳定,因此引起的振动较弱;

(3) 筒体转速高于其临界转速,改善了轴承使用工况。

2. 大压力角

一般而言,立磨和辊压机的压力角分别为 6° 和 12°,而卧辊磨的压力角往往大于 18°,拥有较大的压力角。同时,由于粉碎料层厚度正比于压力角,因此三种料层挤压设备中卧辊磨的料床厚度最大。

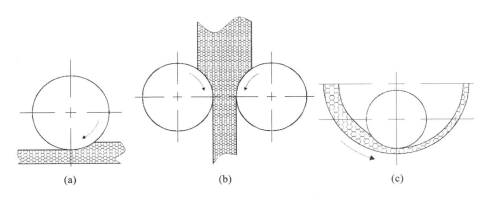

图 3.4.2-1　三种磨机的挤压通道形式
(a) 立磨:平面＋柱面;(b) 辊压机:柱面＋柱面;(c) 卧辊磨:内环面＋柱面

3. 中压操作

立磨的碾磨比压为 $600\sim800$ kN/m²,无法胜任粉碎钢渣的任务,因而粉碎效果不佳。

辊压机的碾磨比压为 $7000\sim10000$ kN/m²,属高压操作,因而对衬板等耐磨件的设计要求较高,且难以保证使用寿命,同时会引起较强的振动。另外,需要增加一台打碎机处理因高压而形成的料饼,从而增加了成本,影响了粉碎效率和节能效果。

卧辊磨的工作压力一般介于立磨与辊压机之间,属中压操作,因此能够胜任绝大多数的粉碎任务,且工艺系统设计灵活。

4. 高转速

立磨磨盘在转速过高时会引起过大的离心力,使得物料尚未完成粉碎作业便离开了有效粉碎区域;辊压机由于本身设备振动较强,无法设计高转速。因此,立磨、辊压机均难以实现高转速运行。

理论上,卧辊磨不存在最高转速限制,但为了保证物料得以实现最佳粉碎效果,筒体转速不应低于 1.2 倍的临界转速。

5. 物料滑动及多次挤压

立磨中的物料受到滑动摩擦力以及离心力的作用,会产生轴向相对滑动,同时也会沿径向向磨盘外飞撒,从而导致磨辊与磨盘边缘的料层接触不均匀,粉碎效果不佳。

辊压机由于咬入角较小以及两辊间隙狭小,在出料口会产生较大的物料滑动,导致衬板磨耗增高。由于卧辊磨的压力角较大,压辊和筒体的线速度一般视为一致,滑动摩擦可忽略。

另外,卧辊磨中的物料在导料装置和刮板装置的共同作用下,可完成多次循环挤压粉碎作业,以达到合理的产品细度。

近年来,卧辊磨综合了球磨机、高压辊磨机和立磨机的技术优势,使得卧辊磨在国内得到了快速发展和广泛使用。在生态环境日益恶化的背景下,卧辊磨凭借着能耗低和可靠性高等技术优点,有着不可估量的应用推广价值。

3.4.3　结构及工作参数

卧辊磨的结构参数主要有啮入角、入料粒度、压力角、筒体直径、压辊直径及料层厚度等。简化卧辊磨物理模型,建立如图 3.4.3-1 所示的数学模型。

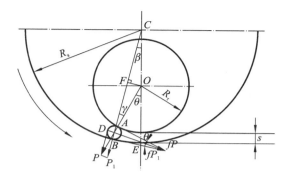

图 3.4.3-1　卧辊磨数学模型

1. 啮入角 α

假设物料为球形,为把物料送入挤压通道并保证不会发生相对滑动,实现挤压粉碎,需满足

$$fP\cos\frac{\alpha}{2} + fP_1\cos\frac{\alpha}{2} \geqslant P\sin\frac{\alpha}{2} + P_1\sin\frac{\alpha}{2} \tag{3-67}$$

式中:f——物料与压辊、物料与筒体之间的摩擦系数;

P、P_1——物料与压辊、筒体接触时产生的正压力。

因垂直方向上的静摩擦力合力为 0,则

$$fP\sin\frac{\alpha}{2} + P\cos\frac{\alpha}{2} = fP_1\sin\frac{\alpha}{2} + P_1\cos\frac{\alpha}{2} \tag{3-68}$$

联立式(3-67)、式(3-68)整理得

$$\alpha \leqslant 2\arctan f \tag{3-69}$$

通常,大啮入角不仅有助于粉碎大粒径物料颗粒,还能在一定程度上减少磨耗。$\arctan f$ 为物料与压辊、筒体之间的摩擦角,因此啮入角应小于 2 倍的摩擦角。

2. 压力角 θ

根据挤压通道的数学模型分析可得

$$\theta = \alpha + \beta \tag{3-70}$$

一般取 $\theta=18°$、$24°$、$30°$。

3. 物料平均粒度 d

按照图 3.4.3-1 所示的数学模型,在 $\triangle OCD$ 中应用正弦定理分析得

$$\frac{OD}{\sin\beta} = \frac{CD}{\sin(180-\theta)} \tag{3-71}$$

即

$$\frac{R_r + d}{\sin\beta} = \frac{R_s - d}{\sin(180-\theta)} \tag{3-72}$$

整理得

$$d = \frac{R_s\sin\beta - R_r\sin\theta}{\sin\theta + \sin\beta} \tag{3-73}$$

式中:d——物料平均粒径;

$\quad R_s$——筒体半径;

$\quad R_r$——压辊半径。

4. 物料平均粒径与压辊半径比 t

根据所建立的数学模型,得

$$CD = CF + FD = CO\cos\beta + DO\cos\gamma \tag{3-74}$$

$$CD = BC - d = (BC - R_r - s)\cos\beta + (R_r + d)\cos\gamma \tag{3-75}$$

式中:s——挤压通道内料层厚度,且 $s = nR_r = 0.02R_r \sim 0.06R_r$

在 $\triangle OCD$ 中,由正弦定理分析得

$$\frac{(BC - R_r - s)}{\sin\gamma} = \frac{(R_r + d)}{\sin\beta} \tag{3-76}$$

即

$$BC - R_r - s = \frac{\sin\gamma(R_r + d)}{\sin\beta} \tag{3-77}$$

联立式(3-75)、式(3-77)得

$$R_r + nR_r - d = (R_r + d)\left[\cos\gamma + \sin\gamma\left(\cot\beta - \frac{1}{\sin\beta}\right)\right] \tag{3-78}$$

物料平均粒径与压辊半径比为

$$t = \frac{d}{R_r} = \frac{1 + n - \varepsilon}{1 + \varepsilon} \tag{3-79}$$

式中:$\varepsilon = \cos\gamma + \sin\gamma\left(\cot\beta - \frac{1}{\sin\beta}\right)$,其他参数定义同上。

5. 压辊和筒体半径比 k

在 $\triangle OCD$ 中,正弦定理分析得

$$\frac{R_s - R_r - s}{\sin(\theta - \beta)} = \frac{R_r + d}{\sin\beta} = \frac{R_s - d}{\sin(180° - \theta)} \tag{3-80}$$

$$\begin{cases} k = 1 + \dfrac{s}{R_r} + (1 + t)\dfrac{\sin(\theta - \beta)}{\sin\beta} \\ k = t + (1 + t)\dfrac{\sin(\theta - \beta)}{\sin\beta} \end{cases} \tag{3-81}$$

式中:$k = \dfrac{R_s}{R_r}$,其他参数定义同上。

联立式(3-80)、式(3-81)得

$$k = \frac{1 + n - \varepsilon}{1 + \varepsilon} + \left(\frac{2 + n}{1 + \varepsilon}\right)\frac{\sin(\theta - \beta)}{\sin\beta} \tag{3-82}$$

挤压通道内料层最小厚度为

$$s = R_r\left[k - 1 - \frac{(1 + t)\sin(\theta - \beta)}{\sin\beta}\right] \tag{3-83}$$

6. 筒体临界转速

在满足产品细度要求的前提下达到磨机的理想产量,既是卧辊磨研究设计工作的起点,也是最终目的所在。一般而言,设计筒体转速应不低于 1.2 倍(常取 1.6 倍)临界转

速,以保证在挤压通道内形成稳定的料层特征,即

$$\omega_s = 1.6\omega_0 \tag{3-84}$$

式中:w_0——筒体临界转速,且 $\omega_0 = \sqrt{\dfrac{2g}{D_s}}$。

出料端作为卧辊磨产量的计算区域,其计算公式为

$$T = K\frac{3600L_r sv\gamma_0}{\lambda} = K\frac{7200\pi mL_r sD_s^2\gamma_0}{\lambda} \tag{3-85}$$

式中:L_r——压辊工作的有效宽度;

$\quad v$——入口物料速度,且 $v = \omega \cdot D_s = 2\pi nD_s$;

$\quad m$——循环挤压次数;

$\quad \gamma_0$——物料比重;

$\quad w_s$——筒体角速度;

$\quad \lambda$——筒体循环的负荷率;

$\quad k$——补偿系数。

该式表征了卧辊磨产量 T 与筒体角速度 w_s、压辊工作有效宽度 L_r 之间的函数关系。

3.5　三种料床粉磨技术的比较

单颗粒破碎是外力直接作用于单一颗粒层,形成破坏应力而粉碎,而料床粉磨是区别于单颗粒破碎而言的。料床粉磨是被碎颗粒聚合在一起,在高压下形成料床,各个颗粒均被邻近颗粒所限,外力直接接触颗粒的数量很少,应力的传递主要靠颗粒本身,颗粒相互作用产生裂纹、断裂、劈开而粉碎。

广义上来说,粉磨作业均属料床粉磨,但是传统的球磨机因其四周不限,无法形成稳定的料床,所以一般把它排除在外。当前典型的料床粉磨设备为辊磨机、辊压机和卧辊磨。

辊磨机是通过相对运动的磨辊、磨盘碾磨装置来粉磨物料的机械。物料经过其下料溜子、锁风阀门进入磨内后堆积于磨盘中间。由于磨盘的旋转带动磨轮转动。物料靠离心力的作用向磨盘边缘移动,并被啮入磨轮底部折碎,进一步被推向外缘,然后越过挡料圈落入风环,被高速气流带起,大颗粒物料落回磨盘,小颗粒物料被气流带入上部选粉机进行分选。粗粉返回磨盘被碾为细粉后随气流带出机外被收集。

磨辊通过不同的方式进行施压以满足粉碎的需要。不同的磨盘和磨辊的相互组合就构成了不同形式的辊磨机。

辊压机是由两个相向慢速运动的压轮所组成,一个固定,另一个可水平滑动。物料经辊压机上部连续地喂入并通过双辊之间的间隙,通过液压装置给活动辊施压,物料受压而粉碎,并被压成料饼下落至机外。

在辊压机上部,物料首先进行类似于辊式破碎机的单颗粒破碎,物料向下运动,间隙减少、料层密集,进入料床粉磨。粉碎作用决定于粒间的压力。

辊压机区别于辊式破碎机的特征是高压、慢速、满料。

卧辊磨是圆柱形筒体与内装的圆柱压辊相结合的机械。由液压缸将离心力传递到压

辊上。圆柱筒回转带动压辊旋转。物料由筒的一端喂入,由于离心力斗和内部装置的导引作用,连续并多次通过筒轮间隙粉磨。出筒物料被提升到选粉机分选,然后粗粉返回再压。

三种不同料床粉磨设备的特性对比如表 3.5-1 所示。

表 3.5-1 料床粉磨特征

粉磨设备		辊压机	卧辊磨	辊磨机
粉碎机理	施力体形状	圆柱-圆柱	圆筒-圆柱	圆柱-平板
	料床特征	侧面四周受限	侧面基本受限	侧面自由
	粉碎级别	一次通过	多次辊压	大量重复辊压
工艺参数	啮入角/(°)	6	18	12
	投影辊压(kN/m²)	5000～10000	1500～3500	400～1500
	线速度/(m/s)	1.0～1.8	3.7～7.5	3.0～7.5

(1)施力体形状将影响料床内部应力的传递和应力强度的分布,从而使能量利用率不同。

据试验证明,辊磨机的板-柱结合较之辊压机的柱-柱结合能量利用率为高,预计卧辊磨的筒-柱结合能量利用率将会更好。

(2)料床特征关系到料床的稳定性和能量的吸收,试验证明全面受限的料床随供能水平的增加,能量利用率保持不变,而部分受限的料床能量利用率则会降低。由此可知,从能量利用率而言,辊压机优于辊磨机,卧辊磨则介于其中,因此辊压机更适于供能水平高的粉磨。

(3)物料粉碎采用小破碎比分段逐级完成,亦比大破碎比一次完成更为节能。就此而言,能量利用率的排序为:辊磨机优于卧辊磨优于辊压机。

(4)啮入角与料床厚度和允许的进料粒度有关。据计算,辊压机的料床厚度和进料粒度分别为辊柱的 2% 和 3%。

相应的辊磨机和卧辊磨的料床厚度和进料粒度将比辊压机的大 2 倍和 3 倍,原则上与啮入角的倍数相同。料床厚度大,有利于生产能力;进料粒度大,便于工艺过程的处理。

(5)料床粉磨是借助施压而粉碎的,随着压力的增加,产品粒度变小,但达到临界值后不再变化。辊压机压力最大,一次压出的产品粒度小,通过外部选粉机达到最终成品检度的总循环次数少。辊磨机压力小,总循环次数更多。卧辊磨则在两者之间。辊压低,一次辊压需要能量小,但多次辊压又使粉碎能力倍增,因此探求合理的辊压以及有效的分选和循环方式是进一步节能的关键。

(6)辊压机的速度不随辊径而变,基本上保持常数,绝对值也小。而辊磨机、卧辊磨的速度随盘径和筒径的 0.5 次方而增加,绝对值也大。这说明其粉碎能力的增加更快,更便于设备的大型化。

总的来说,三种料床粉磨设备各有优缺点,粉碎机理略有差别,但没有本质的不同。实践证明,它们均能适应水泥工业终粉磨的需求。

粉磨设备是粉磨系统中的关键设备,但也必须和其他设备一起才能完成粉磨作业,而且不同物料的粉磨工艺需求不同,必须从整个工艺系统来评述。

以上三种料床粉磨设备均可组成预粉磨、联合粉磨、终粉磨的流程。其中,料床粉磨设备在系统中起的作用顺序增加,其节能效果也顺序扩大。

就水泥粉磨而言,传统的球磨系统主机电耗为 $33\sim38$ kW·h/t,料床预粉磨、联合粉磨电耗可降至 $25\sim30$ kW·h/t,而料床终粉磨电耗可降至 20 kW·h/t 左右。

从传统的球磨机到 20 世纪 80 年代的料床预粉磨、90 年代的料床终粉磨,标志着水泥粉磨技术进步的 3 个阶段。

当前料床终粉磨技术已经成熟,由于生料磨需要烘干兼粉磨,而且物料的易磨性较好,因此广泛地应用辊磨机。

不同系统的对比分析:

(1) 单位主机电耗,辊压机略低,系统电耗辊磨机略高,但仅差 1.4 kW·h/t,约 5%。如果辊磨机系统加大外循环量,则风机电耗可降低,使系统单耗进一步减少。总的来说,三者粉磨电耗基本相当。

(2) 工艺流程方面,辊式磨简单,卧辊磨次之,辊压机需增设料饼打散设备,较为复杂。

(3) 系统的烘干能力,辊磨机最好,卧辊磨次之,辊压机较差。辊压机本身无烘干能力,只能在辅机中烘干。如果要粉磨湿混合材,前两者适应性更强。

(4) 早先的料床粉磨产品质量与球磨产品质量相比有差异,前者产品强度较低、需水量较高,其主要原因是颗粒级配太窄,n 值过大,微细颗粒较少。

当前,三者均能满足水泥产品的需求,其解决的途径也基本相同。一方面调整粉磨操作参数,另一方面调整选粉机工艺参数,粉尘尽可能达到需求的粒度级配,既满足一定的比表面积又使 n 值适当降低。一般来说,选粉机转速增加,比表面积亦增加;风量减少,选粉浓度会提高;分离效率降低,n 值会减小。而从粉磨来说,粉磨轨迹长,辊压次数多亦有利于粒度范围变宽。因此可得结论:辊式磨更易调整,辊压机更难调整。

综上所述,从系统简单、适应性强、产品粒度更易调整方面来说,辊磨机水泥料床终粉磨的发展前景更为广阔。

本章思考题

3-1　简述球磨机的工作原理,研磨体的运动状态可归纳为哪三种基本情况?

3-2　研磨体分层运动不互相干扰的条件是什么?

3-3　请说明球磨机的临界转速、理论适宜转速及实际工作转速,如何计算?

3-4　球磨机研磨体的运动轨迹曲线(脱离点、降落点及最内层轨迹)是怎样确定的?

3-5　球磨机主要由哪五部分组成?在结构设计中如何考虑磨机筒体轴向的热变形?

3-6　破碎机械衬板有何共性?球磨机衬板有何特别作用?

3-7　阶梯衬板的表面曲线是何形式？有何特点？一般在哪一仓使用？

3-8　隔仓板有何功用？篦孔大端应朝向何方？

3-9　边缘传动球磨机的大小齿轮如何配置？为什么？

3-10　请说明辊磨机、辊压机的工作原理，在粉碎机理上，它们与球磨相比有何不同？辊磨机、辊压机的主要优点有哪些？

3-11　何谓辊磨临界钳入角？如何推导？如何计算辊磨钳入物料的最大粒度？

3-12　辊磨机振动的根源是什么？如何减少粉磨过程中的磨机振动？

3-13　平盘辊磨机的产量与哪些因素有关？

3-14　要使辊压机具有良好粉磨效果所要具备的条件有哪些？

3-15　辊压机和辊式破碎机有何异同？

3-16　简述卧辊磨的工作原理及其性能特点。

3-17　辊磨机、辊压机、卧辊磨都属于料层挤压粉磨设备，比较三种粉磨设备的粉碎机理。

3-18　卧辊磨的结构及工作参数有哪些？如何确定卧辊磨的啮入角 α？

第4章　水泥回转窑

4.1　水泥工业的诞生

4.1.1　概述

人类从原始社会发展到今天高楼林立的现代社会,科学技术的发展起到了巨大的推动作用。在人类历史的进程中,处处充满着伟大的发明,这些发明是人类智慧和文明的结晶,其中水泥可以说是人类最伟大的发明之一。

水泥英文 cement 源于拉丁文 camentum,是碎石和片石的意思。我们定义,凡细磨材料加入适量水后,成为塑性浆体,既能在空气中硬化,又能在水中硬化,并能把砂、石等材料牢固地胶结在一起的水硬性胶凝材料,统称为水泥。水泥的品种很多,常用的有硅酸盐水泥、普通硅酸盐水泥,火山灰质硅酸盐水泥,粉煤灰硅酸盐水泥等。

18 世纪中叶,英国航海业非常发达,先后挫败了西班牙、荷兰、法国,成为世界头号海上霸主,但英国船只在航海的过程中频繁发生触礁和撞滩等海难事故。为避免海难事故,必须采用灯塔进行导航。当时英国建造灯塔的材料有两种:木材和"罗马砂浆"。然而,木材易燃,遇海水易腐烂;"罗马砂浆"虽然有一定的耐水性,但还是经不住海水的腐蚀和冲刷。由于材料在海水中不耐久,因此灯塔经常损坏,船只无法安全航行,当时正在迅速发展的航海业遇到重大阻碍。

为解决航运安全问题,寻找抗海水侵蚀材料和建造耐久的灯塔成为 18 世纪 50 年代英国经济发展中的重要任务。彼时,被尊称为英国土木之父的工程师史密顿(J. Smeaton)受命承担起建设灯塔的任务。

1756 年,史密顿在建造灯塔的过程中,研究了石灰、火山灰、砂子组成的"罗马砂浆"中不同石灰石对砂浆性能的影响,发现含有黏土的石灰石,经煅烧和细磨处理后,加水制成的砂浆能慢慢硬化,在海水中的强度相较于"罗马砂浆"高很多,能耐海水的冲刷。史密顿使用新发现的砂浆建造了举世闻名的普利茅斯港的漩岩(Eddystone)大灯塔。史密顿的这一重大发现是人类水泥发明进程中的里程碑,他不仅对英国航海业做出了巨大的贡献,也对"波特兰水泥"的发明起到了至关重要的作用。

图 4.1.1-1　漩岩大灯塔

然而,史密顿研究成功的水硬性石灰,并未在当时的工业生产中得到广泛应用,大量使用的仍是石灰、火山灰和砂子组成的"罗马砂浆"。

4.1.2　水泥发展历史简介

1. 罗马水泥

1796 年，英国人派克(J. Parker)将称为 Sepa Tria 的黏土质石灰岩磨细后制成料球，在高于烧石灰的温度下煅烧，然后进行细磨制成水泥。这种水泥外观呈棕色，很像古罗马时代的石灰和火山灰的混合物，派克称这种水泥为"罗马水泥"(Roman cement)，并取得了该水泥的专利权。"罗马水泥"凝结较快，可应用于与水接触的工程，在英国曾得到广泛应用，直到被"波特兰水泥"所取代。

差不多在"罗马水泥"生产的同时期，法国人采用 Boulogne 地区的泥灰岩(化学成分接近现代水泥化学成分)也制造出水泥。这种与现代水泥化学成分接近的天然泥灰岩称为水泥灰岩，用此灰岩制成的水泥则称为天然水泥。美国人用 Rosendale 和 Louisville 地区的水泥灰岩也制成了天然水泥。在 19 世纪 80 年代及以后很长的一段时间里，天然水泥在美国得到广泛应用，在建筑业中曾占很重要的地位。

2. 英国水泥

英国人福斯特(J. Foster)致力于水泥研究。他将两份重量白垩和一份重量黏土混合后加水湿磨成泥浆，送入料槽进行沉淀，置沉淀物于大气中干燥，然后放入石灰窑中煅烧，温度以料子中的碳酸气体完全挥发为准，烧成产品呈浅黄色，冷却后细磨成水泥。福斯特称该水泥为"英国水泥"(British Cement)，于 1822 年 10 月 22 日获得英国第 4679 号专利证书。

"英国水泥"由于煅烧温度较低，其质量明显不及"罗马水泥"的质量，因此"英国水泥"售价较低，销售量不大。这种水泥虽然未被大量推广，但其制造方法已是近代水泥制造的雏形，是水泥知识积累中的又一次重大飞跃。因此，福斯特在现代水泥的发明过程中有着重要的贡献。

3. 波特兰水泥(硅酸盐水泥)

1824 年，英国人阿斯普丁(Joseph Aspdin，见图 4.1.2-1)，他在厨房里通过烧磨细的石灰石与黏土的混合料得到了一种胶凝材料，由这种材料制成的砖块很像从波特兰半岛开采的波特兰石，后来就将此材料命名为"波特兰水泥"(Potland cement)，并获得英国第 5022 号的专利证书。但当时的产品并没有煅烧到熔融程度。

图 4.1.2-1　Joseph Aspdin

他在专利证书上公开发表的"波特兰水泥"的制造过程是：首先将石灰石捣成细粉，配合一定量的黏土，掺水后以人工或机械搅和均匀成泥浆；然后，将泥浆置于盘上，加热干燥，并将干料打击成块，装入石灰窑煅烧，烧至石灰石内的碳酸气体完全逸出。最后将煅烧后的烧块冷却和打碎磨细，制成水泥。使用水泥时加入少量水，拌和成适当稠度的砂浆，可应用于各种不同的工作场合。阿斯普丁在英国的 Wakefield 建设了第一个波特兰水泥厂。

1843 年，阿斯普丁的儿子 William Aspdin 在其新建工厂的间歇式圆窑内真正生产出波特兰水泥，宣告波特兰水泥工业产品诞生。

阿斯普丁父子长期对"波特兰水泥"的生产方法保密。出于保密原因,专利证书上也未将"波特兰水泥"的生产工艺过程全部发表出来。而且,阿斯普丁也未能掌握"波特兰水泥"确切的烧成温度和正确的原料配比。因此,他的工厂生产出的产品质量很不稳定,甚至造成有些建筑物因水泥质量问题而倒塌。

1845年,英国人强生(I. C. Johnson)在一次实验中偶然发现,煅烧到含有一定数量玻璃体的水泥烧块经磨细后具有非常好的水硬性。同时发现,烧成物中含有过量石灰会使水泥硬化后开裂。根据这些意外的发现,强生确定了水泥制造的两个基本条件:一是烧窑的温度必须高到足以使烧块含有一定量呈黑绿色的玻璃体;二是原料比例必须正确而固定,烧成物内部不能含过量石灰,水泥硬化后不能开裂。

这些条件确保了"波特兰水泥"的质量,解决了阿斯普丁无法解决的水泥质量不稳定的问题。从此,现代水泥生产的基本参数确定了下来。

4.1.3 水泥熟料的化学组成成分

硅酸盐水泥熟料,简称水泥熟料(cement clinker),是由主要含氧化钙(CaO)、二氧化硅(SiO_2)、氧化铝(Al_2O_3)、氧化铁(Fe_2O_3)等氧化物的原料,按照适当的配比磨成细粉,烧至部分熔融,所得以硅酸钙为主要矿物成分的水硬性胶凝材料。

水泥的质量主要取决于熟料的质量。优质的水泥熟料应具有适合的矿物组成和岩相结构。在一定工艺条件下,熟料的矿物组成主要取决于熟料中各种氧化物的相对含量。

因此,熟料的化学成分不仅决定了熟料的矿物组成,同时还与熟料的烧成工艺和资源的合理利用密切相关,直接影响优质、高产、低消耗等经济指标,控制熟料的化学成分是水泥生产的关键环节之一。

硅酸盐水泥熟料的原料主要由 CaO、SiO_2、Al_2O_3、Fe_2O_3 四种氧化物组成,它们的含量通常在 95% 以上。除此之外还含有约 5% 的少量其他氧化物,如氧化镁、三氧化硫以及二氧化钛、三氧化二锰、五氧化二磷、氧化钾等。

1. 氧化钙

氧化钙是水泥熟料中最主要的组成成分。水泥熟料主要含有以下四种矿物:

(1)硅酸三钙($3CaO \cdot SiO_2$),可简写为 C_3S;

(2)硅酸二钙($2CaO \cdot SiO_2$),可简写为 C_2S;

(3)铝酸三钙($3CaO \cdot Al_2O_3$),可简写为 C_3A;

(4)铁相固溶体,通常以铁铝酸四钙($4CaO \cdot Al_2O_3 \cdot Fe_2O_3$)作为代表,可简写成 C_4AF。

在水泥熟料煅烧过程中,CaO 与其他酸性氧化物(如 SiO_2、Al_2O_3、Fe_2O_3 等)发生化合反应生成 C_3S、C_2S、C_3A、C_4AF 等水硬性矿物。增加水泥熟料中氧化钙的含量能增加 C_3S 的含量,提高水泥的强度。在煅烧过程中未被化合的 CaO 称为"游离氧化钙",其水化反应不能在水泥硬化过程中完成,而是在水泥硬化后才与水化合生成 $Ca(OH)_2$ 并在水化过程中发生体积膨胀,降低混凝土的内应力,甚至破坏混凝土结构。

游离氧化钙是水泥安定性不良的主要因素,因而必须适当控制氧化钙的含量。熟料中的氧化钙过少会导致硅酸三钙的含量降低,硅酸二钙的含量增加,从而导致水泥的强度降低；其含量过高则会导致水泥的体积安定性不良。

2. 二氧化硅

二氧化硅（SiO_2）也是水泥熟料所含的主要组成成分。

在水泥熟料的煅烧过程中，SiO_2 可与 CaO 发生化合反应，生成 C_3S 和 C_2S 矿物，是影响水泥强度的主要成分之一。

当熟料中的 CaO 含量一定时，SiO_2 的含量越低，水泥熟料中生成的 C_2S 含量越高，生成的 C_3S 含量相应减少，导致水泥的强度降低。

当 SiO_2 含量高时，虽然水泥后期强度有显著提高并使其抗硫酸盐的侵蚀性能增强，但也相应降低了 Al_2O_3、Fe_2O_3 的含量，导致形成的 C_3A 和 C_4AF 含量减少，不利于 C_3S 的形成，使水泥凝结速率和早期强度增进率都会变慢。

SiO_2 含量不仅影响水泥性能，同时对水泥熟料的煅烧也有影响。其含量少时，煅烧熟料会结大块，影响操作；但其含量大时，会使熟料烧成困难，易于"粉化"。

3. 氧化铝（Al_2O_3）和氧化铁（Fe_2O_3）

在水泥熟料的煅烧过程中，Al_2O_3、Fe_2O_3 与 CaO 化合生成 C_3A 或 C_4FA。

应当指出的是，在 CaO-Al_2O_3-Fe_2O_3 的反应过程中，首先是 CaO 和 Al_2O_3 反应生成 C_3A，随后 C_3A 与 Fe_2O_3 反应生成 C_4AF，只有当 Fe_2O_3 消耗完之后，才会有 C_3A 矿物的存在。

因此，在考虑水泥熟料的化学成分时，既要保证氧化铝（Al_2O_3）和氧化铁（Fe_2O_3）的总量适当，又要使两者的比例适当，才能确保水泥熟料煅烧过程中生成适当的 C_3A 和 C_4AF 矿物。

4. 氧化镁

当水泥熟料中的氧化镁（MgO）含量不大时，它可以以掺杂物的形态存在于其他水泥熟料矿物和玻璃相中，能降低液相出现的温度和黏度，有利于熟料的生成。但当其含量超过一定量时，它就会以方镁石的形态存在，这会导致水泥的安定性不良。因此，水泥熟料中氧化镁的含量一般应控制在 5% 以下。

5. 碱

碱（K_2O、Na_2O）是水泥中的有害成分，会导致水泥凝结时间不定，使水泥强度降低；也能引起水泥石的表面风化（起霜）。水泥中含有的碱会与集料中的酸性物质反应，在混凝土内部引起膨胀，从而使混凝土因碱性膨胀而产生裂缝。

6. 三氧化硫

水泥中的 SO_3 主要来自于在水泥熟料磨细时掺入的石膏（$CaSO_4$），仅有少部分来自水泥熟料。

适量的石膏，有利于调节水泥的凝结时间；但含量过多时，会破坏水泥的体积安定性。这是因为水泥硬化后，三氧化硫与含水铝酸钙反应生成水化硫铝酸钙，体积增大，产生内部应力。

7. 二氧化钛

二氧化钛（TiO_2）主要来自黏土，一般含量很少，不超过 0.3%。少量的 TiO_2 可促进熟料的结晶。熟料中的二氧化钛含量过高时，水泥强度会降低。

4.1.4 水泥熟料的矿物组成

在水泥熟料中,氧化钙、氧化硅、氧化铝和氧化铁并不是以单独的氧化物形式存在的,它们经过高温煅烧之后,以两种或两种以上的氧化物反应生成多种矿物,其结晶体细小,通常为 $30\sim60$ μm。水泥熟料中除了含有 C_3S、C_2S、C_3A、C_4AF 之外,还含有少量游离氧化钙(f-CaO)、方镁石(结晶氧化镁)、含碱矿物及玻璃体。通常熟料中的 C_3S 和 C_2S 含量约占 75%,称为硅酸盐矿物。

C_3A 和 C_4AF 的理论含量约为 22%。在水泥熟料煅烧的过程中,C_3A 和 C_4AF 以及氧化镁、碱等在 $1250\sim1280$ ℃会逐渐熔融形成液相,促进硅酸三钙的形成,故称熔剂矿物。

1. 硅酸三钙

硅酸三钙(C_3S)是硅酸盐水泥熟料的主要矿物。其含量通常为 50% 左右,有时甚至高达 60% 以上,它对水泥的性质有重要影响。

纯 C_3S 只有在 $1250\sim2065$ ℃的温度范围内才稳定,在 2065 ℃以上不一定熔融为 CaO 和液相,在 1250 ℃以下分解为 C_2S 和 CaO,但反应很慢,故纯 C_3S 在室温以介稳状态存在。

对 C_3S 结晶结构形态的研究表明,它可存在于三个晶系,共有七个变型:

$$R \xleftrightarrow{\ 1070\ ℃\ } M_{\text{III}} \xleftrightarrow{\ 1060\ ℃\ } M_{\text{II}} \xleftrightarrow{\ 990\ ℃\ } M_{\text{I}} \xleftrightarrow{\ 960\ ℃\ } T_{\text{III}} \xleftrightarrow{\ 920\ ℃\ } T_{\text{II}} \xleftrightarrow{\ 620\ ℃\ } T_{\text{I}}$$

其中 R 型为三方晶系,M 型为单斜晶系,T 型为三斜晶系,这些变型的晶体结构相近。

在硅酸盐水泥熟料中,C_3S 并不以纯的形式存在,总会与少量氧化镁、氧化铝、氧化铁等形成固溶体,称为阿利特(Alite)或简称为 A 矿。

纯 C_3S 在常温下,通常只能保留三斜晶系(T 型),若与少量 MgO、Al_2O_3、Fe_2O_3、SO_3、ZnO、Cr_2O_3、R_2O 等氧化物形成固溶体,则为 M 型或 R 型。

由于熟料中的 C_3S 总含有 MgO、Al_2O_3、Fe_2O_3 以及其他氧化物,故阿利特通常为 M 型或 R 型。一般认为,煅烧温度的提高或煅烧时间的延长也有利于形成 M 型或 R 型。

纯 C_3S 为白色,密度为 3.14 g/cm^3,其晶体截面为六角形或棱柱形。单斜晶系的阿利特单晶为假六方片状或板状。在阿利特中,常以 C_3S 和 CaO 的包裹体存在。

C_3S 凝结时间正常,水化较快,粒径为 $40\sim50$ μm 的颗粒 28 d 可水化 70% 左右。放热较多,早期强度高且后期强度增进率较大,28d 强度可达一年强度的 70%~80%,其 28d 强度和一年强度在四种矿物中均最高。

阿利特的晶体尺寸和发育程度会影响其反应能力,当烧成温度高时,阿利特晶形完整,晶体尺寸适中,几何轴比大(晶体长度与宽度之比 $L/B>2$),矿物分布均匀,界面清晰,熟料的强度较高。

当加矿化剂或用急剧升温等煅烧方法时,虽然阿利特晶体比较细小,但由于发育完整、分布均匀,且阿利特含量较大,因此熟料强度也较高。故适当提高熟料中的硅酸三钙含量,并且当其岩相结构良好时,可以获得优质熟料。不过,硅酸三钙的水化热较高,抗水性较差,若要求水泥的水化热低、抗水性较高,则熟料中的硅酸三钙含量要适当低一些。

综上所述，可得 C_3S 的结构特征：

(1) 硅酸三钙是在常温下存在的介稳的高温型矿物，因而其结构是热力学不稳定的；

(2) 在硅酸三钙结构中，进入了 Al^{3+} 与 Mg^{2+} 并形成固溶体，固溶程度越高，活性越大；

(3) 在硅酸三钙结构中，钙离子的配位数是 6，比正常的配位数低，并且处于不规则状态，因而钙离子具有比较高的活性。

2. 硅酸二钙

硅酸二钙 C_2S 在熟料中的含量一般为 20% 左右，也是硅酸盐水泥熟料的主要矿物之一。

在熟料中，硅酸二钙并不是以纯的形式存在的，而是与少量 MgO、Al_2O_3、Fe_2O_3、R_2O 等氧化物形成固溶体，通常称为贝利特 (Belite) 或简称为 B 矿。

纯 C_2S 在 1450 ℃ 以下有下列多晶转变：

$$\alpha \xrightleftharpoons{1425\ ℃} \alpha_H \xrightleftharpoons{1160\ ℃} \alpha_L \xrightleftharpoons[780 \sim 860\ ℃]{630 \sim 680\ ℃} \beta \xrightarrow{<500\ ℃} \gamma$$

硅酸二钙的多晶转变中，H 代表高温型，L 代表低温型。

在室温下，α、α_H、α_L、β 等变型都是不稳定的，有转变成 γ 型的趋势。在熟料中，α 型和 α_H 型一般存在较少，在烧成温度较高、冷却较快的熟料中，由于固溶有少量 Al_2O_3、MgO、Fe_2O_3 等氧化物，可以 β 型存在。通常所指的硅酸二钙或 B 矿即 β 型硅酸二钙。

α 型和 α_H 型 C_2S 强度较高，而 γ 型 C_2S 几乎无水硬性。在立窑生产中，若通风不良、还原气氛严重、烧成温度低、液相量不足、冷却较慢，则硅酸二钙在低于 500 ℃ 下易由密度为 3.28 g/cm^3 的 R 型转变成密度为 2.97 g/cm^3 的 Y 型硅酸二钙，体积增大 10% 而导致熟料粉化。但液相量多，可使溶剂矿物形成玻璃体，将 β 型硅酸二钙晶体包裹住，并采用迅速冷却的方法使其越过 γ 型转变温度而保留下来。

贝利特为单斜晶系，在硅酸盐水泥熟料中常呈圆粒状，这是因为贝利特的棱角已溶进液相，而其余部分未溶进液相。已全部溶进液相而在冷却过程中结晶出来的贝利特可以自行出现而呈现其他形状。

当 C_2S 中固溶有少量的 Al_2O_3、Fe_2O_3、BaO、SrO、P_2O_5 等氧化物时，可以提高其水硬活性。研究表明，$\beta\text{-}C_2S$ 型贝利特具有以下结构特性：

(1) $\beta\text{-}C_2S$ 是在常温下存在的介稳的高温型矿物，因此其结构具有热力学不稳定性；

(2) $\beta\text{-}C_2S$ 中的钙离子具有不规则配位，使其具有较高的活性；

(3) 在 $\beta\text{-}C_2S$ 结构中杂质和稳定剂的存在也提高了其结构活性。

3. 铝酸三钙

熟料中的铝酸钙主要是铝酸三钙 (C_3A)，有时还可能有七铝酸十二钙，在掺入氧化钙作矿化剂的熟料中可能存在 $C_{12}A_7 \cdot CaF_2$，而在同时掺入氟化钙和硫酸钙作矿化剂低温烧成的熟料中可以是 $C_{11}A_7 \cdot CaF_2$ 和 C_4A_2S 而无 C_3A。纯 C_3A 为等轴晶系，无多晶转化。

C_3A 也可固溶部分氧化物，如 K_2O、Na_2O、SiO_2、Fe_2O_3 等，随着固溶体碱含量的增加，立方晶体 C_3A 向斜方晶体 C_3A 转变。

结晶完善的 C_3A 常呈立方、八面体或十二面体。氧化铝含量高而慢冷的熟料,才可能结晶得到面体,但在水泥熟料中其形状随冷却速率下降形成完整的大晶体,一般则溶入玻璃相或呈不规则微晶析出。

C_3A 在熟料中的潜在含量为 $7\% \sim 15\%$。纯 C_3A 为无色晶体,密度为 $3.04\ \mathrm{g/cm^3}$,熔融温度为 1533 ℃,在反光镜下,C_3A 快冷时呈点滴状,慢冷时呈矩形或柱形。由于反光能力差,C_3A 呈暗灰色,故称黑色中间相。

C_3A 水化迅速,放热多,凝结很快,若不加石膏等缓凝剂,易使水泥急凝;C_3A 硬化快,3 天内就能达到理想强度,但绝对值不高,以后几乎不增长,甚至倒缩。C_3A 干缩变形大,抗硫酸盐性能差。

4. 铁铝酸四钙

铁相固溶体在熟料中的潜在含量为 $10\% \sim 18\%$。熟料中含铁相较复杂,有人认为是 $C_2F\text{-}C_8A_3F$ 连续固溶体中的一个成分,也有人认为是 $C_6A_2F\text{-}C_6AF_2$ 连续固溶体的一部分。

在一般硅酸盐水泥熟料中,铁相成分接近铁铝酸四钙(C_4AF),故多用 C_4AF 代表熟料中铁相的组成。也有人认为,当熟料中 MgO 含量较高或含有 CaF_2 等降低液相黏度的组分时,铁相固溶体的组成为 C_6A_2F。若熟料中的 $w(Al_2O_3)/w(Fe_2O_3) < 0.64$,则可生成铁酸二钙。

铁铝酸四钙的水化速率早期介于铝酸三钙和硅酸三钙之间,但随后的发展不如硅酸三钙。铁铝酸四钙早期强度类似于铝酸三钙,后期还能不断增长,类似于硅酸二钙。铁铝酸四钙抗冲击性能和抗硫酸盐性能好,水化热较铝酸三钙低,但含 C_4AF 高的熟料难粉磨。

在道路水泥和抗硫酸盐水泥中,C_4AF 的含量高为好。含铁相的水化速率和水化产物的性质取决于铁相的 $w(Al_2O_3)/w(Fe_2O_3)$ 比。研究发现:C_6A_2F 的水化速率比 C_4AF 快,这是因为其含有较多的 Al_2O_3;C_6AF_2 水化较慢,凝结也慢;C_2F 水化最慢,有一定的水硬性。

5. 玻璃体

硅酸盐水泥熟料的煅烧过程中,熔融液相若在平衡状态下冷却,则可全部结晶出 C_3A、C_4AF 和含碱化合物等而不存在玻璃体。

但在工厂生产条件下冷却速率较快,有部分液相来不及结晶而成为过冷液体,即玻璃体。在玻璃体中,质点排列无序,组成也不确定。其主要成分为 Al_2O_3、Fe_2O_3、CaO,还有少量 MgO 和碱等。玻璃体在熟料中的含量随冷却条件而异,快冷时玻璃体含量多而 C_3A、C_4AF 等晶体少;反之则玻璃体含量少而 C_3A、C_4AF 等晶体多。

玻璃体是熟料烧至部分熔融时,部分液相在较快冷却的情形下来不及析晶的结果,它是热力学不稳定的,具有一定的活性。

6. 游离氧化钙和方镁石

游离氧化钙(f-CaO)是指经高温煅烧而仍未化合的氧化钙,也称游离石灰。

经高温煅烧的游离氧化钙结构比较致密,水化很慢,通常要在 3 d 后才表现明显,水化生成氢氧化钙的体积增加 7.9%,在硬化的水泥浆中造成局部膨胀应力。

随着游离氧化钙的增加,首先是抗拉强度下降,进而 3 d 以后引起强度倒缩,严重时引起安定性不良。因此,在熟料煅烧中,要严格控制游离氧化钙的含量,我国回转窑一般将其控制在 1.5% 以下,而立窑一般将其控制在 2.5% 以下。因为立窑熟料的游离氧化物中有一部分是没有经过高温煅烧而出窑的生料,这种生料中的游离氧化钙水化快,对硬化水泥浆的破坏力不大。

游离氧化钙在偏光镜下为无色圆形颗粒,有明显解理,在反光镜下用蒸馏水浸蚀后呈彩虹色。

方镁石是指游离状态的 MgO 晶体。氧化镁在水泥熟料中一般以下列三种形式存在:溶解于 C_4AF、C_3S 中形成固溶体;溶于玻璃体中;游离状态的方镁石(f-MgO)。前两种形式的 MgO 含量约为熟料的 2%,它们对硬化水泥浆体无破坏作用,而以方镁石形式存在时,由于水化速率比游离氧化钙要慢,要在 0.5~1 年后才发生明显变化。

氧化镁水化生成氢氧化镁时,体积增大 148%,也会导致体积安定性不良。方镁石膨胀的严重程度与晶体尺寸和含量均有关系。国家标准规定硅酸盐水泥中氧化镁的含量不得超过 5.0%。在生产中应尽量采取快冷措施以减小方镁石的晶体尺寸。

4.1.5　水泥熟料的形成过程

水泥熟料的形成过程是对合格生料进行煅烧,使其连续加热,经过一系列的物理化学反应,变成熟料,再进行冷却的过程。

整个过程主要分为以下几个阶段:①生料的干燥与脱水;②碳酸盐分解;③固相反应;④液相的形成与熟料的烧结;⑤熟料的冷却。

1. 生料的干燥与脱水

1) 生料的干燥

当入窑生料的温度从室温升高到 100~150 ℃ 时,物料中的自由水全部蒸发,这一过程称为干燥过程,是一个吸热过程。生料中所含自由水的量,因生产方法和窑型的不同差别很大。例如,对于干法窑,生料的含水量一般不超过 1%,立窑和立波尔窑因为其生料需要成球,含水量为 12%~15%;湿法窑的料浆中自由水的含量通常为 30%~40%。

自由水的蒸发过程需要消耗巨大的热量,每千克水蒸发大约需要的潜热可高达 2257 kJ(100 ℃),湿法窑每生产 1 kg 熟料用于蒸发水分的热量可高达 2100 kJ,约占总热耗的 35%,因此,干法和半干法生产工艺因所消耗的热能较低而得到广泛应用。

2) 脱水

生料中黏土矿物分解并放出其化合水的过程称为脱水。其化合水的存在一般分两种:一种是以 OH—状态存在于晶体结构中,称为结晶水;另一种以水分子的状态吸附在黏土矿物的层状结构间,称为层间水。当温度达到 100 ℃ 时层间水即可脱去,而结晶水则必须当温度达到 400~600 ℃ 时方可脱去。

当入窑生料的温度升高到 450 ℃ 时,黏土中的主要组成高岭石($Al_2O_3 \cdot 2SiO_2 \cdot 2H_2O$)将发生脱水反应,吸收热量脱去其中的化合水。

$$Al_2O_3 \cdot 2SiO_2 \cdot 2H_2O \longrightarrow Al_2O_3(无定形) + 2SiO_2(无定形) + 2H_2O$$

高岭土在失去化合水的同时,晶体本身的结构也将被破坏,生成无定形的偏高岭土。

此时,高岭土的活性较高,当继续加热到 $970\sim1050$ ℃时,其由无定形物质转变为稳定的晶体莫来石,反应活性降低。若采用急烧法,虽然温度很高,但来不及形成稳定的莫来石,因而其产物仍可处于活性状态。

2. 碳酸盐分解

1) 碳酸盐分解反应

当生料温度升高到 600 ℃以上时,石灰石中的碳酸钙和原料中夹杂的碳酸镁发生分解,在 CO_2 分压为 1 atm(101325 Pa)下,碳酸镁和碳酸钙发生剧烈分解的温度分别是590 ℃及 890 ℃。此过程是强吸热过程。

$$MgCO_3 \longrightarrow MgO+CO_2 \uparrow -1645 \ J/g(590 \ ℃)$$
$$CaCO_3 \longrightarrow CaO+CO_2 \uparrow -1047\sim1214 \ J/g(890 \ ℃)$$

2) 碳酸盐分解反应的特点

(1) 可逆反应。

上述碳酸盐的反应是可逆的,受系统温度和周围介质中 CO_2 的分压影响较大。为使反应顺利进行,必须保持较高的反应温度,并降低周围介质中 CO_2 的分压或减小 CO_2 的浓度。

(2) 强吸热反应。

碳酸盐分解时需要大量的热量,其热效应为 1660 kJ/kg $CaCO_3$,这些热量大约占熟料形成热的一半。碳酸盐分解所需的温度不高,但所需的热量较多,所以这一过程对于提高热的利用率有着重要的影响。

3) 影响碳酸钙分解的因素

(1) 温度。

当 CO_2 的分压一定时,温度越高,碳酸钙的分解速率越快。

(2) CO_2 的分压。

当温度一定时,CO_2 的分压越低,碳酸钙越易分解。

因此,加强窑内通风,及时将 CO_2 气体排出,有利于 $CaCO_3$ 的分解。窑内废气中的 CO_2 含量每减少 2%,可使分解时间约缩短 10%;当窑内通风不畅时,CO_2 含量增加,影响燃料的燃烧,使窑温降低,延长 $CaCO_3$ 的分解时间。

3. 固相反应

硅酸盐水泥熟料的主要矿物是硅酸三钙(C_3S)、硅酸二钙(C_2S)、铝酸三钙(C_3A)、铁铝酸四钙(C_4AF),其中 C_2S、C_3A、C_4AF 三种矿物是由固态物质相互反应生成的。

从原料分解开始,物料中便出现了性质活泼的氧化钙,它与入窑物料中的 SiO_2、Al_2O_3、Fe_2O_3 发生固相反应,形成熟料矿物。

1) 固相反应过程

$800\sim900$ ℃时

$$CaO+Al_2O_3 \longrightarrow CaO \cdot Al_2O_3(CA)$$
$$CaO+Fe_2O_3 \longrightarrow CaO \cdot Fe_2O_3(CF)$$

$900\sim1100$ ℃时

$$2CaO+SiO_2 \longrightarrow 2CaO \cdot SiO_2(C_2S)$$

$$CaO + Fe_2O_3 \longrightarrow CaO \cdot Fe_2O_3 (CF)$$
$$7CaO \cdot Al_2O_3 + 5CaO \longrightarrow 12CaO \cdot Al_2O_3 (C_{12}A_7)$$
$$CaO \cdot Fe_2O_3 + CaO \longrightarrow 2CaO \cdot Fe_2O_3 (C_2F)$$

1100～1300 ℃时

$$12CaO \cdot 7Al_2O_3 + 9CaO \longrightarrow 7(3CaO \cdot Al_2O_3)(C_3A)$$
$$7(2CaO \cdot Fe_2O_3) + 2CaO + 12CaO \cdot 7Al_2O_3 \longrightarrow 7(4CaO \cdot Al_2O_3 \cdot Fe_2O_3)(C_4AF)$$

2）影响固相反应的主要因素

（1）生料的细度及均匀程度。

生料越细，则表面积越大；生料的分散及均匀程度高，则生料中各成分之间能充分接触，有利于固相反应的进行。

（2）原料的物理性质。

原料中含有燧石、石英砂等结晶二氧化硅或方解石结晶粗大时，其晶格难以破坏不利于固相反应进行，反应速率明显降低，熟料矿物很难形成。

（3）温度和时间。

物料温度提高使质点能量增加，加快了质点的扩散速率和化学反应速率，有利于固相反应的进行。由于固相反应中离子的扩散和迁移需要一定的时间，因此，固相反应必须要经过一定的时间才能完全进行。

（4）矿化剂。

矿化剂能够改善水泥生料的易烧性，加速水泥熟料矿物的形成。矿化剂加速固化反应主要表现在通过与反应物形成低共融物，使物料在较低温度下出现液相，加速扩散和对固相的溶解作用；或是促使反应物断键而提高反应速率。

4. 液相的形成与熟料的烧结

水泥熟料中硅酸三钙的生成反应需在液相中进行，当温度达到1300 ℃时，C_3F、C_4AF及R_2O熔剂矿物熔融成液相，C_2S及CaO很快被高温熔融的液相所溶解并进行化学反应，形成C_3S。

1）烧结反应

$$2CaO \cdot SiO_2 + CaO \longrightarrow 3CaO \cdot SiO_2 (C_3S)$$

该反应也称为石灰吸收过程，它是在1300～1450 ℃范围内进行的，故称该温度范围为烧成温度范围。在1450 ℃时，此反应十分迅速，故称该温度为烧成温度。

2）影响烧结反应的因素

（1）温度。

烧结反应所需的反应热甚微，但需要使反应温度达到烧成所需的温度才能顺利形成C_3S，从而提高熟料的质量。

（2）时间。

使烧结反应完全进行，需保证一定的反应时间，一般为10～20 min。

（3）液相量。

液相量多，液相黏度低，有利于C_3S的形成，但容易结圈、结块等，难以操作；液相量少,不利于 C_3S 的形成,一般液相量以 $20\%\sim30\%$ 为宜。

当温度降到 $1300\ ℃$ 以下时,液相开始凝固,由于反应不完全,没有参与反应的 CaO 就随着温度的降低凝固其中,这些 CaO 称为游离氧化钙,习惯上用"f-CaO"表示。为了便于区别,称其为一次游离氧化钙,它对水泥的安定性有重要影响。

5. 熟料的冷却

熟料烧成后出窑的温度很高,需要进行冷却,这不仅便于熟料的运输、贮存,而且有利于改善熟料的质量,提高熟料的易磨性,还能回收熟料的余热、降低热耗、提高热效率。

熟料冷却对熟料质量的改善体现在以下几个方面。

(1) 熟料冷却能够防止或减少 C_3S 的分解。

C_3S 在 $1250\ ℃$ 时分解成为 C_2S 和 CaO,出现了二次游离氧化钙,它虽然对水泥安定性没有大的影响,但降低了熟料中 C_3S 的含量,从而影响了熟料的强度。故需急冷以快速越过这个温度线,保留较多的 C_3S。

(2) 熟料冷却能够防止或减少 C_2S 的晶型转变。

C_2S 内部结构不同,有不同的结晶形态,而且相互之间能发生转化。

当温度低于 $500\ ℃$ 时,C_2S 将由 $β$ 型转变成 $γ$ 型,密度由 $3.28\ g/cm^3$ 变为 $2.97\ g/cm^3$,体积增加了 10% 左右。由于体积增加产生了膨胀应力,熟料出现"粉化"现象。而且 $γ$ 型 C_2S 几乎没有水化强度,因此粉化料属于废品。熟料急冷能防止其晶型转变,以免降低其强度。

(3) 熟料冷却能够防止或减少 C_3S 晶体长大。

有资料表明,晶体粗大的 C_3S 会使强度降低且难以粉磨,熟料急冷可以避免晶体长大。

(4) 熟料冷却能够防止或减少 MgO 的晶体析出。

当熟料慢冷时,MgO 结晶成方镁石,其水化速率很慢,往往几年后还在水化,水化后的产物体积增大,使水泥制品发生膨胀而遭破坏。急冷可使 MgO 凝结于玻璃体中,或者结晶成细小的晶体,其水化速率与其他成分大致相等,不会产生破坏作用。

(5) 熟料冷却能够防止或减少 C_3A 晶体的析出。

结晶型 C_3A 水化后易产生快凝现象。熟料急冷后可以防止或减少 C_3A 晶体析出,避免水泥快凝现象的发生,同时还可以提高水泥的抗硫酸盐性能。

4.1.6　水泥的种类

1. 按用途及性能分

(1) 通用水泥:一般土木建筑工程中常用的水泥。

(2) 专用水泥:具有专门用途的水泥。

(3) 特性水泥:某种性能比较突出的水泥。

2. 按主要水硬性物质名称分

(1) 硅酸盐水泥即国外通称的波特兰水泥。

(2) 铝酸盐水泥。

（3）硫铝酸盐水泥。

（4）铁铝酸盐水泥。

（5）氟铝酸盐水泥。

（6）以火山灰或潜在水硬性材料以及其他活性材料为主要组分的水泥。

水泥的强度等级，指在标准条件下养护 28 天所达到的抗压强度。

我国硅酸盐水泥的强度等级分为 42.5、42.5R、52.5、52.5R、62.5、62.5R 六个等级。

普通硅酸盐水泥的强度等级分为 42.5、42.5R、52.5、52.5R 四个等级。

矿渣硅酸盐水泥、火山灰质硅酸盐水泥、粉煤灰硅酸盐水泥、复合硅酸盐水泥的强度等级分为 32.5、32.5R、42.5、42.5R、52.5、52.5R 六个等级。

3. 水泥的组分

六种通用水泥的组分如表 4.1.6-1。

表 4.1.6-1　六种通用水泥的组分

品　种	代　号	组分（质量分数）				
		熟料＋石膏	粒化高炉矿渣	火山灰混合材	粉煤灰	石灰石
硅酸盐水泥	P·Ⅰ	100	—	—	—	—
	P·Ⅱ	≥95	≤5	—	—	—
		≥95	—	—	—	≤5
普通硅酸盐水泥	P·O	≥80 且＜95	>5 且≤20			
矿渣硅酸盐水泥	P·S·A	≥50 且＜80	>20 且≤50	—	—	—
	P·S·B	≥30 且＜50	>50 且≤70	—	—	—
火山灰质硅酸盐水泥	P·P	≥60 且＜80	—	>20 且≤40	—	—
粉煤灰硅酸盐水泥	P·F	≥60 且＜80	—	—	>20 且≤40	—
复合硅酸盐水泥	P·C	≥50 且＜80	>20 且≤50			

4.2　干法水泥生产的工艺流程及其关键设备

4.2.1　干法水泥生产工艺流程概述

按入窑生料水分的不同，回转窑煅烧工艺可分为湿法（生料制备成料浆）、半干法（生料制备成料球）和干法（生料制备成粉料）三种，这里我们只详细介绍新型干法水泥回转窑煅烧工艺流程。

新型干法水泥的生产过程可概括为"两磨一烧"三大环节，如图 4.2.1-1 所示。

"两磨"指的是制备生料和水泥产品的制备过程。在水泥生产过程中，每生产 1 吨硅酸盐水泥至少要粉磨 3 吨物料（包括各种原料、燃料、熟料、混合料、石膏）。

有资料显示，干法水泥生产线粉磨作业需要消耗的动力约占整个水泥厂动力的 60%

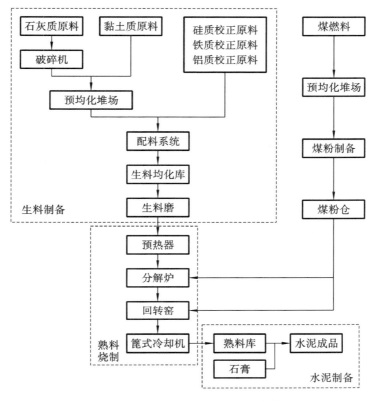

图 4.2.1-1 新型干法水泥生产工艺流程

以上,其中生料粉磨占 30% 以上,煤磨约占 3%,水泥粉磨约占 40%。

"一烧"是指将制备好的生料颗粒在回转窑中煅烧成水泥熟料的过程。生料在旋风预热器和分解炉中完成预热和预分解后,进入回转窑中,碳酸盐进一步迅速分解并发生一系列的固相反应,从而完成回转窑中熟料的烧成。

回转窑的技术性能和运转状况决定了水泥的质量、产量和成本,因此是水泥生产中的关键设备之一。

4.2.2 水泥窑的发展

随着水泥生产工艺流程的进步与优化,水泥窑设备也经历了立窑、干法中空窑、湿法窑、悬浮预热窑和预分解窑几个阶段。

1. 立窑

立窑是一种成熟、经济适用的水泥熟料烧成窑炉,其外形结构如图 4.2.2-1 所示。

1824 年,英国人阿斯普丁(Joseph Aspdin)申请世界第一台间歇操作土仓窑(也称瓶窑)的发明专利;1872 年,强生(I. C. Johnson)在瓶窑的基础上,优化改进窑体结构,

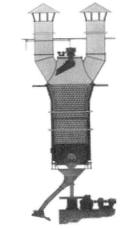

图 4.2.2-1 水泥生产立窑外形结构示意图

发明了仓窑并获得了专利证书;1883年,德国人狄茨世(Dietzsch)发明了连续操作的多层立窑,后来丹麦人史可柯夫(Schoefer)对立窑结构进行了多次优化设计及改造;1913年,德国人在立窑上采用移动篦子,使熟料自动卸出,并进一步改善立窑的通风条件。

但是由于立窑的生产工艺不完善,不能保证煅烧过程热工制度稳定,烧成看火岗位甚至需要用明火操作,粉尘排放量大。先进必然替代落后,随着水泥生产工艺和设备的技术进步,2010年2月6日,国务院印发了《国务院关于进一步加强淘汰落后产能工作的通知》(国发〔2010〕7号)要求建材行业于2012年底前淘汰窑径3.0 m以下水泥机械化立窑生产线,窑径2.5 m以下水泥干法中空窑、水泥湿法窑生产线,直径3.0 m以下水泥磨机以及水泥土(蛋)窑、普通立窑等落后水泥产能。

尽管如此,立窑水泥对各国的国家建设所发挥的重大作用和立窑水泥工作者所做出的贡献在世界水泥史上写下了重要篇章,立窑历经近200年的发展,为人类文明的发展与进步做出了巨大的贡献。

2. 湿法回转窑

用于湿法生产中的水泥窑称湿法窑,湿法生产是将生料制成含水量为32%～40%的料浆,具有较好的流动性,所以各原料间组分混合效果好,生料成分均匀,从而水泥煅烧后的熟料质量高。

1877年,英国人克兰普汤(Thomas Crampton)发明了旋窑(回转窑),这种窑实际上是一种旋转的空心圆柱体,筒体内壁衬有耐火砖块,于1885年在英国和美国取得专利。当时旋窑直径为1.8 m～2.0 m,长为20～50 m。

最初的回转窑是干法生产,窑尾温度高,没有设置收尘设备,出窑没有冷却装置,热效率低,对多组分多分散原料的适应性差,而且在喂入生料粉时粉尘难以收集。为克服水泥干法生产出现的诸多问题,湿法长窑回转窑技术出现了。

湿法长窑结构示意图如图4.2.2-2所示。

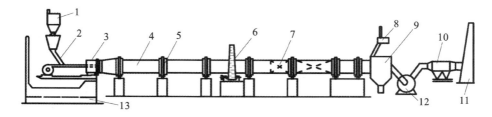

图4.2.2-2 湿法长窑结构示意图

1—煤仓;2—燃烧器;3—窑头罩;4—筒体;5—轮带和支承托轮;6—传动装置;

7—窑内热交换器;8—料浆喂料器;9—烟室;10—电收尘器;11—烟囱;12—排风机;13—熟料冷却机

湿法回转窑是与水平呈3%～5%斜度的细长圆筒($L/D=30\sim40$),筒体安装在支承装置上,在其中部传动装置以0.5～1.5 r/min的速度缓慢带动旋转。

预先配制的含水量为32%～40%的料浆从窑尾(筒体高端)的下料管进入窑内,由于筒体的倾斜和回转,使物料从高端移向低端。其间经历复杂的物理、化学过程,生料变为熟料,从窑头进入冷却机,经冷却后卸出。燃料(煤、原油或天然气)和一次空气从窑头喷入窑内。二次空气先进入冷却机,与熟料进行热交换,被预热到400～800 ℃,由窑头进入窑内助燃。在窑尾排风机的抽吸下,燃料燃烧生成的烟气与物料逆向流经全窑,完成热交换过程。烟气温度降低,经烟室和电收尘器后,由烟囱排入大气。

根据生料沿窑长的温度变化和熟料煅烧过程可将全窑大致划分为干燥、预热、分解、放热反应、烧成和冷却六个带,现简述如下。

（1）干燥带。

物料温度由常温升至 150 ℃,使料浆中游离水被蒸发,成为球状物料。

（2）预热带。

物料温度由 150 ℃升至 750 ℃,生料中的有机物首先分解。当温度升至 500 ℃左右,黏土中的结晶水开始挥发并分解成 SiO_2 和 Al_2O_3,石灰石中的 $MgCO_3$ 也开始分解,此时物料逐渐变成黄色粉末。

干燥带和预热带中的传热方式以对流和传导为主。为了强化热交换,窑内挂有许多链条和格子式热交换器,以增加热交换面积,强化物料的干燥、预热过程。同时,链条还有收尘和成球的作用。物料在干燥预热带中主要发生物理变化。干燥带和预热带占正规窑长的 42%～47%。

（3）分解带。

物料温度为 750～1000 ℃。主要是碳酸镁和碳酸钙分解放出 CO_2 和新生态 CaO,变成粉料,这时需要吸收大量热量。分解带约占窑长的 20%～25%。

（4）放热反应带。

物料温度为 1000～1300 ℃。放热反应带主要是黏土的无定形脱水产物结晶,各种氧化物间发生固相反应,生成硅酸二钙(C_2S)、硅酸三钙(C_3S)和铁铝酸四钙(C_4AF)。在该带末端出现黄色料球。该带发生激烈的放热反应,放出热量约为 420～500 kJ/kg 熟料,放热反应带仅占窑长的 5%左右。

（5）烧成带。

物料温度为 1300～1450 ℃。烧成带物料温度迅速升高,出现液相。液相量波动范围为 20%～30%。在液相中,硅酸二钙(C_2S)和游离氧化钙(CaO)反应生成硅酸三钙。

此阶段为使游离氧化钙充分被硅酸二钙吸收,贝利特(C_2S)再结晶和阿利特(C_3S)完全形成,因此,要求回转窑内燃料燃烧的火焰具有一定的温度和长度。此带占窑长的 10%～15%。

（6）冷却带。

物料温度为 1300～1000 ℃。主要是使熟料迅速冷却,其中液相部分凝固成灰黑色料球,由窑头进入冷却机。冷却带约占窑长的 2%～4%。

熟料形成有两个关键过程:一是碳酸盐分解反应,该反应过程耗热量大;二是矿物烧成反应,该反应过程决定熟料的质量。对分解反应要求提供足够的热量和强化气固换热过程;对烧成反应要求有一定的温度和保持一定的高温停留时间。

综上所述,湿法窑水泥生产过程中,回转窑是兼有燃烧、传热、反应和输送物料的功能。燃料的燃烧传热、反应及物料运动必须密切配合,使燃烧产生的热量能在物料通过回转窑各带的时间内及时传给物料,以达到优质、高产、低耗和设备安全运转的目的。

由于湿法窑在喂料端没有任何废气余热利用的设备,因此构造简单,运转率高,便于自动化,对原料、燃料的适应性强,但设备庞大。生料是料浆,易混合均匀;熟料质量高,但热耗高,一般为 5500~6800 kJ/kg。

3. 新型干法回转窑

湿法长窑是在克服水泥干法生产过程中出现的诸多问题而出现的,但是各国的水泥研究学者们对于干法水泥生产工艺的研究并没有停止。

1) 悬浮预热器回转窑

悬浮预热器技术的问世是水泥煅烧技术上的一次重大革新,使得水泥工业生产向前迈进了一大步。

悬浮预热器回转窑是在普通回转窑上加装了悬浮预热器(旋风式和立筒式),从而使水泥熟料形成过程中的预热及部分碳酸盐分解移到窑外,即在悬浮预热器内进行。

生料粉在悬浮(流态化)状态下运动,与回转窑窑尾烟气(1000~1100 ℃)在稀相气固悬浮状态下进行热交换。首先生料粉能均匀地分散在气流中,颗粒表面直接与热气流接触,故热交换面积极大,传热效果好;其次,由于生料粒径极小,热量可以很快地从表面传到中心,传热速度极快,生料粉能在数秒至数十秒内,从常温升高到 750 ℃以上,使得气固两相传热快、效率高,从而大大提高了回转窑的生产能力,降低了热耗。

另外,悬浮预热器回转窑充分回收了窑尾排出的高温烟气的热量,使预热器出口废气温度降至 350~400 ℃,熟料热耗降低,仅为 3200~3600 kJ/kg 熟料。入窑生料的碳酸钙分解率可达 40%,从而大大减轻了回转窑的预热负担。

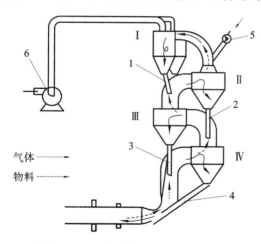

图 4.2.2-3　旋风式悬浮预热器回转窑
1,2,3,4—下料管;5—喂料器;6—排风机

(1) 旋风式悬浮预热器回转窑(SP 窑)。

1951 年,德国洪堡(Humbdlt)公司率先推出这种窑型。它是国外最早出现和广泛使用的悬浮预热器窑,其结构如图 4.2.2-3 所示。

旋风预热器位于回转窑喂料端上方,一般采用四级预热器。

第 I 级预热器为双旋风筒,其余各级(II、III、IV 级)为单旋风筒。旋风筒结构与旋风收尘器相似。按生料与烟气呈逆流方向,将四级旋风筒串联起来。排风机抽吸窑中的烟气,使系统产生负压,因而要求回转窑、旋风筒和气体管道组成一个密闭系统。

由喂料器喂入的生料,在管道内悬浮于热烟气中进行同流热交换。接着,被烟气带入第 I 级双旋风筒,在其中与气体分离。分离出来的生料经下料管 1 进入第 III 级预热旋风筒头部的管道中,再次悬浮于烟气中进行热交换。生料依次在各级旋风筒中预热,经下料管 2、3、4 进入回转窑。

生料通过预热器系统的时间约为 25 s,被加热到 700~800 ℃,分解率达 40%。其后,在回转窑中继续完成分解和烧成过程。出窑尾气体温度约为 1050 ℃,出旋风预热器烟气温度约为 350 ℃。

（2）立筒式悬浮预热器窑。

立筒式悬浮预热器窑的结构如图 4.2.2-4 所示。

预热器是一个垂直立筒，立筒内有三个缩口，将立筒分为四个钵室。在立筒每一钵室中生料和热烟气经历喷射分散、同流换热和涡流分离过程。立筒顶部设有一对使气体和生料分离的旋风筒。

粉料加入立筒后，以团块形式自上一室落下，进入下一缩口的核心区被高速气流分散。细粉随气流上升并进行同流换热。随后被卷吸扰动而入涡流区，在此处产生气固分离。经回流区再沉落到缩口斜坡上。该处粉料堆积到一定程度并凝成团块，在重力作用下滑过缩口逆气流而落入下一室。重复以上过程，生料被预热到 750 ℃左右进入回转窑。

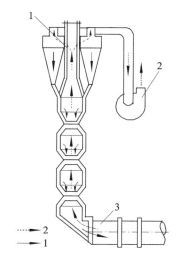

图 4.2.2-4　立筒式悬浮预热器窑的结构
1—物料；2—热气体；3—回转窑

由立筒预热器工作原理可知，同流换热的效果取决于分散程度。分散与换热主要发生在缩口上部的核心区，因此，立筒缩口处的直径大小极为重要。为强化分散与换热，可将缩口彼此错开。为减少各室的物料循环，要求其粉料沉降率达 70%～80%。因此，要合理确定各室的立筒内径和高度。

生产经验表明，立筒处断面平均工况的气流速度为 1.8～2.5 m/s，大窑取高值。立筒高度与内径之比为 1.1～1.3，大窑取低值。

2）预分解窑

20 世纪 60 年代以后，世界各国经济开始复苏，水泥工业为满足日益增长的水泥需求，设备逐步大型化，回转窑筒体直径达 6～7 m，长度可达到 100～200 m。

此时，如果继续采用增大窑体尺寸的方法来提高单机产量，将会导致设备制造、运输和安装极其困难，同时，回转窑窑衬寿命缩短，运转率降低。

于是，20 世纪 70 年代初期，出现了预分解窑新技术，即在不增大回转窑窑体尺寸的前提下，大幅度提高水泥产量的新生产工艺方法。

在悬浮预热器回转窑生产中，碳酸钙的加热是在回转窑外部进行的，这样可显著减小回转窑尺寸。如果能使碳酸钙的分解过程也脱离回转窑窑体，这样就可以把煅烧熟料的预热、分解和烧成三个阶段分别在不同的高效设备内进行。预分解窑就是在悬浮预热器窑的基础上发展起来的更高阶设备。它也是目前世界上公认的水泥煅烧技术的发展方向。

预分解回转窑如图 4.2.2-5 所示。

预分解回转窑的工作过程是在悬浮预热器与回转窑之间增设一个分解炉，在其中加入 50%～60% 的燃料，并喂入经过悬浮预热器预热的生料，使燃料燃烧和碳酸钙分解的吸热反应同时在悬浮状态下迅速进行，从而使入窑生料的分解率，由原来悬浮预热器的

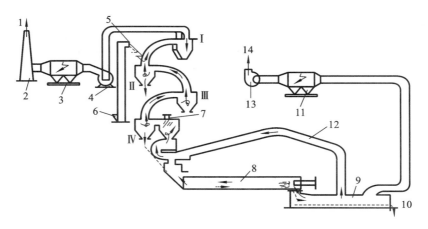

图 4.2.2-5　预分解回转窑

1—窑尾废气；2—烟囱；3—电收尘器；4—排风机；5—喷水装置；6—生料；7—燃料喷嘴；
8—回转窑；9—冷却机；10—熟料；11—电收尘器；12—三次风管；13—排风机；14—冷却机废气

40％提高到 85％～90％，大大减小了回转窑的热负荷，窑产量增加 1～2 倍。此类回转窑窑尾系统的操作参数见表 4.2.2-1。

表 4.2.2-1　窑尾系统的操作参数

温　　度	数　　值	其　　他	数　　值
窑尾气体温度	1000～1150 ℃	入窑生料分解率	85％～90％
Ⅳ级出口气体温度	850～900 ℃	窑尾负压	0.3～0.4 kPa
Ⅱ级出口气体温度	550～600 ℃	窑与分解炉所用燃料比	(0.4/0.6)～(0.6/0.4)
入窑生料温度	800～860 ℃	入排风机负压	3.5～7 kPa
三次风温度	700～800 ℃	预热器出口气体含尘浓度	60～80 g/m³
Ⅰ级出口气体温度	330～390 ℃		
分解炉出口气体温度	850～950 ℃		
Ⅲ级出口气体温度	710～750 ℃		

预分解回转窑有以下优点。

（1）窑的单位容积产量高。悬浮预热器窑单位容积产量为 70～105 kg/(m³ · h)，而预分解窑单位容积产量达 130～206 kg/(m³ · h)。即在窑规格相同时，后者产量比前者高 1～1.5 倍。

在新建厂中，可选用较小规格窑来满足同样产量的要求，从而减少占地面积，设备易于制造和安装，减少基建投资。在老厂改造中，可用较少投资获取产量的成倍增加。

（2）延长窑衬寿命，提高窑运转率。由于分解炉中燃料量占 50％～60％，因此显著减轻窑的热负荷，可延长窑衬寿命 2～3 倍，窑衬消耗减少 $\frac{1}{3}$～$\frac{1}{2}$。

（3）减轻大气污染。由于多半燃料在低温（850～950 ℃）下燃烧，因此产生有害气体少，污染大气的 NO_x 生成量可减少 50％，其平均值仅为 (140～160)×10^{-6}。

（4）在分解炉中可使用低质燃料或低价废物（如废轮胎）作燃料。

（5）单机生产规模大，经济性好。目前单机产量可达 8000～10000 t/d。设备投资和基建费用可降低 10%。

（6）熟料热耗比悬浮预热器窑的降低 80～170 kJ/kg 熟料。

（7）窑操作稳定。入窑生料几乎全部分解，可减少窑内窜料和来料的不均匀现象，便于操作。因而自动化程度高，事故相对少，出现结皮堵塞的次数少。

但与其他窑型相比，预分解回转窑也存在以下缺点：分解炉、预热器系统流体阻力较大，致使电耗较高；窑尾系统框架高（40～90 m），投资大；对原料中的碱、氯、硫含量有一定要求。

实践证明，当生产规模小于 1000 t/d 时，预分解回转窑的优越性往往难以充分发挥。

纵观水泥窑的发展史，水泥的生产方式从干法到湿法和干法再发展到现在的新型干法水泥生产工艺，看似简单的循环，却有质的飞跃。

4.3 水泥回转窑的主要参数

4.3.1 主要工作参数

水泥煅烧工艺对生料在回转窑筒体内的运动提出如下要求。

均匀煅烧，即使每个生料颗粒与热气流直接接触的机会均等。强化煅烧，即使每个生料颗粒有较多的机会与热气流直接接触。足够的停留时间，即使生料中的各组分有充分时间，在窑内发生规定的物理变化和化学反应。

因此，生产中必须合理选择回转窑的主要工作参数，达到水泥煅烧工艺的要求。

1. 填充系数

物料在窑内呈弓形堆积，仅占窑截面的一部分。填充系数 φ 定义为

$$\varphi = F_1/F \tag{4-1}$$

式中：F_1——物料占据窑的弓形面积，m^2；

　　F——窑的净空面积，m^2。

窑的平均填充系数等于物料占有容积与窑的有效容积之比，即

$$\varphi = \frac{F_1}{\frac{\pi}{4}D^2} = \frac{G_m \frac{1}{\gamma_m} t}{60L \frac{\pi}{4}D^2} \tag{4-2}$$

式中：G_m——回转窑各段实测的物料流通量，t/h，窑入口处为喂料量，窑出口处为产量，

　　　　窑中部取出入口处的平均值；

　　γ_m——物料密度，干生料约为 $1.2\ t/m^3$，生料浆约为 $1.6\ t/m^3$，熟料约为 $1.45\ t/m^3$；

　　t——物料在圆筒内的平均停留时间。

　　L——筒体长度，m；

　　D——筒体内直径，m；

实际上，回转窑内各带物料的运动速度相差很大。在湿法长窑中，入窑料浆水分大，

流动性好,运动速度较快;在干燥带中,料浆水分的含量、链条的悬挂方式和密度,均影响料浆的运动速度;在预热带内物料按锯齿形路线运动,其运动速度受窑内热交换装置的影响;在分解带中因有大量气体逸出,使物料呈流态化,故物料运动速度最快;在烧成带中因有液相存在,增大了物料的休止角,其运动较缓慢;因窑头有挡料圈,使料层增厚,故降低了冷却带内的物料运动速度。

　　填充系数是计算筒体载荷和传动功率的重要参数,尤其对传动功率的大小影响甚大,因此,填充系数的数值必须可靠,通常 φ 为 6%～15%。生产中,为稳定窑的热工制度,必须稳定窑速和喂料量,以保持 φ 不变。如果煅烧不良而降低窑速时,需相应减少喂料量。因此,回转窑的传动电动机和喂料电动机是同步的,以便于控制 φ 不变。

　　2. 停留时间

　　粉料颗粒在窑内的运动过程是比较复杂的,为简化计算,假设粉料颗粒与筒壁没有相对滑动,仅研究单个颗粒的运动轨迹,可以得到粉料颗粒在筒体内的停留时间为

$$t = \frac{0.318L}{Dn\tan\alpha} \ (\text{min}) \tag{4-3}$$

式中: n——筒体转速,r/min;

　　　α——筒体与水平面的倾角,(°)。

　　颗粒沿筒体轴向的运动速度为

$$W = L/t = \pi Dn\tan\alpha \ (\text{m/min}) \tag{4-4}$$

　　实际上,在料层内各个颗粒会产生随机混合,很难描述各单个颗粒的真实运动轨迹。为了实用,通过实验来推算出一些计算各颗粒总体平均物料的停留时间和速度的公式,以修正上面理论公式的不完善。

　　(1)对光滑而无扬料板和挡料圈的圆筒,物料在圆筒内的平均停留时间为

$$t = \frac{0.00308L(\theta + 24)}{Dn\tan\alpha} \ (\text{min}) \tag{4-5}$$

　　此式适用于 $\varphi = 0.1 \sim 0.15, \alpha = 1° \sim 6°$。

　　(2)其他实验经验公式。

$$t = 1.77\frac{\sqrt{\theta}L}{Dn\alpha} \ (\text{min}) \tag{4-6}$$

式中: θ——物料自然休止角,水泥熟料取 $\theta = 35°$;

　　　将式(4-6)代入填充系数计算公式中,可得

$$\varphi = \frac{0.0376G_\text{m}\sqrt{\theta}}{\alpha D^3 n\gamma_\text{m}} \tag{4-7}$$

　　综上所述,物料在回转窑内的总体平均停留时间与 L/D 和 θ 成正比,与 α 和 n 成反比。

　　在实际生产中,物料在窑内所需停留时间由水泥煅烧工艺和热工条件确定。例如,物料在湿法长窑中需要的总停留时间约 4 h,在 SP(悬浮预热器)窑中约 45 min,在 NSP(新型悬浮预热器)窑中约 30 min。

　　3. 其他主要工作参数

　　(1)回转窑倾角 α。

　　为了便于计算,国内规定回转窑斜度用 $i = \sin\alpha$ 表示。

一般 $i=2\%\sim6\%$，常用 $i=2\%\sim4\%$。目前有减少斜度、加快转速，以强化生产和提高产量。

公式(4-5)表明，i 值选取较小时，为保证规定的停留时间，则需增加转速 n。这样可以加快窑内物料的混合和热交换；减小总传动比，便于传动系统的设计；较小的斜度允许有较高的填充系数，使产量提高；减小窑头、窑尾的支承基础高度差，降低厂房和支承基础的高度。

(2) 长径比 L/D。

水泥回转窑的长径比与水泥生产的煅烧工艺有关。

当回转窑筒体直径 D 一定时，增加窑长 L 可降低窑尾废气温度，减少热耗且产量略增。如果窑长 L 过长，对提高产量和降低热耗作用不大，却增加了钢材消耗。对不同的煅烧工艺，长径比参考表 4.3.1-1。

表 4.3.1-1　回转窑长径比 L/D 及 K 值

水泥煅烧工艺	平均长径比 L/D 参考值	K
湿法窑	35～45	0.038
带余热锅炉干法窑	22～28	0.05
立波尔窑	15～19	0.103
SP 窑	17～20	0.115
NSP 窑	15～19	0.23

注：①平均 L/D 参考值指较大型窑($G>50\sim100$ t/h)；

②入料生料表观分解率在 90% 时。

(3) 转速 n。

窑筒体转动使物料翻动，强化物料与热气流间的热交换。

转速过快，一方面使废气中的粉尘增多，增加了生料损耗，另一方面缩短了生料在窑内的停留时间，降低了熟料质量。为适应生料成分、水分等的变化，保证所需的停留时间，要求窑速能调节。

湿法长窑正常运转时，回转窑转速为 0.5～1.2 r/min，为强化煅烧留有余地，最高转速可为 1.35 r/min；SP 窑为 0.6～2 r/min，最高可达 2.5 r/min；NSP 窑为 0.6～3.5 r/min，最高可达 4 r/min。

4.3.2　产量

影响回转窑产量的因素很多，如水泥熟料煅烧工艺类型、窑的直径和长度、冷却机、预热器和分解炉等设备的配套情况、原料、燃料的成分和质量、熟料品种及操作水平等。目前还不能通过理论推导来全面表达。一般通过对大量实际生产数据进行统计分析，建立一些实用的相关关系——经验公式。

1. 日本水泥协会推荐公式(1974 年)

$$G = KD1.5L \tag{4-8}$$

式中：G——熟料小时产量，t/h；

D——窑烧成带筒体内直径，m；

L——有效长度，m；

K——系数，随熟料煅烧工艺不同而异，见表 4-3。

2. 国家建材局建材研究院提出的 NSP 窑产量计算公式（1979 年）

$$G = KD2.52L0.762 \tag{4-9}$$

式中：G——熟料小时产量，t/h；

K——系数，推荐值为 0.114～0.119。

上述公式是用回归分析法对国内外 52 台 NSP 窑（$D=2.4～6.2\text{m}$、$L/D=15～20$）进行统计后获得的。

3. 南京化工学院推荐公式（1986 年）

统计 1951 年至 1984 年，54 个国家投产的 617 台各类悬浮预热器和预分解窑的生产数据或设计资料，进行了产量回归分析，获得以下三组公式。

（1）悬浮预热器窑产量公式。

$$G = 0.7576 \times D \times 2.9317 \times L \times 0.54598 \, (\text{t/h}) \tag{4-10}$$

式中参数意义同前。

统计范围：$D=1.6～6.2\text{ m}$；$L=20～125\text{ m}$；$G=1.67～212.5\text{ t/h}$。

统计样本数为 470 个，相关系数为 0.979。

（2）立筒预热器窑产量公式。

$$G = 0.046046 \times D \times 2.5202 \times L \times 0.78902 \, (\text{t/h}) \tag{4-11}$$

式中参数意义同前。

统计范围：$D=1.6～5.7\text{ m}$；$L=20～90\text{ m}$；$G=1.67～131.3\text{ t/h}$。

统计样本数为 80 个，相关系数为 0.990。

（3）预分解窑产量公式。

$$G = 0.27250 \times D \times 2.6804 \times L \times 0.48912 \, (\text{t/h}) \tag{4-12}$$

式中参数意义同前。

统计范围：$D=1.8～6.4\text{ m}$；$L=28～125\text{ m}$；$G=10～350\text{ t/h}$。

统计样本数为 147 个，相关系数为 0.959。

4.4　预热过程及设备

4.4.1　预热器的功能及设计要求

水泥回转窑作为水泥生产高温煅烧最为关键的反应设备以来，回转窑的窑径由小变大，窑长由短变长，再由长变短的发展过程。

水泥熟料煅烧的回转窑，最初采用干法生产，然后再到水泥湿法生产，并逐渐向大型化方向发展。直至窑筒体直径达 7.6 m，长度达 230 m，回转窑的支墩多达 6 个，回转窑的大型化给支撑装置的设计、变形后的受力分布及窑内耐火材料的稳定性带来了巨大的不利影响，使得大型化水泥的运转率明显降低。

　　1950 年前后,随着预热器技术的出现和不断完善,生料干法预均化技术的改善和应用,使得这种新型干法水泥生产的回转窑成为水泥工业生产中新的发展趋势。

　　在新型干法窑系统中,预烧过程包括生料的预热和预分解,分别在悬浮预热器和分解炉内完成。其中,将碳酸钙的加热过程从回转窑窑体中脱离出来,其主要任务是充分利用窑尾排出的废气热能预热生料粉,提高生料入窑温度,以降低系统热耗及提高熟料产量,它是实现这种新型干法水泥生产工艺的第一步。预热器有旋风式和立筒式,本书只介绍旋风预热器的工作原理及其结构参数。

　　旋风预热器的工作原理如图 4.4.1-1 所示,生料粉在上升管道中高速分散,气固两相直接悬浮和同流换热,在旋风分离器中气固分离。研究资料表明,气固之间 80%～90%的热量是在入料气流管道内进行传递的。

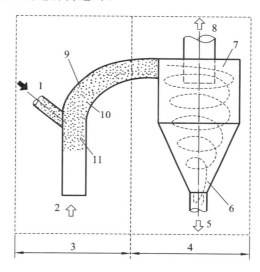

图 4.4.1-1　旋风预热器的工作原理

1—料流;2—气流;3—换热区;4—分离区;5—料;6—分离;7—旋风筒;8—气;9—换热管;10—换热;11—分散

　　为保证旋风预热器的传热效果,必须满足以下条件:

　　(1)强化生料在管道内的分散传热量与传热面积成正比,因此应尽量做到生料均匀地分散悬浮于热烟气中。

　　(2)选择合适的喂料位置,当物料由下料管成股加入上升管道时,物料由于受下冲力和重力的作用,会逆气流方向下冲一段距离,再随气流回升。若生料下沉到旋风筒内筒下缘以下,该处风速锐减,生料就可能掉入预热器底部。因此应选择合适的喂料位置,要求其大于下冲距离,保证喂入的生料不掉入预热器底部。

　　(3)提高喂料均匀性。选择喂料量精度高的喂料装置,连续均匀地把生料喂入管道;翻板阀应灵活,且翻板上应开设小孔,使生料能少量连续均匀地流出。

　　(4)采用撒料装置,通常先经冷模试验确定撒料板形位置,使撒料效果良好,然后在生产过程中再调试形状、尺寸和角度。

　　(5)提高气固两相间的相对运动速度,以增大换热系数;延长气固两相在设备中的停留时间,以强化气固两相换热。因此,一般将管道内的风速控制在 18～21 m/s 较好。因为粉料从下落点到转向处的气固相对运动速度最大,且气固两相温差也最大,所以粉料在转向被加速的起始区域内瞬间就完成了气固之间的换热。

（6）强化旋风预热器内的气固分离,旋风筒主要起分离作用,设计时只要考虑其分离效果即可。

为了能大量回收废热,旋风预热器设计成多级串联,形成单体内气固同流,而级间气固逆流的系统。实践研究表明,增加级数可提高热效率,但提高的幅度随级数的增加而递减。随着级数的增加,其建筑费用和阻力损失也要增加,因此,存在着一个最优级数。

旋风预热器的设计要求是：

（1）高效,最大限度地换热和最高的分离效率。

（2）压损低,减少旋风筒的压力损失,降低电耗。

（3）体积小,减少结构体积,降低建筑高度和机重。

（4）运转可靠,消除结皮堵塞,提高运转率。

4.4.2　旋风式预热器的结构参数

旋风筒是旋风预热器的核心,其尺寸设计和组合及操作参数的选取,直接影响到技术经济指标。为降低热耗,旋风筒分离效率应高。

因此,整个预热器系统的设计应统筹考虑热耗、电耗、基建、维修和操作等因素,进行综合优化,才可能设计出最佳的预热器组合,同时还需参考实际生产数据或试验研究来加以选定。

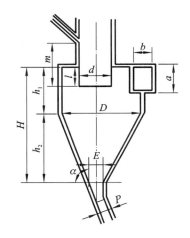

图 4.4.2-1　旋风筒各部分尺寸

旋风筒各部分尺寸示意图如图 4.4.2-1 所示。

1. 旋风筒内直径 D

旋风筒规格是以旋风筒的内直径来表示的,它是设计的关键尺寸。目前尚无理论计算公式,通常按下列经验公式来确定：

$$D = 2\sqrt{\frac{Q}{\pi u_\mathrm{m}}}\ (\mathrm{m}) \qquad (4\text{-}13)$$

式中：Q——系统要求处理的含尘气体流量,$\mathrm{m^3/s}$；

u_m——圆筒截面假想平均风速,$\mathrm{m/s}$。

对不同结构的旋风筒,u_m 与分离效率的变化规律不尽相同,最好通过试验来确定。保证在一定的 u_m 范围内,当 u_m 增加时,分离效率应有改善,但阻力会稍有增加。设计中 u_m 可在 5～6 m/s 内选用,但不应低于 4 m/s。

2. 旋风筒进风口的形状和尺寸

为缩短被分离尘粒与筒壁的径向距离,以提高分离效率,进风口截面应为 $a/b > 1$ 的矩形。

一级旋风筒 $a/b = 1.25～2$；其余各级 $a/b = 1.5～1.82$,以降低阻力。

近期开发的史密斯型高效低阻预热器,其旋风筒入口为菱形,以调整气流方向,使内部流场更合理,既提高了分离效率,又降低了流体阻力,效果很好。

进口风速常采用 $18\sim20$ m/s，依此确定进风口面积 F。虽然分离效率随进口风速的增大而增大，但当进口风速大于 20 m/s 时，流体阻力随进口风速的平方成正比增加，而分离效率的提高并不显著。

3. 内管直径 d 与插入深度 l

增大内管直径 d，并缩短插入深度 l 是目前普遍的发展趋势，可降低其流体阻力。但若 d 过大，其下端面附近会产生湍流区，使扬尘量增多，分离效率降低，一般 $d/D=0.5\sim0.6$ 较宜。

据统计，喂料点位置 $m=(1.9\sim2)d$。

内管插入深度 l：对于第 1 级旋风筒，为提高分离效率，取 $l=d$；对于中间各级，为减少流体阻力，取 $l=0.5d$；对于最下一级，为避免内筒烧毁，除采用耐热材料外，可加大其筒壁厚度和法兰尺寸，并取 $l=0.25d$，以确保安全运转。

4. 旋风筒高度 h_1

理论分析认为，能被分离下来的某尺寸颗粒应符合下列要求：颗粒从旋风筒的内筒外壁移向外筒内壁所需的离心沉降时间应小于或等于气流沿旋风筒高度螺旋向下运动的停留时间。但因干扰因素众多，这种计算公式精度有限，仅能作定性分析。旋风筒高度一般按下式估算：

$$h_1 \geqslant \frac{2Q}{(D-d)u} = \frac{\pi D^2 u_\mathrm{m}}{(D-d)u} \ (\mathrm{m}) \tag{4-14}$$

式中：u——旋风筒上部环形空间中气流螺旋向下运动的有效线速度，与进口风速 u_1 有关，根据经验取 $u=0.67u_1$。

由上可知，当粉料粒径一定时，加大 h_1，可提高分离效率，减少流体阻力。

5. 圆锥体尺寸

锥体的作用是加快对粉料的捕集，便于已被捕集的粉料向中心集料，以及提供旋转气流折流向上的空间。

圆锥体尺寸包括圆锥高度 h_2、排灰口尺寸 E 和锥角 α，三者的关系如下：

$$h_2 = \frac{D-E}{2}\tan\alpha \ (\mathrm{m}) \tag{4-15}$$

由式(4-15)可知，当 D 一定时，h_2 随 E 的减小和 α 的增大而增大。若 α 和 E 太大，即排料口过大，则导致排灰阀规格增大，既不经济又易漏风，且负压引起二次飞扬，影响分离效率。若 α 和 E 过小，易造成粉料向下流动困难，特别是高温区的粉料发黏，极易引起结皮堵塞。

因此，应正确选择 α 与 E 值，以减少漏风，提高分离效率和减少堵塞事故。一般推荐 α 值：1 级为 65°；2～3 级为 66°～67°；4～5 级为 70°。h_2/D 值：1 级为 0.91～0.95；2～3 级为 0.95～1.05；4～5 级为 1.16～1.22。

在锥体适当位置设置两排压缩空气管道，定期喷吹 0.2～0.3 MPa 高压空气，以便疏通堵塞的物料。上排管道对准下料口中心喷吹，下排管道沿切线略向下方喷吹，形成旋涡流，以消除筒壁积灰。考虑到有时结皮堵塞严重，吹高压风也不能消除，则应增设备用的捅灰门。此外还应设置自动测压仪表，以监视系统是否有堵塞情况。

6. 各级旋风筒之间的连接管道尺寸

要求管道中的气流速度能完成分散物料及传递热量的任务。为此要合理选择管道内的平均风速 u_2。既要能冲散加料团块又不要沉落到下一级，以防止破坏系统的正常运行，u_2 不应低于 $11\sim12$ m/s。一般 $u_2=16\sim24$ m/s，视管道结构、撒料装置及喂料点位置而定。

管道风速确定后，可根据处理风量来计算管道直径

$$d_2 = 2\sqrt{\frac{Q}{\pi u_2}}\,(\text{m}) \tag{4-16}$$

4.5　回转窑窑外分解

4.5.1　窑外预分解概述

预分解窑是在悬浮预热窑的基础上发展起来的，是悬浮预热窑发展的更高阶段，是继悬浮预热窑发明后的又一次重大技术创新。自 1971 年在日本第一次投入大规模工业生产以来，这项技术在世界上迅速得到推广。

带有悬浮预热器的回转窑称为悬浮预热器窑，简称 SP 窑。带有悬浮预热器和分解炉的回转窑煅烧系统，是在悬浮预热器窑的基础上发展起来的，故又称为新型悬浮预热器窑，简称 NSP 窑。

窑外预分解工艺流程如图 4.5.1-1 所示，悬浮预热器和回转窑之间，增设了一个分解炉，分解炉内的助燃空气由三次风管从冷却机引至窑后，并在炉前或炉内与窑气混合。

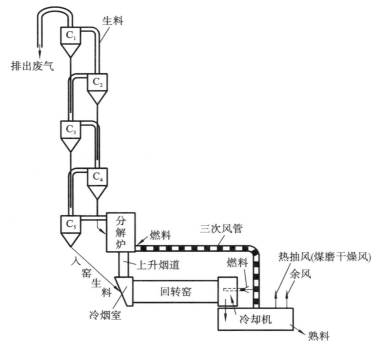

图 4.5.1-1　预分解窑工艺流程示意图

　　入分解炉的燃料量为50％～60％,燃料的燃烧放热过程与生料的吸热分解过程同时在悬浮态或流化态下极其迅速地进行,使生料在入回转窑之前碳酸盐的分解反应在悬浮态或流化态下极其迅速地进行,从而使入窑生料的分解率从悬浮预热窑的30％左右提高到85％～95％,因而窑系统的煅烧效率大幅度提高。

　　分解炉内,由于煤粉与生料粉分散混合并悬浮于热气流中,煤粉燃烧放热,碳酸盐吸热分解,属于高温气固多相反应器。

　　这种将碳酸盐分解过程从回转窑筒体内移到窑外的煅烧技术称为窑外分解技术,这种窑外分解系统简称预分解窑。

　　根据生产工艺要求,分解炉必须满足下面几个条件:

　　(1)炉内气体温度分布均匀,且不宜超过950 ℃,不能出现局部过热现象,防止系统产生结皮、堵塞。

　　(2)燃烧供热是分解反应的前提,通常煤粉的燃尽时间大于生料分解所需时间,所以分解炉内煤粉的燃烧速率制约着水泥生料的分解,其燃尽时间影响水泥生产的热耗,为此应保证燃料在分解炉内燃尽。

　　(3)分解炉中的生料分解率应稳定、可控。粉料在炉内实际停留的时间愈长,分解率愈高,但停留时间也要适当。应考察粉料与气体在炉内的停留时间比,该比值与炉型结构、气体流型和操作气速有密切关系。

　　(4) NO_x 生成量少,以减少大气污染。

4.5.2　分解炉的类型

　　分解炉属于高温气固多相反应器,炉内气固反应过程非常复杂,可以概况为气固两相的流动、分散、燃烧、分解传质、输送等。其中分散过程是前提,换热过程是基础,燃烧过程是关键,分解过程是目的。

　　分解炉的结构形式很多,已使用的类型有旋流式、喷腾式、悬浮式以及沸腾式等,分解炉的分类见表4.5.2-1所示。

表4.5.2-1　分解炉分类表

按分解炉内气体运动的 主要流型分类	按制造厂命名分类	通常配套的预热器类型
喷旋(或径向流)式 (喷腾与旋流或径向流迭加)	NSF,CFF(日本石川岛公司)	洪堡型
	KSV,NKSV(日本川崎公司)	立波尔,维达格及 KS-5 型
	D-D(日本神户制铁公司)	洪堡型
	UNSP(日本宇部公司)	宇部型
	Pre-Axial(德国巴比考克公司)	其他
旋流式	SF 型(日本石川岛公司)	洪堡型
	PCB(法国 Five Cail Babook 公司)	法国型
	RSP(SC,SB 炉)(日本小野田公司)	维达克型

按分解炉内气体运动的 主要流型分类	按制造厂命名分类	通常配套的预热器类型
喷腾式	FLS(丹麦史密斯公司) RC(日本住友公司) Gepol(德国伯利鸠斯公司)	史密斯型 其他 立筒型
沸腾式	MFC，N-MFC(日本三菱公司) CF13(德国鲁奇公司)	立波尔 N-SP 型 其他
悬浮式	Prepol 及其改进型(德国伯利鸠斯公司) Pyroclon(德国洪堡公司)	立波尔型 洪堡型

4.6　回转窑机械设计

4.6.1　回转窑设计的原则及过程

回转窑总的设计原则是技术上先进、经济上节省、使用上安全。

1. 设计的基本原则

1）使用要求

机械设备是为生产工艺服务的。设计中应采用先进的技术来满足用户对下列指标的要求：

（1）热耗。

指该回转窑每生产 1 kg 熟料需消耗的热量(kJ)，即 kJ/kg(熟料)。它是确定水泥生产方式或回转窑窑型的依据。

（2）产量。

指该回转窑在单位时间内能生产多少吨的熟料，t(熟料)/d。它是确定回转窑规格的依据。

（3）质量。

指回转窑能生产多大标号的熟料，如 42.5、42.5R、52.5 普通硅酸盐水泥等。它主要由生料的配比和混合程度来保证，如设置原料预均化堆场和生料均化库等。设计中，对回转窑转速应该可调，以稳定熟料质量。

（4）运转率。

指该回转窑的运转时间与日历时间之比，用百分数表示。设计中要考虑回转窑零部件的可靠性，以满足长期安全运转的要求。

2）经济性要求

（1）提高设计和制造的经济性。

它影响到机器设备的价格，即关系到用户的投资费用。在设计中应考虑产品系列化、部件通用化、零件标准化。选材应既经济又可靠，制造和安装所需工时少。

（2）提高使用的经济性。

它影响到生产成本的高低。在能源上，节省煤耗和电耗。在材料上，减少料耗和油耗等。在劳动生产率上，提高机械化、自动化程度，以降低劳动工资费用。

（3）安全、环保要求。

必须保证人身安全和机械设备安全，以及保证设备对周围环境无危害。在技术上要采取安全措施，减少工人操作时体力和脑力的消耗。改善工人的操作环境，如降高温、防尘和降低噪声等。

2. 回转窑设计的一般过程和主要内容

设计的一般过程是明确任务、完成设计、制造和试车。

1）收集资料，明确任务

根据设计任务书的要求，进行调查研究、设计任务书中应明确规定机器设备的用途、主要性能指标、工作环境条件、预期总成本及设计完成日期等。根据设计任务书所规定的任务，进行调查研究。

2）总体设计

通过调查研究，取得了必需的原始数据和资料后，即可开始总体设计。

（1）总体方案设计阶段。

根据规定任务，提出多种方案进行分析比较，最后确定1～2个最佳总体方案，依此完成机器总图。

（2）结构设计阶段。完成各部件装备图。

（3）零件设计阶段。

以上三个阶段不是截然分开而是交叉进行的。此外，还要编写设计计算书及制造、安装和使用说明书。

3）实践检验与优化设计

机械设计只是机械产品生产的第一道工序，它要体现时代性和创造性。但机械设计仅是一种设想，在制造、安装和生产过程中要及时发现问题加以改进，使设计者的设想更符合客观规律。

3. 回转窑机械设计要点

回转窑是一台形大体重、多支点支承，以薄壁圆筒为主体的机器。为了保证回转窑能长期连续运转，从机械方面看，首要的条件是保持筒体的"直而圆"。

生产使用中的关键是"直而圆"，设计者必须尽可能满足这个要求。但是由于机器的"大而重"，则在设计、制造、运输、安装和生产中存在很大困难。

设计时，为保证筒体直，支点数应该少些，但由于筒体又长又重，必须采用多支点支承。要保证筒体圆，就需要确定合适的筒体厚度，以得到足够的筒体径向刚度。

制造时，由于筒体本身刚度小，易变形，不能整体加工，因此，要保证其具有良好的圆度和直线性是相当困难的。

运输时，筒体内加"米"字撑，以防止在运输过程中发生变形。由于运输条件限制，需把筒体分成几十节运输，然后在现场（露天环境和高温作业）安装中，把几十个筒节焊成筒体，要求严格控制其焊接变形量是极其不易的。使用中，托轮调整不当、支承零件磨损不匀和基础沉陷不一致等,都会影响筒体的直线性。

由于筒体很长,测量调整不易,难以随时纠正。筒体直线性破坏后,会加大横截面变形,从而降低窑衬寿命。若窑衬过薄或脱落,筒体局部会过热并产生局部变形,又由于筒体大而重,不易及时修理和更换,会引起筒体严重的轴向弯曲和横向变形,这又将促使窑衬寿命进一步缩短,形成恶性循环。

由此可见,在回转窑的设计、制造、运输、安装和使用的各个环节中,都和"直而圆"的要求存在着矛盾。这些矛盾与"大而重"的特点密切相关。窑的规格愈大,则矛盾愈突出。因此,回转窑机械设计中的要点是要充分考虑机器"大而重"的特点,切实保证"直而圆"的要求。注意:"直"是前提,"圆"是基本要求。

4.6.2 回转窑的结构及其特点

回转窑规格用筒体的有效内直径和长度表示,如 $\phi 4$ m×60 m 回转窑,即表示筒体内的有效直径为 4 m,长度为 60 m。若窑带有扩大带,则其内直径用斜线分开,如 $\phi 3.6/3.3/3.6$ m×150 m 回转窑,即表示两端筒体的内直径为 3.6 m,中间筒体内直径为 3.3 m,总长为 150 m。

虽然水泥熟料煅烧工艺种类繁多,但从机械结构上看,回转窑均由筒体、轮带、支承装置、传动装置和窑头、窑尾密封装置等部分组成,如图 4.2.2-2 所示。

窑筒体是回转窑的躯干,是由钢板卷制并焊接而成,窑筒体倾斜地安装在数对托轮上,在窑筒体底端装有高温耐磨损的窑口护板并组成套筒空间,并设有专用风机对窑口部分进行冷却。

沿窑筒体长度方向上套有数个轮带,它承受窑筒体、窑衬、物料等所有回转部分的重量,并将其重量传到支撑装置上,轮带下采用浮动垫板,可根据运转后的间隙调整或更换,以获得最佳间隙。

垫板起到增加窑筒体刚度、避免由于轮带与窑筒体有圆周方向的相对滑动而使窑筒体遭受磨损和降低轮带内外表面温差的作用。

回转窑机械结构有如下特点:

(1)回转窑是以薄壁圆筒为主体的机器。

从功能上看,筒体是回转窑的核心部分,熟料的煅烧过程全部在其中进行;从结构上看筒体是躯干,其他部件都是为筒体服务的,且各部分尺寸都按筒体规格来确定;从外形上看,筒体是回转窑中最大、最重的部件。因此,筒体是回转窑中最关键的部件。

(2)形大体重。

回转窑筒体直径一般为 3~7 m,特大型的有 7.6 m。窑长一般为 50~80 m,大型的窑长 230 m。主要零件单个质量达十几吨到几十吨,如 $\phi 3.5$ m×145 m 窑的一个轮带净重达 18 t,而筒体有 300 t。因此给设计、制造、运输、安装和维修带来一系列问题。

(3)多支点支承方式。

支承装置常为 3~7 挡,属静不定结构。这给筒体的安装、找正和调整工作带来不少困难。筒体长期运转后,各挡支承零件磨损不均匀,各挡基础沉陷也不一致,破坏了筒体的直线性,均对窑的长期安全运转不利。目前出现的新型预分解型短窑系统,有可能使传统的三挡支承改为二挡支承,成为静定系统,有利于窑的长期安全运转。

(4) 热的影响。

回转窑是一种热工设备,烧成带气流温度高达 $1600\sim1700\ ℃$,SF 法的筒体表面温度达 $200\sim400\ ℃$。在选材上,要考虑温度对材料性能的影响,如窑口护板直接与高温熟料长期摩擦,须选用耐热、耐磨材料。

在机械结构上要考虑减少或消除温度应力,如在轮带和筒体垫板之间预留热膨胀间隙,以消除缩颈温度应力;设法缩小轮带内外表面的温差,以减小轮带的温度应力等。

在设计中,应考虑因安装与操作温度不同,引起各零部件相对位置的变化。如窑筒体伸长时,是否会与密封装置的零部件相碰撞;应估计轮带在托轮上位置的变动量,从而确定各挡支承装置的间距大小等。在润滑上,应加强隔热和冷却,并选用合适的润滑油。

4.6.3 回转窑筒体设计及计算

回转窑筒体计算的基本假设:

(1) 筒体作为静止的水平连续梁来处理。

窑的转速很慢,为 $1\sim3.5\ r/min$,可按静力学方法计算;窑的安装斜度很小,可简化为水平状态;回转窑是多支点支承,按连续梁计算的误差是允许的。

(2) 不计扭矩的作用。

筒体上扭矩所引起的切应力约占弯曲应力的 5%,可忽略不计。

(3) 不计物料重心对窑垂直线偏移的影响。

回转窑筒体运转时,物料重心虽然偏离窑轴线的垂直对称面,但物料质量相对于筒体、窑衬等质量是很小的,故合力方向变化很小。

必须指出:按连续梁来计算所得轴向应力与薄壁圆筒的实际情况有很大差别,还应计入环向应力影响。

1. 筒体轴向应力计算

计算筒体轴向应力的目的是为了确定回转窑支点数和各跨间的距离,决定筒体壁厚,为支承部件及基础提供设计载荷。

1) 计算步骤

(1) 收集设计资料。收集有关窑的类型、规格、结构特点及附属设备情况;窑的载荷分布情况;有关热工数据和筒体表面温度分布曲线等。

(2) 计算各部分的重量并作出载荷图。

(3) 确定支点数及各跨间距,并做多个方案计算。

(4) 对多方案进行分析对比,确定最佳方案。

(5) 针对选定方案,计算、校核筒体轴向应力和轴向挠度。

2) 筒体载荷计算

(1) 筒体单位自重 q_1。

内径为 D,壁厚为 δ(单位均为米)的钢圆筒每米长的自重为

$$q_1 = 78.5\pi(D+\delta)\delta\ (kN/m) \tag{4-17}$$

筒体各段直径、壁厚不同时,应分段计算。

锥台可按平均直径计算。轮带下的加厚部分及垫板、窑口护板等的重量,按集中载荷计算。

影响筒体壁厚的因素很多。如支座跨距与直径之比比较大,壁厚应较大;若衬砖增厚、物料密度大或填充系数高,载荷加大,则应稍增加壁厚。

此外,必须考虑筒体变形对衬砖寿命的影响,应提出对筒体刚度的要求,可按下述经验公式初选各部分筒体厚度。

轮带下筒体厚度: $\delta_1 = 0.0163D - 5.7$(mm)

烧成带跨间筒体厚度: $\delta_2 = (0.0065 \sim 0.008)D$(mm)

其他跨间筒体厚度: $\delta_3 = (0.0053 \sim 0.0065)D$(mm)

对于上述公式中的系数,小窑取小值,大窑取大值。

(2)窑衬单位重量 q_2。

$$q_2 = \pi \gamma^2 (D - h_2) h_2 \text{(kN/m)} \tag{4-18}$$

式中:h_2——窑衬厚度,m;

γ_2——窑衬容重,kN/m^3,具体数值查阅相关技术手册。

(3)窑皮单位重量 q_3。

窑的烧成带挂有窑皮,以保护窑衬和减少窑筒体表面散热损失。

$$q_3 = \pi \gamma_3 (D_3 - h_3) h_3 \text{(kN/m)} \tag{4-19}$$

式中:γ_3——窑皮容重,对水泥窑 $\gamma_3 = (21 \sim 30) \text{ kN/m}^3$;

D_3——烧成带有效内径,m;

h_3——窑皮厚度,一般 $h_3 = (0.1 \sim 0.3)$ m。

(4)物料单位重量 q_4。

$$q_4 = \frac{9.8G_4 t}{60L_4} \text{(kN/m)} \tag{4-20}$$

式中:G_4——回转窑各工艺带物料的通过量,t/h;

L_4——回转窑各工艺带长度,m;

t——物料在回转窑各工艺带的停留时间,min。

(5)齿圈重量。

齿圈重量作为集中载荷,计算时应包括弹簧板等零件重量。

(6)其他载荷。

窑头、窑尾密封装置等,凡是随筒体一起回转的载荷均应计入。

在开始设计时,上述各项载荷的数值均为估算值。依此可画出筒体的原始载荷图。设计图纸完成后,应按实际重量进行校核计算。

3)初步确定支点数和位置

在回转窑设计中,有减少支点数和加大支点跨距的趋势,这样易保证筒体的直线性,同时可减少支承零件,便于安装和维护,但增加了制造与安装的困难。

根据回转窑支点跨距的统计数据,窑头悬臂段 $l_1 = (1 \sim 1.3)D$。既保证第一挡轮带处于冷却带,又保证支承装置和窑头密封装置之间留有足够的维修空间。对多筒冷却机窑应按冷却筒的直径和长度考虑。

　　窑尾悬臂段 $l_2 = (2.5 \sim 3.4)D$，也可适当长些。使该挡的支点反力和支点弯矩与其他各挡接近，但也不宜过长，否则会使筒体产生过大挠度，有碍窑尾密封。对 SF 窑 $l_2 = (2 \sim 3)D$。

　　烧成带跨距 $l_3 \geqslant 5D$，避免第二挡支承处于烧成带；同时该跨距中的载荷过大，筒体表面温度较高，跨距不宜过大。SF 窑的烧成带较长，则 $l_3 \geqslant 6D$ 较好。

　　中间跨距 $l_4 = (6 \sim 8.3)D$。

　　根据经验或上述统计数据，选定各跨间距，并算出支点个数。然后，改变支点个数和跨距，作出若干方案，以便比较。

　　4）确定最佳方案

　　计算各种方案的支点弯矩、跨间弯矩和支点反力，进行比较。

　　对于支点数的确定，既要注意经济效果，又要考虑技术上的可行性和使用上的可靠性。

　　对 $\phi 3.5\,\text{m} \times 145\,\text{m}$ 湿法长窑进行支点数为 6 和 7 两个方案的比较得知：减少一个支点，可节省钢材约 30 t 和节约一个支承基础，但单个支承装置结构较大且筒体钢板增厚，给制造、安装带来困难，应考虑其技术上的可能性。

　　SF 窑一般有三个支点。确定支点数后，选定各支点位置。其原则是首先满足等支点反力，其次是等支点弯矩，最后满足各跨间弯矩相等。这样，各支点反力相等，可统一支承装置的规格、备件，降低造价，同时可使各支点受力均衡，便于维护。

　　各支点弯矩相等，可使轮带下的筒体钢板厚度相同。各跨间弯矩相等，可使跨间筒体钢板厚度相同。由于窑烧成工艺和设备结构上的原因，上述原则不能完全满足时，可不必强求。

　　5）筒体弯曲应力的计算

　　按连续梁计算三支点以上回转窑筒体轴向弯曲应力的常用方法有"三弯矩方程法"和"力矩分配法"。前者计算结果精确，但支点数较多时，需解多元一次联立方程组。此法适宜于编制计算机程序，供上机运算。后者的优点是有明晰的物理概念，步骤清楚，易于掌握，是一种渐近法，只要进行若干次运算，就可迅速求解，并能满足工程上所需的精度要求。手算时，支点数愈多，愈显得快捷。也可编制程序，上计算机运算并打出报表，但程序较前者复杂些。这里我们不做详细介绍。

　　6）筒体轴向应力校核

　　可利用下列公式校核筒体轴向应力：

$$\sigma_1 = \frac{M}{K_1 K_2 W} \leqslant [\sigma] \tag{4-21}$$

式中：σ_1——轴向应力，MPa；

　　　　M——某一截面的弯矩，MN·m；

　　　　W——筒体截面系数；

　　　　K_1——温度影响系数，查表 4.6.3-1；

　　　　K_2——焊缝系数，查表 4.6.3-2。

表 4.6.3-1 Q235C 钢板的温度影响系数 K_1

筒体表面温度(℃)		100	150	200	250	300	350	400
板厚	$\delta \leqslant 20$ mm	1	1	0.98	0.91	0.83	0.76	0.72
	$\delta = 21 \sim 40$ mm	1	0.98	0.94	0.86	0.79	0.74	0.69
	$\delta = 42 \sim 60$ mm	1	0.96	0.91	0.83	0.76	0.72	0.66

表 4.6.3-2 焊缝系数 K_2

接头形式	双面焊对接焊缝		单面焊有垫板对接焊		单面焊无垫板对接焊	
受检程度	局部无损探伤	不作无损探伤	局部无损探伤	不作无损探伤	局部无损探伤	不作无损探伤
焊缝系数	0.9	0.7	0.8	0.65	0.7	0.6

原则上,支点弯矩处、跨间最大弯矩处、截面变化处和温度较高处等截面均可能是危险截面,需要进行校核。但通过分析、比较和判断后,可适当减少一些核算工作量。但对没有把握的截面必须——进行校核,不得遗漏。

目前,回转窑筒体的设计计算采用低许用应力,对于 Q235C 钢板,安全系数高达 6.4～8.8,但许用应力仅是压力容器许用应力的 $1/3 \sim 1/5$,主要原因有以下几点。

(1)筒体轴向应力的计算是假定所有支点在一直线上。

实际运转时由于基础下沉不匀,各支点处筒体温度不同和托轮调整不当等诸多因素,使窑各支点筒体的中心连线呈折线状态。

(2)计算时把筒体假定为梁来处理。

实际上,筒体应作为弹性圆柱壳来计算。理论计算和实测表明,筒体中受到由载荷及边界条件产生的轴向应力和环向应力,即两向应力状态,而不是单纯的轴向应力状态。此外,筒体的径向和轴向温差所引起的温度应力也未计入。

(3)回转窑属于重型机械,连续运转,工作条件恶劣,但又要求筒体使用寿命为 30 年左右。

7)筒体轴线挠度校核

筒体轴线挠度可按材料力学的公式计算,但应根据筒体温度选用弹性模数 E,Q235C 的 E 值可参见有关表格。当跨间或悬臂段最大挠度为 y_{max}、跨距为 l、挠度允许值为 $[y]$ 时,应满足下列要求:

$$y_{max}/l \leqslant [y] = 0.3 \text{ mm/m} \tag{4-22}$$

同时,设计时应尽可能使各支点处的转角接近于零,以便轮带和托轮能全宽接触。

2. 筒体的环向应力

传统的计算方法是以较小的单向许用应力来间接控制筒体的两向应力和径向变形。

生产实践表明,回转窑筒体上常产生各种裂纹,可见筒体强度并没有较大的裕度。同时,由于筒体径向刚度不够,常导致耐火砖的脱落和损坏。因此,筒体的轴向应力计算方法,不能从实质上反映筒体的要求。

薄壁圆筒承受内压时,环向应力比轴向应力要大 2~3 倍。在生产实践中,曾多次在轮带下的筒体上发现轴向裂纹,这是筒体上环向应力过大引起的。

为研究筒体的环向应力和筒体径向变形对窑衬应力状态的影响,必须确定筒体的弯曲变形 x。

由弹性力学可知

$$x = \frac{(1-\mu^2)M_1}{E_1 J_1} \tag{4-23}$$

式中:μ——材料的泊松比;

　　J_1——壳体名义惯性矩,m^4;

　　M_1——筒体的弯曲应力,MPa;

　　E_1——材料的弹性模量,MPa。

轮带下筒体外缘的环向应力为

$$\sigma_2 = -\frac{E_1 h}{2(1-\mu^2)}x \tag{4-24}$$

式中:h——壳体厚度,m。

在筒体设计中,还应考虑支点弯矩产生的轴向应力 σ_1。轮带下筒体承受二向应力,应按下式计算:

$$\sigma = \sqrt{\sigma_1^2 + \sigma_2^2 - \sigma_1\sigma_2} \tag{4-25}$$

3. 筒体径向变形

1) 筒体径向变形的原因

生产实践表明,回转窑的运转率主要取决于窑衬的寿命。掉砖的主要部位,依次为烧成带、轮带附近和传动大齿圈处。随着窑筒体直径的增大,窑衬寿命明显降低,势必严重影响窑的运转率。

窑衬寿命取决于三个方面:一是与筒体的机械结构有关;二是与耐火砖及其镶砌的质量有关;三是与生料性质和操作方式有关。这里仅讨论窑筒体的机械结构问题,其余两方面属于耐火材料和生产管理操作上的问题,在此不作分析。

过去,人们把注意力集中在窑筒体的轴向应力和轴向挠度上。现在研究表明,在工作运转中采用回转窑,筒体会产生轴向挠度和横截面上的径向变形。

利用壳体理论的计算结果绘制的轮带和筒体弯矩图如图 4.6.3-1 所示。

(1) 横截面上曲率半径的变化说明了筒体上存在环向弯曲应力。实践证明,某窑轮带下的筒体上测得的环向弯曲应力比轴向弯曲应力大数倍。

(2) 筒体径向变形具有正负不断变化和多次反复的特征。

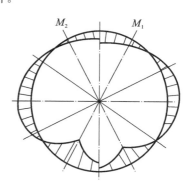

图 4.6.3-1　轮带和筒体弯矩图

一转中有四次正负交变。这对于脆性材料的耐火砖,极易引起损坏和脱落。

(3) 这种变形是由于轮带处存在着巨大的支点反力所致。最大的筒体径向变形总是发生在轮带附近,并向轮带两侧伸展和递减;在两个支承的中间,径向变形较小。

总之,筒体除了应具有足够的轴向强度和刚度外,更重要的是应该具有足够的径向刚度。

根据理论分析和实际测定得知,轮带处筒体径向变形的原因,除支点反力外,主要取决于轮带的刚度 $E_2 J_2$、筒体刚度 $E_1 J_1$ 和轮带与筒体垫板之间的间隙,其中,间隙影响较大。

2) 筒体径向变形控制措施

在筒体设计中应采取下列措施减少筒体径向变形。

(1) 增加筒体刚度。

以焊接筒体取代铆接筒体。焊接筒体比铆接筒体具有显著的优越性,因而现代回转窑几乎全部采用焊接筒。轮带下筒体以单层厚钢板替换多层薄钢板。因为多层薄钢板中的各层不能很好地贴合,其抗弯截面模数小于单层厚钢板,所以单层厚钢板得到广泛应用。另外,适当加厚筒体钢板可以增加筒体刚度。以较小的轴向弯曲许用应力来间接控制筒体两向应力和径向变形的传统设计方法,往往使筒体刚度不足,径向变形较大。因此,近年来各国的回转窑筒体钢板有加厚的趋势。

筒体径向刚度及其强度主要靠一定厚度的钢板来保证,故加厚筒体钢板,对窑的长期运转有利。但选定厚度时应慎重,不是越厚越好:一是增加了窑筒体的钢材耗费,如 $\phi 3.5\ \text{m} \times 145\ \text{m}$ 回转窑筒体普遍加厚 1 mm,则会增加钢板质量 12.5 t;二是轮带附近的筒体钢板应适当加厚,但对远离轮带的跨间或悬臂部位的筒体只要强度足够,可选用较薄钢板,以减少筒体轴向刚度,这样可降低由窑体中心线误差而产生的附加弯矩和支点反力;三是单纯以增加筒体厚度来提高筒体径向刚度,其效果并不显著,应与其他措施配合使用。

(2) 加强轮带刚度。

轮带与筒体间的间隙小是个前提。若间隙为零,则轮带下筒体的变形取决于轮带刚度。所以,设计时应对轮带刚度提出一定的要求。

(3) 适当的间隙。

由理论分析和实践可知,轮带与筒体间的间隙大小对筒体径向变形影响很大。如果设计得当,这是个既省钱又有利的措施,应给予极大重视。

① 设计合适的间隙。

理想状态的活套轮带预留间隙,应该是在窑运转过程中轮带恰好箍住筒体垫板,既无过盈又无间隙,使轮带下筒体变形与轮带变形相同。这样,轮带既起到加强筒体径向刚度的作用,又不致产生巨大的"缩颈温度应力"。为了避免由于筒体和轮带温度波动时产生过大的温度应力,间隙在热态下宜为 2~3 mm。同时,应考虑此间隙大于轮带和筒体垫板的加工误差,以及轮带安装的可能性。

热态下,筒体和轮带在直径方向上的膨胀量之差为

$$\Delta D = \lambda \big[D_s (t_s - t_1) - D_c (t_r - t_1) \big] \tag{4-26}$$

式中:D_s——包括垫板厚度在内的筒体外直径,mm;

D_c——轮带平均直径,mm;

t_s——运转时筒体温度,℃;

t_r——运转时轮带平均温度,℃;

t_1——安装时筒体和轮带温度,℃。

设计时,轮带内径为

$$D_{r1} = D_s + \Delta D + (2 \sim 3)\, mm \tag{4-27}$$

②保持合适间隙。

在长期运转中,由于零件磨损使窑间隙增大,导致筒体径向变形很快增加。

为此可采取下列措施:

垫板采用可更换结构,以便定期更换,保持合适间隙。如国外某公司对 $\phi 4.7\ m \times 75\ m$ 回转窑有如下规定:轮带内径与轮带下筒体垫板外径之间的间隙达 20 mm 时,需更换垫板。

采用耐磨材料作垫板,以延长垫板的使用寿命。

在轮带内表面进行润滑,以减少磨损。该处温度可达到 $200 \sim 300$ ℃,应采用含石墨或 MoS_2 锂基润滑脂。

应按点火程序和升温曲线来控制点火至运转的过程,以防"缩颈"。尤其是对大直径窑更应严格遵守点火程序和升温曲线,以控制耐火砖的升温速度。若耐火砖升温过快,则筒体升温也较快,而轮带升温较慢,有可能使间隙为零进而过盈,形成过大的"缩颈温度应力"。反之,间隙较大,使筒体径向变形过大,易掉砖。国外已研制出一种连续监测此间隙的专用测量仪器,在窑的运转过程中,若间隙过小时,用冷风吹筒体;若间隙过大时,用冷风吹轮带。

(4)间隙测量和调整。

间隙大小对筒体的径向刚度影响很大。由于操作条件不同,昼夜和四季的变更,轮带、筒体与环境温度都会发生变化,使计算的间隙往往不准确。因此,应依靠实践经验的积累和测定来加以修正,才能切合实际。窑运转时,可用估算法来测定实际间隙数值。

窑运转时,在轮带和筒体垫板的接触处,用粉笔沿其径向作一标记。因轮带内直径 D_{r1} 稍大于筒体垫板外直径 D_s,当窑运转一段时间后,该标记会沿圆周方向产生相对位移。假定筒体沿轮带内圆弧做纯滚动,且轮带和筒体均不变形,则窑每转一周,标记的周向错动量 L_1 为

$$L_1 = \pi(D_{r1} - D_s) = \pi\Delta \tag{4-28}$$

式中:Δ——窑运转状态下,轮带和筒体垫板之间的理论间隙。

为减少测量误差,可以将窑转 n 圈,那么标记的周向错动量为 L_n,则

$$\Delta = L_n / \pi n \tag{4-29}$$

4. 筒体缩颈温度应力

筒体上套有轮带或加固圈。理论分析时,可将轮带看作是在薄壁圆筒外套上的圆环。运转时,由于温度影响,且冷态安装时圆环与筒体的预留间隙过小,会发生缩颈温度应力的情况,如图 4.6.3-2 所示。

图 4.6.3-2 中的实线表示筒体安装时的状态,虚线表示筒体工作时的情况。

在筒体中间部位Ⅰ,筒体膨胀后,其母线仍保持为直线,这部分没有产生弯曲变形,因

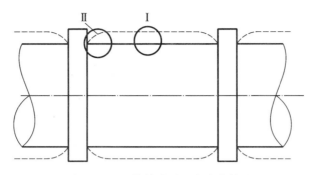

图 4.6.3-2　筒体缩颈温度应力简图

而不存在弯曲应力。在筒体与圆环接触的边缘Ⅱ处,由于圆环的热膨胀量小于筒体热膨胀量,会产生所谓"缩颈"现象,因而对筒体的变形造成约束。此处筒体母线产生弯曲,说明了曲率的变化以及弯矩和弯曲应力的存在。

研究资料表明,若产生缩颈现象,在轮带附近筒体上必然出现沿圆周方向的裂纹。应该指出,温度应力仅在温度不很高时才会存在。

当温度超过 450 ℃时,碳钢产生了蠕滑松弛现象,温度应力就会像其他应力一样消失。若筒体表面温度长期处在高于 400 ℃的条件下,由于机械和热的作用,筒体会产生永久性变形而不能复原。生产实践中常见到轮带下筒体直径较轮带两侧筒体直径小的永久性缩颈现象,就是这个缘故。

4.7　轮　　带

4.7.1　概述

轮带是一个坚固的、用挡板和夹板固定住的大圆钢圈,套装在回转窑设备的筒体上。轮带随着回转窑筒体在托轮上转动,其本身起着增加回转窑筒体刚性的作用。

通过轮带,整个设备的重量传到回转窑托轮,托轮和其他轴承支座承载着部分回转窑的重量,如图 4.7.1-1 所示。

因此,轮带又称滚圈或环箍,其作用是把回转窑筒体(包括耐火砖、内部装置和物料等)所受重力传递给托轮,并保持筒体的直线性,使其能在托轮上平稳地回转。

因而,轮带应具有足够的强度和耐久性。同时,轮带又是加强筒体径向刚度的零件,要有足够的刚度和合适的间隙。

在生产中常见的轮带损坏形式有下列几种:

(1)轮带外表面产生鳞片剥落、麻点、龟裂、压溃等现象。

轮带和托轮接触的表面上会产生很高的接触应力。窑运转时,它们受到接触应力的重复作用而发生表面疲劳破坏。在运转了三四十年的旧窑上,常在轮带上见到蜂窝状麻点。对轮带的铸造缺陷进行焊补后,焊补处及其焊接影响区与金属母体的硬度差过大,易使整块焊补部分脱落。轮带铸造质量差,也易使轮带产生龟裂和压溃。

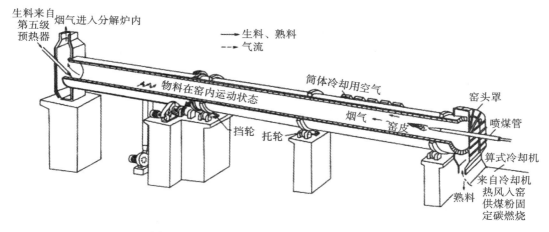

图 4.7.1-1　回转窑筒体、轮带、托轮及挡轮布置

（2）轮带上出现径向裂纹。

由于轮带承受很大的载荷，在其径向断面上产生数值可观的弯曲应力；轮带内外壁温差也会在其径向断面上产生温度应力；若轮带退火不完全，会产生铸造内应力。三者叠加会导致轮带出现径向裂纹，甚至断裂。

（3）过早磨损。

在使用中，基础不均匀下沉会使某挡支点反力激增。同时，当托轮歪斜时，造成轮带和托轮轴线不平行，会使局部接触应力大大超过轴线平行时的理论计算值，使圆柱形轮带变成马鞍形、腰鼓形和锥形等。设计时，若对轮带和托轮材质与硬度搭配选择不当，也会引起过早磨损。

（4）轮带刚度不足。

轮带刚度对筒体径向变形的影响较大。它是延长耐火砖寿命的先决条件，设计中应加以校核。

综上所述，轮带设计的要求如下：

（1）有足够的强度，应对轮带进行弯曲强度和接触强度的校核计算。

（2）有足够的刚度，其直径方向变形应小于或等于轮带平均直径 D_c 的 0.1%。

（3）减少铸造残余应力，应使铸件结构满足"使铸件各部分冷却速度均匀"的原则。

（4）减少磨损，使轮带能使用 15～20 年。若采用石墨润滑和液压挡轮等措施，可达到减少接触应力和磨损的作用。

总之，应按弯曲应力、温度应力、接触应力和刚度对轮带进行设计计算。

4.7.2　轮带结构

1. 截面形状

1）矩形轮带

实心矩形和箱型轮带的截面形状如图 4.7.2-1 所示。实心矩形截面轮带形状简单，铸造缺陷少，且便于锻造，可提高质量。

图 4.7.2-1　轮带截面形状

轮带为实心时,热传导快且厚度较薄,故内外壁温差小,温度应力较小,但散热条件差,轮带温度高些。

质量相同时,与箱形轮带相比,矩形轮带的刚度小,其材料利用不合理。虽然矩形轮带消耗钢材较多,但其制造质量易保证,使用寿命长,综合来看,仍属经济。目前国内外新设计窑都采用矩形实心轮带。

2) 箱形轮带

箱形轮带断面为中空箱形,形状复杂,铸造缺陷多,有时铸造内应力会导致轮带断裂。它较矩形轮带厚,内外壁温差大,温度应力较大但散热条件好。当质量相同时,它较矩形轮带刚度大,材料利用合理。应遵循"使铸件各部分冷却速度均匀"的原则来设计轮带结构,以减少铸造内应力。

从加固筒体以减少筒体径向变形的作用来看,采用箱形轮带更为有利。

3) 组合式轮带

大型水泥回转窑常用组合式轮带。

组合式轮带主要包括两种形式:

(1) 两个单独的整体矩形轮带并列在一起,中间无连接,以代替一个宽度为两倍的矩形轮带,这样可减轻单个轮带的质量,便于铸造和起吊。

(2) 粗加工两个半圆轮带,到现场用电渣焊拼接后再精加工,这样便于铸造和运输。

2. 轮带在筒体上的安装方式

1) 直接铆接在筒体上

早期轮带是铆接于筒体上,具有加强筒体刚度的优点。但在热态下,筒体热膨胀受到轮带的限制,易产生缩颈温度应力,在筒体上产生裂纹。另外,铆接使筒体内表面不平滑,影响耐火砖的镶砌质量,现在回转窑的安装及设计已经不采用这种方式了。

2) 活套轮带

目前回转窑轮带的安装均采用活套轮带。

活套轮带与筒体垫板之间留有适量的间隙,既可消除"缩颈温度应力",又有一定的自行调位能力,使轮带和托轮在母线方向上接触均匀,但削弱了增强筒体刚度的作用。

具体安装结构形式有两种:一种是活套轮带,另一种是带键轮带。

活套轮带如图 4.7.2-2 所示,在圆周方向上存在轮带和筒体垫板之间的相对移动,使垫板磨损。

带键轮带由于加工复杂,安装困难,造价昂贵,尤其是轮带下的筒体难以冷却等问题未妥善解决,因此使用不多。当前最广泛使用的是活套轮带。

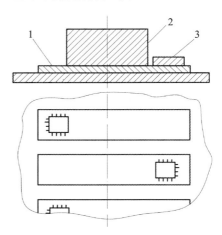

图 4.7.2-2　活套轮带
1—垫板;2—轮带;3—挡块

3) 与筒体一体化轮带

为进一步合理利用材料和简化制造和安装工作,出现了将轮带和筒体构成一体的新结构。该结构不存在间隙和垫板的更换问题,同时又极大地增强了筒体的径向刚度。

3. 垫板结构

为便于冷却轮带内表面和筒体外表面,以控制轮带内外缘温差在 20～40 ℃,保证轮带安全。轮带与筒体间安放有垫板,垫板弧长占整个圆周长的 60%～70%,能留有足够的散热面积。

相邻垫板之间节距(弧长)为 300～400 mm。垫板宽度(弧长):当 $D\leqslant 3$ m 时,为 200～240 mm;当 $D=3\sim 4.8$ m 时,为 220～280 mm。

垫板磨损后可以更换,以保护筒体。另外,通过机加工垫板的方法,既可得到设计间隙,又保证了筒体与轮带连续接触,同时又便于轮带安装。

垫板与筒体固定的方式有两种:焊接和可调垫板。可调垫板可更换,以经常保持合适的间隙。

可调垫板常用螺栓固定垫板和浮放垫板。其中,螺栓固定垫板如图 4.7.2-3 所示,用埋头螺栓将垫板固定在筒体上。调整间隙时,将螺栓割掉后,垫以薄垫片,再用螺栓固定。浮放垫板如图 4.7.2-4 所示,这种垫板浮放在筒体上而不焊接,用卡块和夹块固定,不仅不伤筒体,而且更换方便。

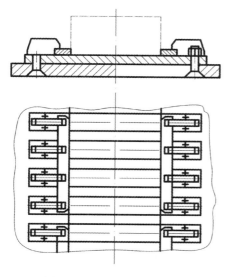

图 4.7.2-3 螺栓固定垫板

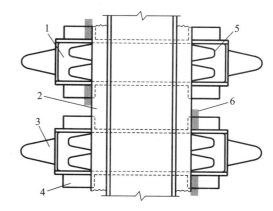

图 4.7.2-4 浮放垫板

1—垫板;2—挡圈或挡块;3—卡块;

4—夹块;5—挡圈固定块;6—挡圈防滑块

4. 轮带轴向定位

窑运转时,由于窑筒体的轴向往复窜动和筒体温度变化引起的轴向长度变化,都会使轮带在筒体轴向上有相对移动。为保证轮带与托轮接触表面能全宽接触和均匀磨损,应设置轮带的轴向定位。

轴向定位结构可分为挡块和挡圈两类,挡块又分为大挡块和小挡块两种结构。两块或两块以上垫板共用一个挡块称为大挡块;一块垫板上仅设一块挡块称为小挡块,在安装中,难以保证每个挡块均与轮带均匀接触,从而受力大的挡块易被切断,或使轮带侧面磨损严重。

因此,大挡块比小挡块可靠,而挡圈比挡块可靠,应推荐采用。考虑热膨胀和安装方便,挡圈不宜制成整体而应分瓣。根据窑径的大小,可分为4~6瓣。

在挡圈与挡圈的接头处,靠轮带的一侧应加工出大坡角或大圆弧,以免划伤轮带侧面,减轻磨损。尽量增大挡圈或挡块的高度,以便增加与轮带侧面的接触面积,从而减少单位面积上的压力,降低磨损并稳定轮带。

采用斜撑或卡块可将挡块或挡圈固定在垫板及筒体上。因为窑筒体的轴向窜动力是通过斜撑或卡块来传递的,应有足够的强度。尤其要注意带有液压挡轮装置挡的轮带斜撑或卡块的强度问题。

4.7.3 轮带设计计算

轮带应按接触应力、弯曲应力、温度应力和刚度进行设计计算。进行轮带设计时,首先需要合理确定轮带截面形状、轮带在筒体上的安装方式、垫板结构形式和轮带轴向定位方式。

1. 初步估算轮带结构尺寸

1)初定轮带外径 D_r

根据回转窑规格,按表4.7.3-1提供的统计值初定 D_r。一般大窑取小值,小窑取大值。

表 4.7.3-1 轮带外径 D_r 的统计值

轮带截面形状	筒体直径 D/m	轮带外径 D_r/m	截面高度 H/m
矩形	<3.5	$(1.19\sim1.26)D$	$(0.055\sim0.09)D$
	≥3.5	$(1.17\sim1.21)D$	$(0.05\sim0.08)D$
箱形	<3.5	$(1.25\sim1.28)D$	$(0.09\sim0.11)D$
	≥3.5	$(1.20\sim1.25)D$	$(0.07\sim0.10)D$

2)确定轮带宽度 B_r

轮带和托轮可当作轴线平行的两个相接触的圆柱体来处理。根据弹性力学可求得其接触表面的最大接触应力 p_0。设计时,p_0 应满足:

$$p_0 = 0.418 \sqrt{pE\left(\frac{R_r + R_t}{R_r R_t}\right)} \leqslant [p_0] \tag{4-30}$$

式中:p——单位接触宽度上的载荷,MN/m;

$\quad E$——钢材弹性模量,$E = 2 \times 10^5$ MPa;

$\quad R_r$——轮带外缘半径,m;

$\quad R_t$——托轮外缘半径,m;

$\quad [p_0]$——许用表面最大接触应力,MPa,与材料的表面硬度有关,查有关表格。

单位接触宽度上的载荷为

$$p = \frac{Q + G_r}{2B_r \cos\alpha} \ (\text{MN/m}) \tag{4-31}$$

式中:Q——支点反力,取各支点反力中的最大值,MN;

G_r——轮带自重,$G_r = (5 \sim 10)\% Q$,MN;

α——轮带和托轮中心连线与垂直线的夹角,一般 $\alpha = 30°$;

B_r——轮带宽度,m。

轮带宽度:

$$B_r = \frac{0.202E(Q + G_r)(i + 1)}{[p_0]^2 D_r} \ (\text{m}) \tag{4-32}$$

式中:D_r——轮带外直径,m,由表 4-7 选取;

i——轮带与托轮直径之比,一般 $i = 3 \sim 4$,大窑取小值、小窑取大值。

在保证轮带经久耐用的前提下,尽量提高两者的耐磨性能,以延长双方的使用寿命,以此作为原则来选择材料的组合。

另外,托轮宽度大于轮带宽度,既保护轮带表面又节省金属材料。

新型干法窑中,由于窑的转速成倍提高,轮带、托轮和挡轮的接触表面磨损加剧,因此应通过提高零件表面硬度来提高接触强度和抗磨损能力。据此,可采用 ZG40Mn2 轮带和 ZG50Mn2 托轮或 ZG35SiMn 轮带和 ZG42SiMn 托轮两种材料组合。锰系和硅锰系碳钢的耐磨性和接触疲劳强度均较高,适用于制造以承受疲劳接触应力和磨损为主的轮带和托轮。在计算时,应取轮带和托轮两种材料中的较差接触应力作为许用接触应力。

3) 确定轮带截面高度 H

对于矩形和箱形轮带的尺寸如图 4.7.3-1、图 4.7.3-2 所示。

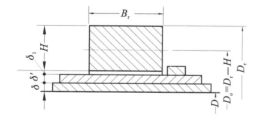

图 4.7.3-1 矩形轮带尺寸图

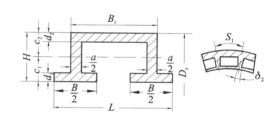

图 4.7.3-2 箱形轮带尺寸图

$$H = \frac{D_r - D}{2} - \delta - h' \tag{4-33}$$

$$h' = \delta' + \delta_1 \tag{4-34}$$

式中:δ'——垫板实际厚度(为统一轮带内径,直筒窑各挡应取相同的 h',根据各挡不同的 δ_1 值,可取相应的 δ' 值);

δ——筒体壁厚,mm;

D——回转窑筒体内直径,mm;

D_r——轮带外直径,mm;

δ_1——室温时轮带内圆半径与筒体垫板外圆半径之差,mm。

$$\delta_1 = \Delta D/2 + (1 \sim 1.5) \ (\text{mm})$$

式中：ΔD 按式(4-26)计算。

确定 δ_1 时应综合考虑热膨胀量，轮带对筒体的加固作用，以及机械加工偏差等因素。

4）确定箱形轮带截面尺寸

表 4.7.3-2 所列为箱形轮带截面尺寸经验数据，供设定尺寸时参考。

表 4.7.3-2　箱形轮带截面尺寸

	D_r/D	H/D	d_2/H	d_1/d_2	$a/2$	L/B_r	B/B_r
$D<3$ m	1.25～1.28	0.09～0.11	0.286～0.333	0.55～0.7	$(d_1+d_2)/2$	1.3～1.5	0.9～1.1
$D>3$ m	1.20～1.25	0.07～0.10	0.250～0.333				

设定轮带截面尺寸时，应注意：

(1) 当 D_r/D 较大时，由于 H 值较大，则截面模数显著增加。同时轮带内外缘温差也随之增大，会引起较大的温度应力。综合考虑，可取较小的 d_2/H。

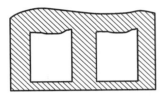

图 4.7.3-3　轮带波浪状变形

(2) 确定 d_2 时，既要满足强度要求，又要考虑轮带外缘的轴向刚度。否则，在轮带外缘会产生严重的轴向和周向的波浪形变形，如图 4.7.3-3 所示。

当 B_r 较大时，d_2/H 应取较大值。d_2 值还应考虑轮带的磨损量。当窑的转速较高时，d_2 可取大值。

(3) 当 $B_r>650$ mm 时，为增强轮带外缘的刚度，应采用三道轮辐。每道轮辐厚度为 $a/3$，$a/d_2=20\sim22$。

(4) 轮带内部设有轴向筋板。按轮带外圆周长每隔 $500\sim700$ mm 配置一块，筋板厚度 $\delta_2=(0.5\sim0.55)d_2$。

(5) 设计轮带时应遵循铸钢件的设计原则，即结构各部分的冷却速度要均匀；各壁厚过渡圆角要大；筋板上的铸孔直径要适当，孔边缘无锐角，以减少铸造应力和铸造裂纹；最后要考虑结构的工艺性，如便于脱模和机械加工等。

2. 强度校核

轮带承受由载荷 Q 和托轮反力作用引起的弯曲应力，以及轮带内外缘温差引起的温度应力。

1）弯曲应力

轮带受力如图 4.7.3-4 所示，由一对托轮支承一个轮带，轮带载荷 Q 由筒体传给轮带的支点反力 Q_1 和轮带自重 Q_2 组成。托轮的两个支承点与轮带中心的连线间夹角为 2α，一般为 60°。所以，托轮反力 S 为

$$S = \frac{Q}{2\cos\alpha} = \frac{Q}{\sqrt{3}}$$

在载荷 Q 和反力 S 的作用下，轮带产生变形，如图 4.7.3-4 的虚线所示(图中变形量已放大)。此时，轮带变形后已不再是严格的圆形，曲率的变化说明弯矩的存在。

按等截面圆环的超静定问题可求得轮带中的弯矩分布。对于常用的轮带铆固于筒

体垫板上和轮带活套于筒体垫板上(间隙为零)这两种方式,弯矩分布图如图 4.7.3-5 所示。

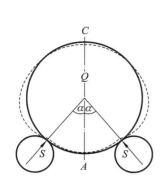

图 4.7.3-4　托轮支承轮带受力图

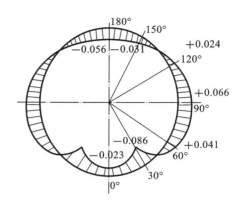

图 4.7.3-5　弯矩分布图

圆周线内部的弯矩为负值,其作用是使轮带周线的曲率半径增大,即轮带的内缘受拉、外缘受压;圆周线外部的弯矩为正值,其作用是使轮带周线的曲率半径减小,即轮带的内缘受压、外缘受拉。

轮带最小弯矩发生在与托轮接触的部位,而最大弯矩发生在轮带水平直径上,其值如下:

$$\begin{cases} M_{\max} = 0.066QR_{\mathrm{c}} \\ M_{\min} = -0.086QR_{\mathrm{c}} \end{cases} \tag{4-35}$$

式中:R_{c}——轮带平均直径,mm。

因为轮带横截面的抗拉强度远大于抗弯强度,则轮带横截面上的张应力可略去不计。由载荷 Q 引起的轮带弯曲应力为

$$\sigma_Q = \pm M/W \tag{4-36}$$

式中:W——轮带截面模数。矩形截面时,$W = \dfrac{B_{\mathrm{r}}H^2}{6}$;箱形截面时,按材料力学方法求得。

式(4-36)的计算结果若为正、负,表示轮带外缘受拉应力、内缘受压应力;计算结果若为负、正,表示轮带外缘受压应力、内缘受拉应力。

2)温度应力

轮带的温度应力与轮带内的温度分布规律有关。设内半径为 r,表面温度为 T_2;外半径为 R_{r},表面温度为 T_1;沿轴向温度不变。由傅里叶热传导方程可求得沿径向的分布规律:

$$T = C_1 + C_2 \ln\rho \tag{4-37}$$

式中:C_1、C_2——常数;

ρ——所求点的半径,mm。

根据圆环温度应力基本方程式可求得外表面和内表面的环向应力分别为

$$
\begin{cases}
(\sigma_Q)_{\rho=R_r} = \dfrac{E\lambda(T_2-T_1)}{2\ln\dfrac{R_r}{r}}\left[1-\dfrac{2r^2\ln\dfrac{R_r}{r}}{R_r^2-r^2}\right] \\[4mm]
(\sigma_Q)_{\rho=r} = \dfrac{E\lambda(T_2-T_1)}{2\ln\dfrac{R_r}{r}}\left[\dfrac{2R_r^2\ln\dfrac{R_r}{r}}{R_r^2-r^2}-1\right]
\end{cases}
\tag{4-38}
$$

若轮带壁厚较薄,即 $R_r/r \leqslant 1.3$ 时,可将温度分布规律简化为直线分布:

$$
T = C_3 + C_4\rho \tag{4-39}
$$

此时,求得环向应力误差不大于 5%。其外表面和内表面的环向应力近似公式分别为

$$
\begin{cases}
(\sigma_Q)_{\rho=R_r} = \dfrac{E\lambda(T_2-T_1)}{3}\left(\dfrac{R_r+2r}{R_r+r}\right) \\[4mm]
(\sigma_Q)_{\rho=r} = \dfrac{E\lambda(T_2-T_1)}{3}\left(\dfrac{2R_r+r}{R_r+r}\right)
\end{cases}
\tag{4-40}
$$

对于水泥回转窑轮带,$T_2-T_1 = (20\sim40)$ ℃。式(4-40)适用于矩形截面和箱形截面的中间筋肋。

3）合成应力

轮带既承受弯曲应力,又承受温度应力,两者应合成。在轮带与托轮支承点处的弯曲应力和温度应力是相互抵消的,但在水平截面处,两个应力正负相同,应予叠加。

外壁合成应力:

$$
\sigma_0 = (\sigma_Q)_{\max} + (\sigma_Q)_{\rho=R_r} = \frac{0.066QR_c}{W} + \frac{E\lambda(T_2-T_1)}{3}\left(\frac{R_r+2r}{R_r+r}\right) \leqslant [\sigma] \tag{4-41}
$$

内壁合成应力:

$$
\sigma_i = (\sigma_Q)_{\max} + (\sigma_Q)_{\rho=r} = -\frac{0.066QR_c}{W} - \frac{E\lambda(T_2-T_1)}{3}\left(\frac{2R_r+r}{R_r+r}\right) \leqslant [\sigma] \tag{4-42}
$$

式中:$[\sigma]$——许用合成应力,MPa,查阅相关技术手册。

若预留间隙过小而产生"缩颈温度应力"时,在轮带中还存在由此产生的环向应力 $\sigma_e = \dfrac{pR_2}{F}$。此项应力也应计入上述合成应力中。因轮带截面积较大,σ_e 值较小,但在筒体中会产生很大的应力。

此外,还应考虑长期使用后,磨损会导致轮带截面尺寸减小和应力增大的因素。轮带设计寿命一般为 15~20 年,对于水泥回转窑,轮带磨损速度为 0.5~1 mm/年。

4）刚度校核

轮带除应有足够的强度外,还应具有足够的刚度,以满足筒体允许的椭圆度要求。对于筒内砌有耐火砖的水泥回转窑,应使轮带直径的变形量 $\leqslant 0.1\% D_c$,D_c 为轮带平均直径。

设计中增加轮带刚度,可减小其自身变形。同时,选择适当的轮带与垫板之间的间隙,使它们在热态下基本上能接近紧套状态,这样就能使筒体的径向变形基本上限制在轮带变形的范围之内。因此,可以只分析被固定在筒体垫板上的轮带变形。

轮带变形后成为扁圆,其刚度校核如下。

径向变形量校核：

$$\Delta_{\frac{\pi}{2}} = -0.0418\frac{QR_{\frac{3}{2}}}{EJ} \leqslant [\Delta] \tag{4-43}$$

水泥回转窑轮带许用变形量$[\Delta]=0.1\%D_c$。

椭圆度校核：

$$\omega = \Delta_0 - \Delta_{\frac{\pi}{2}} = -0.0808\frac{QR_{\frac{3}{2}}}{EJ} \leqslant [\omega] \tag{4-44}$$

水泥回转窑轮带许用椭圆度$[\omega]=0.2\%D_c$。

4.8 支承装置

回转窑支承装置承受着窑体回转部分的全部重量，并对筒体起定位作用，使筒体和轮带能在托轮上平稳地运转。

回转窑托轮装置是回转窑支撑的重要组成部分，具有承载负荷大、工作环境差、连续性运转、维修费时费工等特点。托轮装置运行状况的好坏，直接影响整个回转窑系统的正常运转，影响系统运转率及熟料产量。

4.8.1 托轮及其支承结构

回转窑支撑结构如图 4.8.1-1 所示，窑体支承装置由一对托轮、四个轴承和一个大底座组成。

回转窑支承装置承受整个回转部分的质量，并使筒体、轮带能在托轮上平稳转动。为阻挡筒体的下滑和上移，在一部分支撑装置上要设置挡轮，挡轮有普通挡轮和液压挡轮，这个后面将做详细介绍。

为了保持筒体的"直而圆"，要求安装支承装置时，既要保证各挡筒体中心连线为一直线，又要保证同一挡的两个托轮受力相等，以使它们磨损均匀。此外，还要求支承装置能控制窑体的轴向窜动。

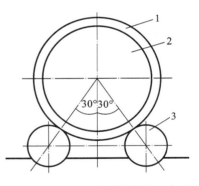

图 4.8.1-1　回转窑支撑结构示意图
1—轮带；2—筒体；3—托轮

1. 托轮的破坏形式及其原因

托轮的破坏形式有两种：表面破坏和轮体破裂。

1）表面破坏

托轮表面破坏发生在与轮带接触的托轮外表面上。表现为表面鳞状裂缝、楔状掉块、片状剥皮、沟槽、亮线、端部压墩等。其原因分为磨料磨损，接触疲劳破坏和塑性变形三大类。

托轮和轮带之间的粉尘和磨损碎屑的粗硬突出点压入软金属表面，并犁出一道道沟槽，使原来沟中的金属被犁削成磨屑而从本体脱离，此即磨料磨损。将托轮表面磨成沟槽、锥形、台阶等形状。它属于高应力磨料磨损，其体积磨损量与作用在摩擦表面的正压力和滑动距离成正比，与材料的表面硬度成反比。因此，保证材料表面清洁并进行润滑，提高表面硬度，降低轮带和托轮的相对滑动量，细化接触表面的晶粒可减少此类磨损。

材料表面产生鳞状裂纹、楔状掉块和片状剥皮是因接触疲劳应力所致。因为轮带和托轮两个圆柱体彼此转动，其材料表层承受交变接触应力，属于疲劳破坏。两圆柱体接触处存在着摩擦力，对材料内部的应力分布有重大影响。

根据材料产生接触疲劳破坏的原因，可采取如下措施：

（1）减少轮带和托轮之间的摩擦力，以减少材料表面形成裂纹的机会。

如果采用液压挡轮或自位托轮轴承结构，轮带和托轮全宽均匀接触，可降低接触应力。严禁在轮带和托轮表面撒灰来调整窑体窜动，以减少摩擦系数等。

（2）在轮带和托轮表面上，用固体润滑剂代替液体润滑剂。

国外推荐采用石墨润滑剂，这样既可减少接触表面的摩擦系数，又可避免由于液体的不可压缩性使裂纹扩展。应废除国内常用的托轮浸水方法，因为水对托轮会产生腐蚀磨损。应注意保持接触面的清洁。

（3）改善材料的表层质量，要求材料的耐磨性和抗接触疲劳强度好，合金铸钢在这方面有优越性。国外采用 Ni-Cr 系列的低合金铸钢；国内建议采用锰系中碳铸钢，以提高母体金属的屈服强度和表面硬度，且又保持韧性。铸造和热处理时，要使材料表层组织致密、晶粒细化。

压墩是由于轮带或托轮接触边缘的压力过大而使材料发生塑性变形，造成其端部向外延展和卷边。一般发生在材料较软的轮带、托轮歪斜严重的轮带或托轮端部。把轮带或托轮的直角端部改为圆角端部，可极大地改善端部过载的现象。

2）轮体破裂

轮体破裂是指托轮轮体某些部位出现裂纹甚至断裂，失去作用而报废。这种失效往往是突发性的，被迫停产，造成经济损失。轮体破裂主要发生在托轮外缘、托轮辐板孔附近和托轮轴孔处，它属于强度破坏。具体的破坏形式与托轮的结构有关。

2. 托轮的结构形式

托轮的结构有三种形式，箱形结构如图 4.8.1-2 所示，轮辐式结构如图 4.8.1-3 所示，实心结构如图 4.8.1-4 所示。

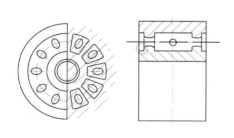

图 4.8.1-2　箱形结构托轮

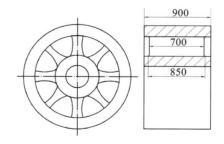

图 4.8.1-3　轮辐式结构托轮

生产实践表明，箱形结构托轮虽然可以节省少量金属材料，但箱形结构的强度最差，应避免采用；轮辐式结构的强度次之；实心结构的强度最好，应尽量采用，且以少开有起吊孔的结构为佳。

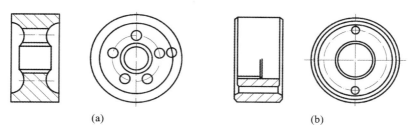

(a)   (b)

图 4.8.1-4 实心结构托轮

（a）轮辐式结构；（b）实心结构

4.8.2 托轮支承结构

托轮支承结构的形式有两种：刚性支承和自调支承。

1. 刚性支承

目前绝大多数回转窑的支承装置都是将托轮轴承刚性地置于基础上。这种刚性支承装置的结构如图 4.8.2-1 所示。

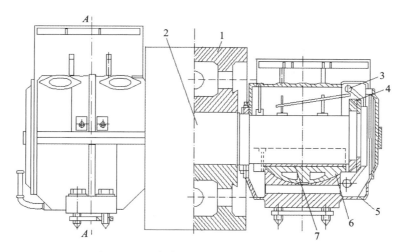

图 4.8.2-1 托轮止推环设在托轮轴的两端

1—托轮；2—托轮轴；3—油勺；4—止推环；5—轴承；6—球面瓦；7—轴瓦

托轮组合件由托轮 1、托轮轴 2 和止推环 4 组成。托轮材料一般为铸钢，小型窑也可采用铸铁轮（HT150 或 HT200）。托轮轴用 45 钢。托轮与轴采用热压配合或重压配合组装在一起。止推环用 Q235 钢制成。

当回转窑窑体轴向窜动时，托轮可由止推环 4 支撑在轴瓦 7 的端部，以限制托轮的窜动量。托轮止推环设在托轮轴的两端，不过也可设在托轮轮毂两侧，如图 4.8.2-2 所示。后者因止推环设在托轮轴承的内侧，托轮轴较前者稍长，且止推环不易检修，因此，常采用第一种结构。托轮轴承有滑动轴承和滚动轴承两种，大、中型回转窑常用滑动轴承。

托轮滑动轴承是在高温、重载、低速、多尘和基础倾斜的条件下工作的，结构上应注意隔热、密封和防止漏油。轴承内设有水冷却装置，水经冷却水管先通过底部油槽，以冷却

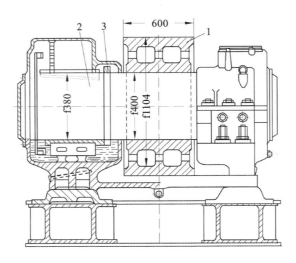

图 4.8.2-2　止推环设在托轮轴承的内侧
1—托轮；2—托轮轴；3—止推环

润滑油,再冷却球面瓦,最后流入托轮大底座的水槽内或直接排出。

滑动轴承的衬瓦材料常用 ZQAl 9-4,也可用 ZQSn6-6-3,但后者铸造性能较差。它们用作径向衬瓦时,单位许用压力$[p]$＝4 MPa;用作止推衬瓦时,单位许用压力$[p]$＝3.5 MPa。

在窑热端的几对托轮轴承上,还装有隔热罩,以减少窑体热辐射对托轮轴承的热影响。托轮轴承一般设有球面瓦,该结构有较好的自位调心能力。在托轮安装和调整中,左右轴承瓦面与轴颈均匀接触,可避免发生咬轴现象。设置调整螺栓可便于安装和调整托轮。

2. 自调支承

回转窑筒体支撑在多挡支承上,每挡支承由两个托轮组成,它们分别支撑在四个轴承上,因此,安装找正时产生误差是难免的。一般在常温下调整,在热态下运转,这就会导致冷、热态时中心线的变化。此外,由于窑热工制度的改变,长期运转后窑体的弯曲,以及各基础的不均匀下沉和支承表面磨损不均匀等原因,要保持筒体的直线性是困难的。

窑中心线严重弯曲时,会使某些支点反力剧增,这会加速支承装置的磨损,甚至破坏,会引起传动基础的振动,使传动电动机超负荷运转及破坏窑头、窑尾的密封。以上这些都是刚性支承的不足之处。为了将全部载荷基本上均匀地分配在各个支承上,并在运转中继续保持均匀分担的状态,出现了自调支承装置。

4.8.3　托轮尺寸及托轮调整

1. 托轮的尺寸确定

（1）托轮直径 D_t。

$$D_t = D_r/i \tag{4-45}$$

式中：D_r——轮带外直径；

i——轮带与托轮直径之比,一般 i＝3～4,小窑取大值,大窑取小值。

（2）托轮宽度 B_t。

确定托轮宽度的原则是：窑处于冷态时，任一轮带在托轮上的接触宽度不小于托轮宽度的 75％，以防止静接触应力过载；窑处于热态时，轮带宽度的平分线应与托轮宽度的平分窑体在热态下沿轴向窜动，其窜动量是由挡轮与轮带之间的间隙确定的。

为优先保证轮带获得全宽上的均匀接触，以避免轮带表面磨出沟槽及节省金属，须将托轮设计得比轮带宽。为保证轮带的接触宽度不小于托轮宽度的 75％，托轮宽度必须满足下述条件：

$$B_t \geqslant (B_r/2) + 2\Delta l_{max} + 2V \tag{4-46}$$

式中：B_t、B_r——托轮和轮带的宽度；

　　　Δl_{max}——设有挡轮的支承装置挡至窑头或窑尾挡的窑筒体热膨胀量；

　　　V——筒体轴向窜动量；普通挡轮，$V=20\sim40$ mm；液压挡轮，$V=10\sim20$ mm。

（3）托轮轴长度。

托轮轴材料常采用 45 钢，其许用应力 $[\sigma_{-1}]=48\sim50$ MPa；可选 40Cr 钢，其 $[\sigma_{-1}]=55\sim58$ MPa；对 35SiMn 钢，其 $[\sigma_{-1}]=58\sim60$ MPa。

托轮轴长度取决于托轮宽度及轴承宽度，托轮轴直径由轴颈弯曲强度和轴瓦比压来确定，可根据受力大小，按机械零件的设计方法进行设计。

因托轮与托轮轴的配合采用过盈配合，使托轮提高了轴中部的强度，而且该处不存在应力集中，则危险断面不在弯矩最大的轴中间。

2．托轮的调整

回转窑筒体以与水平方向成一定的斜度安装在托轮上，如图 4.8.2-3 所示，由于窑体本身重力的作用，以及基础沉陷不均，筒体弯曲，轮带与托轮不均匀的磨损，特别是轮带与托轮接触表面之间摩擦力的变化，回转窑在工作中常引起筒体沿轴向上下窜动，如图 4.8.2-4 所示。

轮带与托轮接触表面之间的摩擦系数与筒体转速、气温升降、表面有无油水、灰尘以及本身的磨损程度有关。这些因素在生产中是不断变化的，即使是调整好的筒体，在运转过程中也会上下窜动。如果筒体在有限的范围内时而下、时而上的窜动，保持相对稳定，这是正常现象，可以防止轮带与托轮的局部磨损。

如果筒体只在一个方向上做较长时间的窜动，则属于不正常现象，必须加以调整。从维护使用方面来看，保证回转窑设备长期安全运转的关键之一就是需要正确调整托轮。

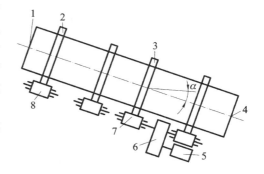

图 4.8.2-3　回转窑筒体安装示意图
1—窑头；2—轮带；3—大齿轮；4—窑尾；5—电动机；
6—减速机；7—小齿轮；8—托轮

综上所述，托轮调整的主要作用，首先可以控制窑体的轴向窜动；其次可以维持窑体中心线为一直线；然后可使各挡支承和每个托轮轴承能均衡地承受窑体载荷。正确地调整托轮，既可提高回转窑的运转率，又能减少轮带、托轮及其轴承的损伤，可以节省大量维修费用。

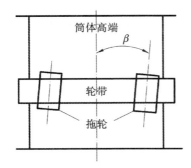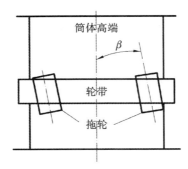

图 4.8.2-4   图解法调整托轮

1）油调整法

轮带与托轮接触表面的摩擦系数随接触表面的磨损情况、润滑状态、窑速快慢和风、水、尘土等不同而频繁变化。同时,窑的热工制度、气温的变化和基础下沉不均匀等会影响窑体的轴线变化,从而使各个托轮上的正压力数值发生变化。这些因素随时都会引起摩擦力的变化,破坏窑体诸力的相对平衡,使窑体窜动。利用这个原理来控制窑体窜动的方法,称为"油调整法"。

目前常在回转中的轮带和托轮接触表面上,浇以不同黏度的润滑油来改变其摩擦系数,用以控制窑体的轴向窜动。这是行之有效的、依赖于经验判断的方法,目前还不能做到精确定量。

使用油调整必须先判断出欲加润滑油的那个托轮所受压力的大小,以及窑体是上窜还是下滑,然后决定添加润滑油的种类。若判定该托轮是推窑向上,且原来表面上有润滑油,现应加比原润滑油黏度大的油,以增大摩擦系数,促使窑体上窜;反之,则加比原润滑油黏度小的油,减小摩擦系数,使窑体下滑。

根据某挡轮带或托轮接触表面的光亮程度,以及托轮轴颈上或止推环上的油膜厚度来估计托轮反力的大小。轮带或托轮接触表面发亮,说明支反力大;发暗说明支反力较小;有锈也说明支反力小。托轮轴颈或止推环上油膜薄,说明受窜动力大;反之,则说明受窜动力小。

根据止推环与轴瓦的间隙 e 发生在哪一边,确定托轮推动窑体上窜还是下滑。

2）歪斜托轮法

油调整法操作简单,应优先采用。当窑运转不正常时,如托轮轴瓦发烫、啸叫,此时需要减轻这挡的载荷。有时窑体窜动量过大,用油调整法不能奏效,可采用歪斜托轮法来纠正。

首先根据窑体的回转方向和托轮轴端间隙 e 的位置来确定各个托轮目前所处的歪斜方向,然后根据窑体窜动现状来确定调整哪个托轮及其歪斜方向。在调整中,应尽可能避免托轮呈大、小八字,不然它们形成的窜动量相互抵消一部分,对控制窑体窜动作用不大。同时,既加剧了轮带与托轮之间的磨损,还消耗了有用功。

歪斜托轮法效果明显,但人工调节调整螺栓,劳动强度大。对大中型窑,国外采用手动油泵来调整。

（1）托轮安装角 β 的调整。

筒体的理论弹性下滑速度 v_3、与轮带的圆周速度 v_1、筒体的倾角 α 及轮带与托轮间的摩擦系数 f，关系如下：

$$v_3 = k v_1 \tan\alpha / f = k\pi dn \tan\alpha / (f \times 3600)$$

式中：d——筒体直径，m；

n——筒体转速，r/min；

k——修正系数。

在生产中为控制筒体的窜动，常把筒体与托轮轴线调整成一角度 β，并使 $\tan\beta = k\tan\alpha / f$。

调整筒体托轮时必须进行细致的检查，要对每个托轮承受的正压力的大小、推动筒体窜动力的方向及托轮安装角 β 的大小及方向等，作出正确的判断。

根据检查与判断，按照下列原则进行调整：安装角 β 有错误的应先纠正；筒体下窜，上推力小的托轮先调；筒体上窜，上推力大的托轮先调。由于各厂回转窑筒体的转动方向不同，在调整托轮时必须正确调整方向。

（2）托轮安装角方向的确定。

托轮安装角方向的确定有两种，一种是图解法，另一种是仰手定律法。

图解法如图 4.8.2-4 所示。面向筒体低端：筒体顺时针方向旋转时，欲使筒体往上窜，托轮按图 4.8.2-4（a）调整，欲使筒体往下窜，托轮按图 4.8.2-4（b）调整；筒体逆时针方向旋转时，欲使筒体往上窜，托轮按图 4.8.2-4（b）调整，欲使筒体往下窜，托轮按图 4.8.2-4（a）调整。

仰手定律法如图 4.8.2-5 所示。手心向上，大拇指指向筒体欲想窜动的方向，四指所指表示筒体的转动方向，这样就可以依据筒体的转动方向和欲想窜动的方向选择左手或右手，然后在选定的手上沿四指的关节连成一直线 d，这条直线倾斜的方向就是托轮安装角正确的调整方向。

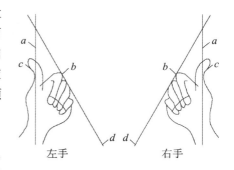

图 4.8.2-5　仰手定律法

（3）调整托轮应注意的事项。

调整托轮一定要成对调整，不可只调整一个，严禁将托轮调成八字形，调整托轮应使调整的对数为最小对数，调整的角度为最小角度；调整托轮时，每次只许顶丝旋转 $90° \sim 180°$；严禁将托轮组对筒体中心线呈不同方向调整；因停窑未及时转窑，发生筒体暂时弯曲，一般不做调整，当恢复转动 $1 \sim 2$ 班后，便会自动调直。若弯曲很大，致使一边托轮受力太大或发生振动时，则应将受力大的托轮稍微向外平移，并在以后的运转中逐步退回原位，使筒体调直。

4.9　挡　轮　装　置

挡轮是用来指示窑体位置（信号挡轮）、限制窑体轴向窜动（吃力挡轮）和控制窑体轴向窜动(液压挡轮)的装置。

考虑到窑体的热胀冷缩,多支点回转窑的挡轮应布置在大齿圈附近的轮带两侧。这样既可防止因大齿圈过度的轴向移动而影响啮合,又可使大小齿轮罩结构紧凑。同时,可将传动装置和支承装置做成联合基础,能承受更大的轴向力,且便于集中管理。

1. 信号挡轮

信号挡轮的结构如图 4.9.1-1 所示。

信号挡轮的转动,标志着窑体上窜或下滑已达到极限位置,故称其为信号挡轮。

信号挡轮是按照只对窑体窜动起一定阻止作用的原则设计的,因此不得使上、下挡轮长时间连续运转。应采取措施使窑体朝相反方向窜动,否则会造成窑体从托轮上掉落的重大事故。

该挡轮与空心立轴做成一体。从挡轮上部油塞将油注入立轴空腔内,从油位指示器观察油位高度。空心立轴外表面加工成螺旋槽。挡轮回转时,油通过下部小孔沿螺旋槽上升,然后沿支座内壁的垂直油道返回,使立轴得到良好的润滑。用拉杆将两个挡轮连成一体,使其坚固,并能承受较大推力。

2. 吃力挡轮

吃力挡轮按照能完全阻挡窑体轴向窜动的原则设计,故称其为吃力挡轮。

装有此种挡轮的窑不必用歪斜托轮法来调整窑体的窜动,消除了托轮歪斜产生的不良后果,但会使托轮与轮带的接触位置固定,在托轮接触表面形成台肩,因此需定期进行切削或更换。

3. 液压挡轮

信号挡轮采用歪斜托轮法控制窑体窜动,虽然简单、有效,但也会带来轮带和托轮表面接触不良、滑动摩擦增加、接触表面润滑效果差等不良后果。另外,由于气候条件和窑内热工制度变化等原因,轮带和托轮接触表面的摩擦系数经常发生变化,会破坏窑体的轴向力平衡,这就需要随时观察和调整窑体,以防止单侧挡轮经常受力。

吃力挡轮虽不用歪斜托轮,但会在托轮上磨出台肩,要定期切削以保持其圆柱形态。

随着回转窑的大型化,信号挡轮和吃力挡轮的以上缺点会更为突出。为使轮带和托轮在接触表面全宽上能均匀磨损,以延长使用寿命,保证窑体的直线性和减少功率消耗,液压挡轮应运而生。

液压挡轮要求所有托轮轴线平行于窑体中心线安装,液压油缸承受窑体的全部轴向推力,窑体沿轴向维持缓慢的往复运动,使载荷均匀地分布在托轮和轮带的全部接触宽度上。在托轮表面上可使用石墨块进行润滑,以减少接触表面的磨损,且托轮和轮带长期保持圆柱形。

液压挡轮的结构如图 4.9.1-2 所示。

挡轮 1 内安装向心球面滚子轴承 2,挡轮可以摆动一个微小角度,以使挡轮侧面全部和轮带接触。

用于支撑止推滚珠轴承 3 的下球面座 6 和上球面座 7 起调心作用。球面座的球心应与轴承 2 的球心重合于 O 点,才能转动灵活。

挡轮 1 通过空心轴 8 支承在两根平行的导向轴 4 上,导向轴由左底座 10 和右底座 5

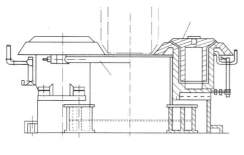

图 4.9.1-1　信号挡轮

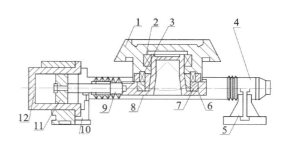

图 4.9.1-2　液压挡轮

1—挡轮;2—径向轴承;3—止推滚珠轴承;4—导向轴;
5—右底座;6—下球面座;7—上球面座;8—空心轴;
9—活塞杆;10—左底座;11—活塞;12—油缸

固定在基础上。在活塞杆 9 或轮带的推动下,挡轮和空心轴能在导向轴上灵活地往复运动。

液压挡轮装置系统是由挡轮、油缸和油泵等部分组成,其工作原理如图 4.9.1-3 所示。

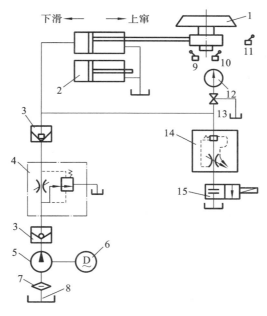

图 4.9.1-3　液压挡轮的工作原理

1—挡轮;2—油缸;3—单向阀;4—溢流节流阀;5—油泵;6—电动机;7—滤油器;8—油箱;
9,10,11——限位开关;12—压力表;13—压力表开关;14—调速阀;15—电磁换向阀

启动窑体时,同时启动油泵电动机 6。油泵电动机 6 与电磁换向阀 15 有电气连锁装置,使二位二通电磁换向阀 15 处于常闭状态。此时,油从油箱 8 中吸出,经滤油器 7 吸入油泵 5。压力油经单向阀 3、溢流节流阀 4 后,进入油缸 2,推动活塞迫使窑体上窜。

当挡轮座的碰块移动到与上限位开关 10 相碰时,电磁换向阀 15 通电,变成接通状态,并同时使电动机 6 停止。此时,窑体在下滑力的作用下,缓缓下滑,并将油缸 2 中的油排出,经调速阀 14 和电磁换向阀 15 流回油箱 8。当窑体下滑,挡轮座碰块碰到下限位开关 9 时,电动机 6 又接通电源而电磁换向阀 15 断电,使通道闭合,挡轮重新推动窑体上窜,如此周而复始地运行。

溢流节流阀 4 可以调节窑体上窜的速度,调速阀 14 可以控制窑体下滑的速度,一般每 8 h 窑体上下窜动 1~2 次。为防止由于上限位开关 10 失灵,窑继续上窜而发生事故,在挡轮上方设有限位开关 11。轮带碰到限位开关 11 时,油泵电动机 6 和窑的主传动电动机同时停车,以避免窑体从托轮支承装置上掉下来,造成重大事故。

4. 挡轮上的作用力

托轮相对于窑体轴线歪斜时,在摩擦力的作用下,推动轮带使窑体上下窜动。注意:这里的摩擦力是主动力,其方向与窑体的窜动方向一致。

如图 4.9.1-4(a)所示,由窑体轴向力平衡条件可求得窑体上窜时挡轮上的力为

$$P_1 = f\frac{G\cos\alpha}{G\cos30°} - G\sin\alpha \tag{4-47}$$

同理,由图 4.9.1-4(b)可求得作用在窑体下滑时挡轮上的力为

$$P_2 = f\frac{G\cos\alpha}{G\cos30°} + G\sin\alpha \tag{4-48}$$

窑体下滑时,挡轮受力最大。

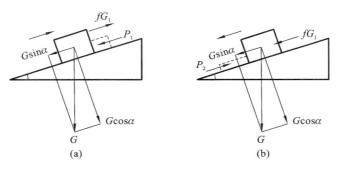

图 4.9.1-4　窑体窜动的作用力

(a) 上窜时;(b) 下滑时

当挡轮相对于窑体轴线平行安装时,其当量摩擦系数很小。对于信号挡轮和吃力挡轮,因托轮的真实歪斜程度难以估计,为安全起见,故设计挡轮时取 $f=0.05\sim0.1$。

在回转窑试车前,所有托轮都要经过仔细调整,运转中,又有专人负责托轮的调整,因此,信号挡轮上的最大作用力只按 $G\sin\alpha$ 设计。所以,信号挡轮不应认为是能完全阻挡窑体窜动的装置,只能看作是有部分阻挡作用和指示窑体极限位置的信号装置。在轻型回转圆筒设备(如短窑、烘干机和冷却机等)中,挡轮上的最大作用力按式(4-48)设计。液压挡轮的油缸推力应按(1.2~1.5)$G\sin\alpha$ 计算。

4.10　传动装置

传动装置是回转窑的重要组成部分之一。为了保证窑的长期安全运转,除了要求筒

体直而圆和支承装置坚固可靠外,传动平稳可靠也是非常重要的。三者之间,密切相关,相辅相成。如果筒体不直不圆,会增加传动功率;如果传动不平稳,会使筒体产生振动、耐火砖脱落,直接影响筒体的直而圆和支承装置的坚固性。

4.10.1　回转窑传动的特点和方式

1. 传动特点

(1)传动比大。

水泥回转窑的转速很慢,主传动装置的传动比为 300～700。在设计中,要确定采用几级传动和各级传动比的分配问题。

(2)要求平稳无级调速,并有足够的调速范围。

物料在窑中完成物理化学反应所需的时间是随着原料、燃料等因素而变化的。因此,水泥工艺要求回转窑能无级调速。正常运转时,调速范围为(1:3)～(1:4);在投产调试期间或正常运转期间的个别时候,调速范围可能为(1:10)～(1:30)。要求传动平稳,防止运转时筒体因振动而掉砖,因此电动机应有平滑的调速特性。机械零件要有合适的加工精度,以达到平稳改变窑速的目的。

(3)启动力矩大。

回转窑常在满载下启动,此时托轮轴与轴瓦之间没有形成油膜,摩擦力矩很大,同时,还要克服窑体和物料的惯性。因此,一般要求电动机的启动力矩为正常工作力矩的 2.5 倍左右。

(4)设有辅助传动装置。

辅助传动装置也称为盘车结构,其主要作用是当修理窑体和砌耐火砖时,把回转窑窑体转到指定的角度上;点火时,用来缓慢转窑;当主电动机或主电源发生故障时,能定时转窑,以免因筒体上下温差和窑体重力造成筒体弯曲。

辅助传动装置是由保安电源供电的电动机或由专用的内燃机拖动的。为了减少专用动力的容量,辅助传动时的窑速采用 6～12 r/h。

此外,由于转速很慢,托轮、挡轮及传动部分的轴承润滑不良,故一般窑体的连续运转时间不宜超过 15 min。在辅助电动机与主减速机之间,应配置辅助减速机。当辅助电动机停转后,由于物料偏重会引起窑反转,其速度一般接近甚至超过正常的工作转速。此时,若辅助传动装置未脱开,减速机变为增速机,有可能使辅助减速机和辅助电动机的转速达 10000 r/min 以上。这样会发生飞车事故,损坏辅助电动机和辅助减速机。

因此,在辅助减速机和辅助电动机之间,需设置电磁制动器或液压推杆制动器,以防止窑体超速倒转,检修时也能使筒体按指定的方位定位。在大型回转窑中,由于物料的偏心力矩很大,主电动机停车时,也可能发生主电动机的超速飞车事故,因此,在主电动机和主减速机之间也需要设置各类制动器。

在中小型回转窑辅助减速机出轴和主减速机进轴之间,设置斜齿(牙嵌)离合器。当辅助电动机带动窑体转动后,接着按同一转向启动主电动机,同时斜齿离合器自动脱开,使主、辅传动系统分离,以防止主电动机再次停车时,辅助传动系统发生超速倒转。

2. 传动方式

回转窑的传动方式分为机械传动和液压传动两大类。由于液压传动中的油马达制造精度要求高,其定子廓线易磨损,还需要一套庞大的供油系统,故液压传动极少被采用。目前绝大部分传动方式采用的是机械传动。下面仅介绍几种常见的机械传动方式。

1) 减速机传动

如图 4.10.1-1 所示,由电动机 1 通过减速机 2 带动小齿轮 3 使窑体转动。这种传动方式布置紧凑,占地面积小,传动效率高,运转可靠。要求减速机速比大、扭矩大。

2) 减速机与半敞式齿轮组合

如图 4.10.1-2 所示,由电动机 4 通过减速机 3 和一对半敞式齿轮 1,带动小齿轮 2 来转动窑体。与上一种传动方式的不同之处是减速机的低速段变为半敞式齿轮。

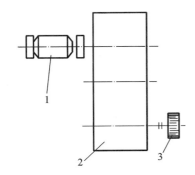
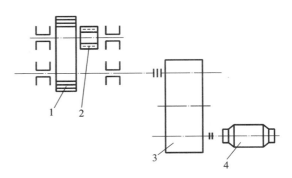

图 4.10.1-1　减速机传动装置　　　　图 4.10.1-2　减速机与半敞式齿轮组合的传动装置
1—电动机;2—减速机;3—小齿轮　　　1—半敞式齿轮;2—小齿轮;3—减速机;4—电动机

回转窑要求的速比大,通过一般减速机的产品样本不易选型。本方案可采用速比小的减速机,便于选型。减速机远离窑体,受窑体热辐射的影响小,改善了减速机的工作条件,且便于检修。但占地面积大,传动效率较低,半敞式齿轮磨损快,需经常维修,安装校正较麻烦的这些缺点也需要克服。

3) 三角皮带与减速机组合

如图 4.10.1-3 所示,电动机 4 通过三角皮带 3 带动减速机 2 和小齿轮 1,使窑体转动。与前一种传动方式的不同之处是减速机的高速段变为三角皮带,故结构简单,材质要求低,减振性能好。但缺点是占地面积大,效率低,安装麻烦。

4) 双传动

随着回转窑的日益大型化,传动功率剧增,传动装置也变得庞大。由于大速比、大功率减速机的设计和制造很困难,故对大型回转窑采用了双传动。

如图 4.10.1-4 所示,一台回转窑上同时用两套传动装置使窑体回转,简称双传动。窑体上有一个大齿轮,它与布置在窑体两侧的两个小齿轮同时啮合,两个小齿轮各由单独的传动装置来带动。这种传动装置具有如下优点。

(1) 便于选用标准减速机和通用零部件。

(2) 窑体上的大齿轮同时与相互错开二分之一节距的两个小齿轮啮合,传力点增多,运转平稳。

(3) 当一侧传动装置发生故障时,另一侧传动装置可继续运转,以维持生产。

双传动装置的缺点是零部件增多,安装与维修工作量大;为了使两侧载荷分配均衡,

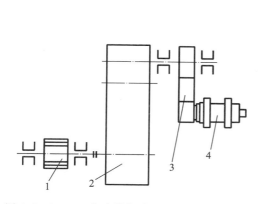

图 4.10.1-3 三角皮带与减速机组合的传动装置

1—小齿轮；2—减速机；3—三角皮带；4—电动机

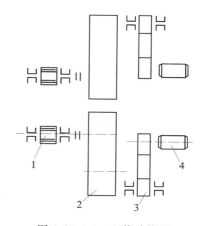

图 4.10.1-4 双传动装置

1—小齿轮；2—减速机；3—三角皮带；4—电动机

要求两侧电动机同步；有一个小齿轮轴承易振动。

5）托轮直接传动

传统的大齿圈和小齿轮传动运转是否正常，除了齿轮的制造和安装质量外，主要取决于大齿圈的润滑系统工作状况、润滑剂质量、大齿圈温度、大齿圈与筒体的同心度，以及筒体本身的弯曲度。因此，为了避免故障，需要加强设备的维修和管理。

1995 年以来，德国开发了一种既简单又省钱的新型传动方式——托轮直接传动。它是通过托轮与轮带接触面之间的摩擦力来带动筒体旋转的摩擦传动方式。它已应用于两支点的回转窑上。

4.10.2 回转窑大齿圈和小齿轮

1．配置与结构

1）配置

大齿圈应配置在回转窑中部，这样既可减少筒体所受的扭矩，又可减少高温和灰尘对传动装置的影响。此外，还应在靠近某一个支承的地方配置，这样就不会因大齿圈的自重和筒体较大的弯曲挠度，破坏大小齿轮的正常啮合。

大齿圈和小齿轮配置的中心角 α' 如图 4.10.2-1 所示，可按下列两种情况来讨论。

（1）单传动时，α' 的确定原则是应保证在减速机上方和窑筒体之间留有足够的空间，以便能吊出减速机上盖进行检修。还应尽可能使 α' 小一些，以减少传动装置的横向尺寸，节约占地。一般 α' 为 30°左右；当采用减速机与半敞式齿轮方式时，α' 宜取小一些；当采用减速机方式时，α' 应取大一些。

（2）双传动时，中心角 $2\alpha'$ 的确定原则有两个：一是能吊出减速机上盖，且节约占地；二是提高齿轮啮合的重叠系数，以增加传力点，并减少各瞬间同时啮合齿的对数的差距，达到运转平稳和减少大齿圈受力的目的。

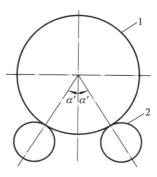

图 4.10.2-1 齿轮的配置

1—大齿圈；2—小齿轮

2）大齿圈在窑体上的固定

为保证回转窑能平稳运转，大齿圈设计安装及制造有如下原则：

（1）安装时大齿圈中心应与筒体中心同心；

（2）大齿圈与筒体的固定方式，应尽量消除筒体热膨胀和轴向弯曲对大小齿轮正常啮合的影响；

（3）大齿圈与筒体的固定方式应具有一定的缓冲吸振作用。

大齿圈在窑体上的固定方式如下所述。

（1）切向弹簧板连接。

如图 4.10.2-2 所示，切向安装的弹簧板厚度为 20～30 mm，一般有 12～16 块。一端用铆钉 3 固定在筒体 4 上，另一端用螺栓固定在大齿圈的凸缘 2 上。用这种固定方式将大齿圈悬挂在窑体上，既能减少窑体轴向弯曲对大小齿轮啮合的影响，又能缓冲大小齿轮的撞击，使传动较为平稳。缺点是大齿圈的铸造和加工都较困难，安装时不易对中。

图 4.10.2-3 为另一种固定方式，与图 4.10.2-2 结构的不同之处是弹簧板与大齿圈用销钉连接。这种大齿圈的加工制造较方便，对同样的弹簧板，其刚度是上一种固定方式的 1/4，故常采用。

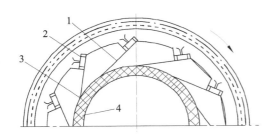 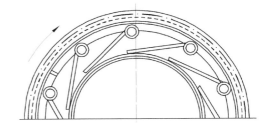

图 4.10.2-2　切向弹簧板连接（1）
1—弹簧板；2—凸缘；3—铆钉；4—筒体

图 4.10.2-3　切向弹簧板连接（2）

（2）纵向弹簧板连接。

如图 4.10.2-4 所示，大齿圈用螺栓 4 固定在纵向弹簧板 3 上，用铆钉 5 把弹簧板 3 固定在由钢板叠成的垫座 6 上。垫座和弹簧板沿筒体圆周等距离配置。通过调节垫板 2 的厚度使大齿圈与筒体同心。为了保持一定的弹性，纵向弹簧板的长度应为大齿圈宽度的 2～3 倍。这种固定方式的弹性较上一种差，其优点是齿圈制造容易、安装简便。

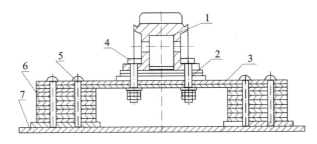

图 4.10.2-4　纵向弹簧板连接
1—大齿圈；2—垫板；3—弹簧板；4—螺栓；5—铆钉；6—垫座；7—筒体

2. 齿轮参数选择

1）速比分配

主电动机选定后，由主电动机转速和回转窑工作转速确定总速比。当传动方案确定后，应对各级速比的分配进行多方案比较，然后选择最佳方案。通常，回转窑大小齿轮速比为5～8，甚至可达9～11。

2）大齿圈分度圆直径 d_f

大齿圈分度圆具体要求：

（1）齿圈与筒体间留有足够的空间，便于切向弹簧板的安装；

（2）便于起吊减速机上盖；

（3）适当加大分度圆直径，可减小大齿圈的圆周力。推荐数据如下：

$$D<3.5m, \quad d_f=(1.5～1.6)D$$
$$D>3.5m, \quad d_f=(1.6～1.8)D$$

其中，D 为筒体直径。

3）模数

初定 d_f 后，选择模数。

模数的选取目前趋向于"小模数、多齿数"。因为模数小，可使大齿圈的质量小；齿数多，可使重叠系数大，运转较平稳。此外，大小齿轮的速比大，有利于减速机选型。通常 $m=20～50$ mm，$m_{max}=65$ mm。

4）齿数

小齿轮齿数 $z_1=17～23$，优先采用奇数。为便于运输和安装，大齿圈分为两半或四半，用螺栓连接。大齿圈的齿数 z_2 应为偶数或4的倍数。

5）齿形

国内采用压力角为20°的标准或修正渐开线直齿轮。国外采用压力角为25°的修正渐开线直齿轮和压力角为20°的修正渐开线斜齿轮，以减小齿宽和提高传动质量。大小齿轮损坏的主要形式是齿面滑动引起的磨损，且小齿轮比大齿轮磨损严重。齿轮弯曲强度是充裕的，即使齿厚磨去1/3仍不会发生断齿。可见其修正的目的是改善齿轮的滑动系数，修正的方式采用正角变位。大变位大齿轮制造困难，且大小齿轮的安装精度低，修正效果不明显，故一般采用标准齿轮，偶尔采用小变位小齿轮。

6）材料

一般大齿圈用 ZG310-570，正火，HB＝163～187。小齿轮为55钢、35SiMn、40Cr 等，调质处理。一对齿轮能很好地跑合，且两者的磨损程度相近，那么小齿轮的齿面硬度应比大齿圈的齿面硬度高 40～70HB。国外大小齿轮都采用合金钢，△HB 控制在 33～48 之间。

7）其他方面

小齿轮应比大齿轮宽，其宽度差应大于筒体的窜动量。安装时，齿顶隙应在 $0.25m＋(2～3)$mm 的范围内（m 为齿轮模数），以适应齿圈径向跳动和热膨胀的需要。在大小齿轮的侧面刻出节圆线，以便于检查。

3. 传动功率计算

1）主传动电动机功率

正常运转的回转窑，其功率主要包括在提升物料到规定高度的有效功率，以及克服支承装置及传动装置摩擦所消耗的功率。

回转窑运转时所需要的功率为

$$N_e = \frac{N_1 + N_2}{\eta} \tag{4-49}$$

式中：N_1——有效功率；

N_2——克服支承装置的摩擦功率；

η——总传动效率,考虑各级传动装置中摩擦所消耗的功率。

2）有效功率 N_1

回转窑运转时,弓形物料处于窑体对称垂线的一侧,物料质量为 G_m,作用在弓形面积的重心上,因而产生与回转窑回转方向相反的恒定力矩。要将物料提升到一定高度,使物料沿周向翻动和轴向移动,就必须克服此反力矩,克服此反力矩所需的功率就是有效功率。

由理论推导可求得

$$N_1 = 0.00873n \sum_{i=1}^{n} D_i^3 l_i \gamma_{mi} g \sin\theta \sin^3\alpha \ (kW) \tag{4-50}$$

式中：D_i——各段窑体净空直径,m；

l_i——相应于净空直径 D_i 的各段窑体长度,m；

g——重力加速度,9.81 m/s²；

n——窑体转速,r/min；

γ_{mi}——窑中各段物料的密度,t/m³,对水泥干生料 $\gamma_{mi} = 122$ t/m³；水泥生料浆 $\gamma_{mi} = 1.63$ t/m³；水泥熟料 $\gamma_{mi} = 1.48$ t/m³；

θ——物料自然休止角,对于水泥熟料,$\theta = 35°$；

α——物料占据弓形面积的弦所对应的中心角的一半,(°)。

α 的计算方法为

$$\theta = \frac{1}{2\pi} \left(\frac{2\pi\alpha}{180°} - \sin 2\alpha \right) \tag{4-51}$$

当各段窑体净空直径相同时

$$N_1 = 0.00873nD^3 L \gamma_m g \sin\theta \sin^3\alpha \ (kW) \tag{4-52}$$

式中：D——窑体的有效直径,m；

L——窑体的有效总长度,m。

3）摩擦功率 N_2

支承装置中摩擦功率主要消耗在三方面：

（1）支承装置摩擦消耗,主要包括托轮轴颈与轴瓦之间的滑动摩擦,以及轮带和托轮之间的滚动摩擦；

（2）传动装置的摩擦消耗；

（3）密封装置中密封件之间的摩擦消耗。其中最主要的是托轮轴颈与轴瓦之间的滑动摩擦所消耗的功率,而轮带与托轮之间的滚动摩擦及密封件之间的摩擦所耗功率与前者相比很小,可以忽略不计。

摩擦功率为

$$N_2 = 0.0605 nf \sum_{i=1}^{n} \frac{Q_i D_{ri} d_{ei}}{D_{ti}} \ (\text{kW}) \tag{4-53}$$

式中：Q_i——某挡的支点反力及轮带自重之和，kN；

  D_{ri}——某挡的轮带直径，m；

  D_{ti}——某挡的托轮直径，m；

  d_{ei}——某挡的托轮轴轴颈直径，m；

  n——窑体转速，r/min；

  f——托轮轴轴颈与轴承的摩擦系数，稀油润滑时，$f=0.018$；干油润滑时，$f=0.06$；滚动轴承时，$f=0.005\sim0.01$。

当各挡 D_{ri}/D_{ti} 及 d_{ei} 相同时，则

$$N_2 = 0.0605 nfQ \frac{D_r}{D_i} d_e \ (\text{kW}) \tag{4-54}$$

式中：Q——回转窑筒体回转部分和轮带总重，kN。

将式(4-50)、式(4-54)代入式(4-49)，则

$$N_e = 0.00873 D^3 Lg \sin\theta \sin^3\alpha + 0.0605 f \ (\text{kW}) \tag{4-55}$$

水泥回转窑所需功率经验公式为

$$N_e = K_C (D - 2\delta)^{2.5} Ln \ (\text{kW}) \tag{4-56}$$

式中：D——筒体规格直径，m；

  L——筒体长度，m；

  n——窑体最高转速，r/min；

  δ——耐火砖平均厚度，m；

  K_C——系数，干法或湿法窑 $K_C=0.048\sim0.056$，立波尔窑或悬浮预热器窑 $K_C=0.045\sim0.048$。

统计了 53 台直径为 3.5～5.8m 不带多筒冷却机的预分解窑实际数据（包括 SF、MFC、RSP、KSV、FLS、D-D 和 DG 共 7 种形式），得出电动机安装功率的经验公式为

$$N_m = 0.082 Ln (D - 2\delta)^{2.23} \tag{4-57}$$

特别指出，无论是采用理论公式还是经验公式来计算回转窑的安装功率，均必须将计算结果与窑型相同、尺寸相近的实际运转回转窑的数据（如物料水分、填充率、转速等）和使用情况进行对比分析后，才能最后确定其安装功率数值。

实测表明，回转窑运转时实际消耗的功率约为电动机铭牌功率的 40%～60%。在回转窑启动时，要克服窑体回转部分的惯性力，以及托轮轴轴颈与轴瓦间的摩擦力矩（此时因回转窑未转动，难以进入润滑油，摩擦系数较大）。有时启动时窑中还存有物料，这些都要求加大启动力矩。此外，额外的输入功率可供发生故障（如窑皮脱落、窑内结圈等）需要更多动力时用。

在预分解窑中，进入窑内的是分解率达 90% 的生料粉，与进入湿法窑的料浆相比，在物料密度和休止角上都存在很大差异。在出料部位，干、湿法两种系统生产出来的熟料密度和颗粒组成也不尽相同。此外，预分解窑与普通窑相比，其窑速相差一倍以上，摩擦系数大小也有差别。因此，预分解窑的功率消耗要大些。

4）辅助传动电动机功率

回转窑所需功率与转速 n 成正比。

因为辅助传动时窑的转速极慢，托轮轴承内不能形成油膜，则摩擦系数增大；物料在窑内的运动状态有变化，存在抖动；并且，一般辅助电动机采用启动扭矩较小的鼠笼型电动机。因此，辅助传动电动机功率为

$$N_f = K_f N_e \frac{n_f}{n} \, (\text{kW}) \tag{4-58}$$

式中：n_f——辅助传动时窑体的转速，一般采用 0.1～0.2 r/min；

K_f——系数，一般取 1.8～2。对规格较小的回转圆筒，可采用其他方法使其慢转，不一定要设置专用的辅助传动装置。

本章思考题

4-1 请简述新型干法水泥生产的工艺流程。

4-2 请简述旋风预热器的作用和主要功能。

4-3 在旋风预热器中，物料和气流的运动路线是怎样的？是如何进行热交换的？

4-4 在预分解窑生产中，分解炉起什么作用？为什么分解炉能使窑的产量大幅提高？

4-5 什么是再循环？请简述旋风预热器分离效率的主要影响因素。

4-6 何谓"二次风""三次风"？在水泥生产过程中，它们的作用是什么？

4-7 回转窑和预热器是如何连接的？

4-8 回转窑筒体上有哪些零部件？有什么作用？

4-9 回转窑传动系统有哪些特点和类型？

4-10 说明回转窑大齿圈和小齿轮在材料、结构、位置方面是如何配置的。

4-11 回转窑大齿圈和筒体如何连接？有何特点？

4-12 挡轮有哪些类型？说明其作用及特点。

4-13 说明回转窑设置辅助传动装置的目的。

4-14 回转窑在运行工作过程中，为什么会出现窑体窜动现象？如何控制？

4-15 简述回转窑筒体、轮带、托轮结构设计和强度校核的要点。

第5章 熟料冷却机

5.1 概　　述

水泥熟料冷却机是一种将高温熟料向低温气体传热的热交换装置。作为一种冷却装备，它承担着对高温熟料的急冷任务；作为热工装备，在对熟料急冷的同时，承担着对入回转窑二次风及入分解炉三次风的加热升温任务；作为热回收装备，又承担着对出回转窑熟料携出的大量热焓的回收任务；作为熟料输送装备，承担着对高温熟料的输送任务。

因此，熟料冷却是水泥中关键的一环。选择冷却机时，须根据水泥生产的具体情况（如水泥生产方法、生产能力和环保要求等），综合考虑冷却机的技术经济性能指标，再确定所采用冷却机的类型。

5.1.1 熟料冷却机的发展历程

水泥工业在回转窑诞生之初，并没有任何熟料冷却设备。热的熟料倾卸于露天堆场自然冷却。

世界上第一台水泥熟料冷却机是 1890 年出现的单筒冷却机；1910 年，德国克虏伯·格罗生（Krupp Gruson）公司把多筒冷却机引用到水泥工业，称为康森特拉冷却机；1922 年，丹麦史密斯公司开始制造这种冷却机，并将其命名为尤纳克斯（Unax）冷却机；1965 年，丹麦史密斯公司又对多筒冷却机作了重大改进，生产了新型多筒冷却机；1971 年，德国洪堡公司研制了 1600～3700 t/d 的单筒冷却机。筒式冷却机性能上的不断改进且与箅式冷却机相互竞争，促进了冷却机技术的进一步发展。

1930 年，德国伯力鸠斯公司在发明了立波尔窑的基础上研制成功回转箅式冷却机，称之为 Reeupol，由于回转窑大型化的特点导致该冷却机布料不均匀，60 年代后已很少采用。

1930 年后不久，美国阿利斯-查默斯（Allis-Chalmers）公司制造出振动箅式冷却机，由于设备长宽比大、入窑二次空气温度和热效率低，对振动弹簧材质和调整要求高，冷却机槽体热变形等缺点，不能适应设备大型化的要求，60 年代后逐渐趋于淘汰。

1937 年，美国富勒（Fuller）公司生产出世界上第一台推动箅式冷却机；20 世纪 70 年代，生产出第二代厚料层箅冷机；20 世纪 80 年代后期，研发成功第三代控制流箅冷机；20 世纪 90 年代末期，出现第四代固定箅床冷却机。因此，推动箅式冷却机经不断改进，其冷却程度和热效率均较好，且能使熟料快速冷却，同时能适应设备大型化和预分解窑新工艺的要求。

5.1.2 熟料冷却机的性能要求

从回转窑出来的熟料温度达 1000～1200 ℃，含有的热量为 1050～1260 kJ/kg。从预分解窑出来的熟料温度可达 1300 ℃以上，含有的热量更高。

高温熟料需要经过各种类型的冷却机进行冷却，其主要目的是回收高温熟料的热量，预热助燃空气,改善燃料燃烧过程;同时,急冷熟料,既可得到细小晶体以提高水泥强度和安定性,又会使部分液相凝固成玻璃态,以提高熟料的易磨性;最后冷却的熟料,便于熟料的输送和储存。

熟料冷却机的性能要求:

(1)冷却机的热效率。

热效率是指从熟料中回收并利用的热量与熟料带入冷却机的热量之比,可用式(5-1)表示:

$$\eta_c = \frac{A - B}{A} \times 100\% \tag{5-1}$$

式中:A——熟料带入冷却机的热量,kJ/kg(熟料);

B——熟料冷却机的热损失,包括离开冷却机的熟料和气体带走的热量,以及冷却机的热损失等,kJ/kg(熟料)。

目前常用的熟料冷却机的热效率波动范围为 $40\% \sim 80\%$。

(2)入窑二次、三次空气温度。

冷却机是利用冷空气与高温熟料接触进行热交换,使熟料冷却,而空气被加热作为二、三次空气送入窑内及分解炉内,供燃料燃烧之用,入窑二次空气温度高,则带入窑内的热量多,冷却机的热效率就高。同理,入分解炉内的三次空气的温度高,冷却机的热效率也高。

(3)熟料冷却程度与冷却速度。

熟料冷却程度用熟料离开冷却机的温度来表示,此温度低,则热损失少。

冷却速度愈快愈好,急冷能改善熟料质量,提高易磨性;同时熟料温度低也便于输送和储存。

现代化的篦式冷却机一般能够将熟料冷却到 100 ℃以下。

(4)动力消耗。

冷却单位质量熟料的空气消耗量要少,这样可以提高二次空气温度,减少粉尘飞扬,降低电耗。

(5)其他。

噪声污染和粉尘污染低,结构简单,操作方便,维修容易,运转率高。

5.1.3　熟料冷却机的类型

熟料冷却机的类型如图 5.1.3-1 所示,目前工业上常用的是筒式及篦式冷却机,下面详细介绍这两种类型的熟料冷却机的结构及其参数设计。

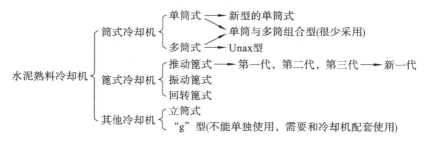

图 5.1.3-1　熟料冷却机的类型

5.2 筒式冷却机

最早使用的水泥熟料冷却机就是筒式冷却机,筒式冷却机包括单筒冷却机和多筒冷却机两种。

5.2.1 单筒冷却机

单筒冷却机是最早使用的按对流冷却原理设计的熟料冷却机,它设置在回转窑下方,如图 5.2.1-1 所示。其结构与回转窑类似,回转圆筒内部镶装耐火砖和扬料装置。扬料装置将从窑中掉入的熟料提升和撒落,使其与冷空气充分接触,提高冷却效率。

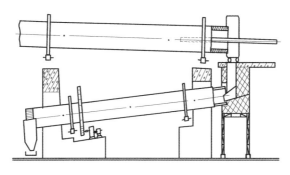

图 5.2.1-1 单筒冷却机

回转窑内的负压将冷空气从单筒冷却机出料端吸入筒内,与热熟料逆向进行热交换,使入窑二次空气温度达 850 ℃。同时,熟料温度将从 1000～1200 ℃降低到 160～250 ℃。

单筒冷却机结构简单,运转可靠;与干法窑配套使用,其热效率达 55％～75％;与湿法窑配套使用,其热效率达 78％,不需要废气收尘处理。

单筒冷却机的缺点主要是高温熟料不能骤冷,熟料冷却程度较差,散热损失较大,仅适合与中、小型窑配套使用;冷却机置于窑底,致使建筑高度增大;入窑二次空气温度和气体量难以调节。

1. 冷却机工作原理

单筒冷却机进料端(高温区)砌筑耐火砖,中低温区安装各种形式的扬料斗或扬料板,以强化熟料与冷却空气的热交换。熟料与空气是逆向流动的,以对流热交换为主。

高温区的熟料温度大于 900 ℃,砌筑耐火砖以保护筒体和减少热损失。熟料运动类似回转窑中的物料运动。由于熟料不能形成料幕,冷空气仅与表层熟料接触,传热面积很小,故热交换较差。但由于熟料与冷空气温差大,所以熟料冷却速度仍较快。为改善热交换条件,常在高温区砌筑凸棱耐火砖,以增加撒料作用。凸台高 80～100 mm,但使用寿命较短。

中温区(350～900 ℃)既砌筑耐火砖又装有扬料斗,如图 5.2.1-2 所示,称为砖斗。

混合区中的扬料斗沿筒体轴线方向呈螺旋线排列,使扬料斗之间沿轴向不存在无料空洞,料幕较均匀,增加了空气与熟料的换热面积。扬料斗用耐热铸钢制成。

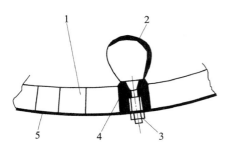

图 5.2.1-2　砖斗混装结构

1—耐火砖；2—扬料斗；3—固定螺栓组；

4—垫座；5—筒体

低温区（<350 ℃）装有各种形式的扬料板，以适应熟料休止角的变化，使其始终形成薄而均匀的无空洞料幕，提高冷却机的热效率。扬料板采用 Q235 钢板制作。

2. 主要参数选择

研究表明，熟料粒度及熟料表面积大小、冷却空气量、冷却空气温度、冷却空气速度以及熟料与空气接触的频率均是影响熟料与冷却空气之间热传递效率的因素。

因此，合理地选择筒体的主要参数，对提高热交换的效率是很重要的。

1）单筒冷却机结构参数

单筒冷却机筒体结构参数包括直径 D、长度 L 及安装斜度 α。

（1）直径 D。

由冷却机产量确定直径 D。可按下式估算：

$$D = \sqrt[3]{(0.035 \sim 0.05)Q} \text{ (m)} \tag{5-2}$$

式中：Q——冷却机产量，t/d。

（2）筒体长度 L。

一般取 $L/D = 10 \sim 12$，要求出料温度为 $160 \sim 250$ ℃。

（3）安装斜度 i。

筒体斜度宜等于或大于回转窑的斜度，以保证料流顺畅。一般 $\alpha = 3\% \sim 4\%$。

2）转速 n 和填充系数 φ

（1）筒体转速。

筒体转速 n 取决于熟料在圆筒内的停留时间

$$t = 1.77 \frac{L}{D} \frac{\sqrt{\theta}}{n\alpha} K \text{ (min)} \tag{5-3}$$

式中：α——冷却机安装斜度，(°)；

　　　n——冷却机筒体转速，r/min；

　　　θ——熟料休止角，取 $\theta = 36°$；

　　　K——修正系数，与冷却机内扬料板的结构、数量和布置方式有关，一般取 $K = 2$。

将 $K = 2$、$\theta = 36°$ 代入式(5-3)，则

$$t = 21.24 \frac{L}{Dn\alpha} \tag{5-4}$$

在生产实践中，熟料从 1300 ℃ 降到 150 ℃ 需要的停留时间为 $30 \sim 40$ min。因此可估算得出筒体转速 n，一般 $n = 1.7 \sim 3.8$ r/min。

（2）填充系数 φ。

$$\varphi = 0.0157 \frac{Q\sqrt{\theta}K}{D^3 n\gamma_m\alpha} \tag{5-5}$$

式中：γ_m——熟料密度，t/m³。

一般 $\varphi=4\%\sim7\%$ 为宜。若 φ 过小,冷却机容积则过大;若 φ 过大,出冷却机的熟料温度则会较高。

3)筒内气流速度 v

$$v=\frac{Q_a}{F}=\frac{4Q_a}{D^2\pi}\ (\mathrm{m/s}) \tag{5-6}$$

式中:Q_a——通过冷却机的风量,$\mathrm{m^3/s}$。

由回转窑热耗确定总燃烧空气量。当不计窑系统的漏风量时,通过冷却机的风量(二次风)等于总燃烧空气量减去喷煤装置所需空气量(一次风)。

风速较高时,大量细粒熟料会进入回转窑内;风速过低时,热交换效率会降低,因此应控制筒内风速。

由于在冷却机进料端通常砌有耐火砖,故冷却机有效面积较小,同时,此处风温最高,因此进料端风速最高,应对此处风速进行校核,其推荐值为 $3.8\sim4.3\ \mathrm{m/s}$。

4)传动功率 P

单筒冷却机要求的传动功率 P 可按下式估算:

$$P=DLn\varphi \tag{5-7}$$

式中:φ——单筒冷却机填充率,(%)。

3．单筒冷却机设计

1)各区的长度

根据筒体内熟料的温度分布和各区平均冷却速度可知,高、中、低温区的长度约各占筒体总长的 $1/3$。

2)扬料斗(板)的设计

(1)熟料在扬料斗(板)区的运动和冷却。

熟料在扬料斗(板)区的运动状况如图 5.2.1-3 所示。随筒体回转的扬料装置将熟料提升,此时扬料斗内熟料的表面与地平面的夹角始终保持为动态休止角。

休止角以上的熟料从扬料斗中撒出,且斗内熟料由多变少,直至全部撒光。从撒料起点至撒料终点的区间称为撒料区(筒体的上半圆)。撒落下来的熟料被筒体下部的扬料斗由少至多收集起来,并且再次提升,进行受料—撒料循环。自受料起点至受料终点的区间称为受料区。

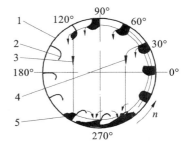

图 5.2.1-3　熟料在扬料斗(板)区的运动
1—筒体;2—扬料斗(板);3—大循环区;
4—小循环区;5—熟料

由于筒体的倾斜,熟料在撒落的同时还沿筒体轴向运动,直至从筒体低端卸出。

扬料斗内最后撒出的熟料,总是落在受料区扬料斗的底部,回转一周时,熟料所经过的路程长,此过程称为熟料大循环。最先撒出的熟料,总是落在受料区扬料斗上部,料所经历的路程短,此过程称为熟料小循环。

由大循环区和小循环区共同构成了连续不断的均匀熟料幕,与冷却空气接触的面积大且时间长,熟料进行充分的冷却。筒体横断面的左端侧和右端侧无料幕处易出现"风洞"。"风洞"内气流阻力小,气体流量大,而且这部分冷却空气没有与熟料进行热交换。因此,它既不能冷却熟料,又不能自预热而直接入窑,使回转窑的热效率大为降低。应该设法消除此类"风洞"。

（2）对扬料斗（板）的要求。

①在筒体内能形成连续均布的料幕。

②这与扬料斗（板）的轴向配置、周向数量和形状有关。要求扬料板撒料无论在筒体横截面还是沿轴向均能撒成薄而均匀的无空洞料幕。

③延长熟料在筒内的停留时间。

④均流。

⑤希望进入冷却机的熟料输送量均匀。

⑥选用合适的材料。

⑦应按各区段不同的工作温度，选用不同的耐热耐磨材料。

⑧扬料板与筒体须连接可靠，防止工作中扬料板从筒体上掉落，影响运转率。

（3）扬料斗（板）在筒体轴向的配置。

扬料斗（板）有平行排列、平行交错排列和螺旋形排列三种形式。其中平行排列形式最为简单，但撒料不均匀，存在无料条带，热交换较差。平行交错排列，它比平行排列的料幕均匀，但仍存在无料条带。两段交错处的端头应相互交错，防止两段交错处产生全空洞。螺旋形排列，其形式较复杂，但撒料均匀且较密，没有无料条带，热交换好，是较理想的配置形式。

（4）扬料板数量。

通常，扬料板在筒体圆周方向上是均布的，扬料板数量 N 与筒体直径 D 有关。

推荐：$D=1.8\sim2.5$ m 时，$N=10\sim12$ 块；$D=2.8\sim3.2$ m 时，$N=12\sim16$ 块；$D=3.5\sim4.5$ m 时，$N=16\sim18$ 块。

（5）扬料板尺寸。

从最佳冷却效果考虑，扬料板扬起的熟料量与筒体底部熟料量之比（即扬料效率）等于 1 时，则落下的熟料立即被底部的扬料板带起，使筒内熟料持续冷却。

根据扬料效率等于 1 的概念可知，撒料区的熟料量等于受料区的熟料量。则一个扬料板的截面积

$$f = 2F/N \ (\mathrm{m}^2) \tag{5-8}$$

式中：F——熟料在筒体内所占的截面积，m^2；

N——装填熟料的扬料板数量，个。

$$F = (\pi/4)\varphi D^2 \ (\mathrm{m}^2) \tag{5-9}$$

将式（5-5）和式（5-9）代入式（5-8）得

$$f = \frac{0.00246Q\sqrt{\theta}K}{Dn\gamma_{\mathrm{m}}N\alpha} \ (\mathrm{m}^2) \tag{5-10}$$

5.2.2　多筒冷却机

1. 概述

多筒冷却机是指由若干个圆筒组成的冷却装置，它由围绕在回转窑卸料端的 $9\sim15$ 个圆筒组成，如图 5.2.2-1 所示。多筒冷却机一般直径为 $1\sim2$ m，$L/D=5\sim6$，每个冷却筒在其长度的 25% 热端衬砌耐火砖，其余部分装有扬料板和链条，以提高冷却机的传热作用。

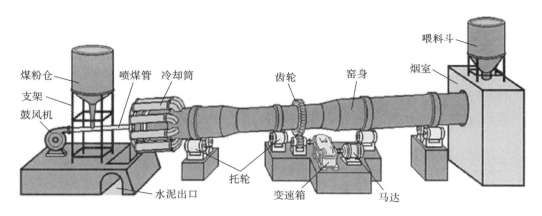

图 5.2.2-1 多筒冷却机

每个冷却筒通过一个固定支承和一个浮动支承固定在回转窑筒体上,与回转窑筒体连成一体。高温熟料通过筒体上的椭圆孔(可减少应力集中),经衬套和弯头落入冷却筒内。由于热端是负压操作,冷却空气则以逆流方向冷却熟料,然后全部进入回转窑内。

按冷却筒在回转窑上的布置不同,冷却筒内熟料和回转窑内物料的流动方向分为逆流和顺流两种。因顺流式多筒冷却机便于熟料输送装置的布置(上出料方式),能使回转窑的烧成带离支承装置远一些,故得到广泛应用。

多筒冷却机结构简单,不需另设传动装置。电耗和金属消耗量均低,不用专人看管。冷却空气全部入回转窑作为二次空气,省去废气净化装置。

多筒冷却机由热端一挡支承装置支承,呈悬臂支承状态。若冷却筒太长太重,则使回转窑筒体所受应力过大。因此,一般认为超过 700 t/d 的水泥回转窑不宜采用多筒冷却机,故其只在小型回转窑上推广使用。此外,在操作时熟料撞击冷却筒的噪声大。

多筒冷却机在耐火材料工业中用于冷却黏土、高铝熟料。多筒冷却机内的换热过程与单筒冷却机的相同,但由于筒体较短,L/D 小,散热损失大,散热条件较差,所以二次风温较单筒冷却机低,一般为 350～600 ℃,冷却后的熟料温度为 200～300 ℃。冷却筒筒体与外界接触面积大,引起大量的辐射和对流热损失,因此热效率低,一般为 55%～60%,冷却效果不好。

由于结构上的原因,多筒冷却机的筒体不能太大,否则将增加回转窑头筒体的机械负荷,因而限制了多筒冷却机能力的进一步提高及在大型回转窑上的应用。

2. 新型多筒冷却机

随着水泥生产工艺技术的发展,多筒和单筒冷却机已逐渐被箅式冷却机所取代。

由于回转窑窑径的不断增大,生产出来的熟料颗料较细、较多,箅式冷却机难以有效地冷却。同时,由于熟料热耗降低,箅式冷却机过剩的含尘气体需要安装价格昂贵的收尘器。从 1965 年开始,丹麦史密斯公司对传统的多筒冷却机结构作了改进,制造出新型多筒冷却机,如图 5.2.2-2 所示。它

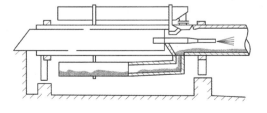

图 5.2.2-2 新型多筒冷却机

已用于低热耗的干法悬浮预热器窑上。

新型多筒冷却机的外形和结构与多筒冷却机相似，一般有 $10\sim11$ 个冷却筒，$L/D=8\sim12$，安装在回转窑热端筒体上。当熟料产量大于 $1200\sim1500$ t/d 时，多筒冷却机的质量相当大，因此在靠冷却机的卸料端必须加装一挡支承。这样，既可加长冷却筒提高热效率，又可降低回转窑筒体的应力和轮带的载荷与磨损。此时，进入窑头就要通过一个带通风装置的隧道。

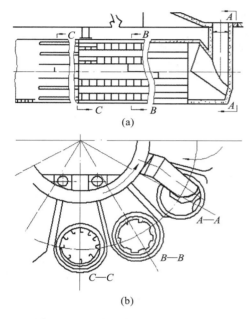

图 5.2.2-3　推动篦式冷却机原理图

这种冷却筒内部结构如图 5.2.2-3 所示。冷却筒与回转窑之间的连接管（入口内套）和入料弯头内部都砌有耐高温和耐磨的陶瓷衬里。在靠近入料弯头最炽热的区域，使用凸棱状耐火衬里，如图 5.2.2-3（b）上的 $B-B$ 剖面所示。其作用是保持冷却筒的支承部件及筒体不致过热，可大大延长这些部件的使用寿命。中间区域也砌有耐火砖且装有耐热耐磨的扬料板，如图 5.2.2-3（a）上的 $B-B$ 剖面及图（b）上的 $C-C$ 剖面所示。可使熟料在高温下扬落，增加热交换面积。

在靠近出料端的区域，由于熟料温度较低，只装有扬料板而不砌筑耐火砖，如图 5.2.2-3(a) 上 $C-C$ 剖面所示。该区域内熟料的热量除了被冷却空气带走外，还有一部分经冷却筒壁辐射而散发出去。

上述两个镶砌耐火砖的区域约占冷却筒全长的 50%，以减少热损失。出料端占冷却筒长度 1/3 的区域不砌筑耐火砖。扬料板直接固定在冷却筒筒体内，具有各种形式和排列密度，能使熟料尽可能均匀地撒布于整个冷却筒的截面上。同时，L/D 由 6 增大至 $8\sim12$，以便于熟料与空气充分地进行热交换，故热效率可达到 $66\%\sim74\%$。

总之，新型多筒冷却机具有热效率高，电耗低，不需单独设置驱动装置，维护简单，全部冷风可入回转窑作燃烧空气，无污染，生产能力高等优点。但回转窑与冷却机间的连接结构存在热膨胀问题，机械应力较大，回转窑筒体开孔处易产生裂纹，以及新型多筒冷却机对材料要求高，噪声大等缺点均需进一步优化改进。

5.3　篦式冷却机

20 世纪 70 年代中后期，随着水泥回转窑分解炉的开发及应用，使 NSP 窑比 SP 窑的水泥熟料产量提高了一倍，而多筒冷却机不能抽取三次风供分解炉作为燃烧空气，从而设计开发出另一种适应水泥生产预分解工艺生产的篦式冷却机。

出窑熟料进入篦式冷却机后,在篦板上铺成一定厚度的料层,鼓入的冷空气,以相互垂直的方向穿过篦床上运动着的料层使熟料得以骤冷,如图 5.3-1 所示。因此,篦式冷却机是一种骤冷式冷却机。

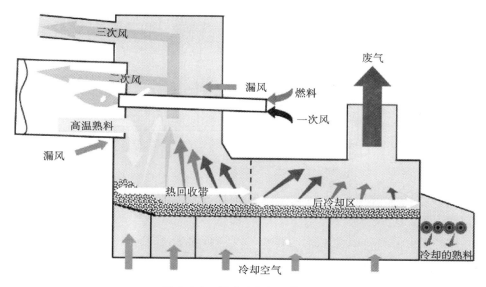

图 5.3-1 篦式冷却机工作原理

根据熟料在篦板上的运动方式,篦式冷却机可分为推动式、回转式和振动式三种。它们属横流式热交换装置。推动篦式冷却机目前仍占主导地位,其突出的优点是:高压风淬冷设施使熟料急剧冷却,熟料出冷却机时温度可降到 100 ℃ 以下,既提高了水泥质量,又便于熟料输送、贮存和粉磨;热效率较高,可达 70% 以上;能与各种产量的回转窑(特别是对 4000 t/d 以上大型窑)匹配;便于向窑尾分解炉提供三次空气;适应各种类型水泥生产工艺回转窑的熟料性能变化。

1. 发展概况

1) 第一代篦式冷却机(普通篦式冷却机)

第一代篦式冷却机以 20 世纪 50 年代的 Fuller 型推动篦式冷却机为代表。

第一代篦式冷却机的工作原理及结构如图 5.3-2 所示。

由回转窑 6 内输送来的高温熟料落入用耐火砖砌成的 V 形集料槽和分料器内。高压风机 8 鼓入冷空气,通过淬冷篦板 7,使熟料急剧冷却。在篦床活动篦板的往复推动下,熟料均匀地分布在整个篦床宽度上,且逐渐形成比较均匀的料层。在此过程中,熟料被来自篦床下风室的空气冷却,伴随着小粒熟料从篦缝不断漏下,使篦床上的料层慢慢减薄,颗粒级配也有所改变。

得到充分冷却的熟料,经篦板 4 筛选后,大块熟料落入锤式破碎机 1,破碎后的熟料落入运输机 12 向外输送。漏下的细粒经拉链机 11 也落入运输机 12。

改变活动篦板单位时间的冲程次数,即可适应回转窑产量的波动。鼓入冷却机的冷空气与熟料进行热交换后,一部分作为二次空气进入回转窑,另一部分作为其他用途的热源,或经收尘器 2 后排入大气。熟料在从第一部分炉篦子垂直落入第二部分炉篦子上的

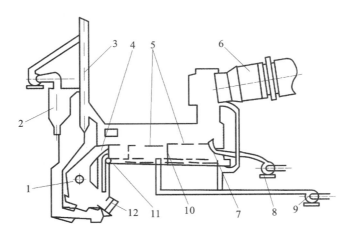

图 5.3-2　推动篦式冷却机原理图

1—锤式破碎机；2—收尘器；3—废气管道；4—篦板；5—炉篦子；6—回转窑；

7—淬冷篦板；8—高压风机；9—中压风机；10—隔墙；11—拉链机；12—运输机

过程中，熟料层上下翻动，经过混合以减少粒度离析程度，且利于冷却。

　　图 5.3-3 所示的冷却机炉篦子是由固定篦板 1 和活动篦板 3 相间排列组成。活动篦板下面安装托板 2，其间隙为 4 mm。活动篦板 3 通过支脚 5 与往复运动的梁 6 刚性连接，因而活动篦板 3 可作往复运动。篦板上有许多长方形孔，以便空气能透过篦板上的熟料层。要求篦板耐热耐磨，高温区采用 ZG35Cr26Ni12，低温区采用 ZG40Cr9Si2。

　　图 5.3-4 为冷却机的剖视图。在钢板制作的机壳 1 的内壁，沿篦床上部镶砌一层轻质绝热材料和一层耐火砖，以防热量散失。顶部呈拱形，机壳下部为篦床和传动机构。

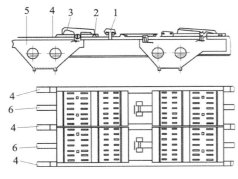

图 5.3-3　冷却机炉篦子

1—固定篦板；2—托板；3—活动篦板；

4—槽钢；5—箱形断面支脚；6—活动框架梁

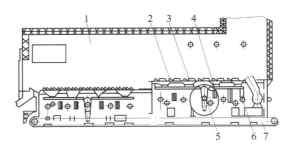

图 5.3-4　推动篦式冷却机剖视图

1—机壳；2—活动篦板；3—固定篦板；

4—活动框架；5—传动机构；6—支承托轮；7—拉链机

　　第一代篦式冷却机的料层高为 200～350 mm。篦床单位面积产量平均为 24 t/(m² · d)。存在的主要问题是，当熟料从回转窑落入冷却机时，首先形成厚薄不均的料堆，同时，由于颗粒的离析作用，较大料粒和细粒总是各自偏于一侧。因此，上述厚薄不等及空隙各异的熟料层，会造成通风分布严重不均。由于细粒熟料对空气通过阻力大，冷却效果较差，再加上在篦板推动过程中，前进较慢，在篦板上形成一条红色的高温熟料带，俗称"红

"河"现象。又由于料层厚薄不匀,空气易在料层较薄处吹穿,而在较厚处受阻,不易通过,造成篦板过热,既影响冷却效果,又影响篦板寿命。

2)第二代篦式冷却机(厚料层篦式冷却机)

为了解决普通篦式冷却机存在的料层厚薄不匀,粗细料粒离析的问题,在 20 世纪 60—80 年代中期,采用了厚料层技术,称此为第二代推动式冷却机技术。其主要特征如下:

(1)采用厚料层技术。

高温区料层厚度从过去的 200~350 mm 增加到 600~800 mm,使靠近篦板的熟料得到充分冷却。篦板经常接触较低温度的熟料,有利于保护高温区的篦板,同时也缓解了料层中空气分布不均的问题,使篦床单位面积平均产量提高到 40 t/(m² · d),热效率达到 67%~70%。

(2)采用倾斜篦床和山型篦板。

由于增加了料层厚度,降低了篦床的输送能力,因此高温区常采用倾斜篦床。

水平篦床的熟料输送效率为 70%~75%,篦床倾斜 5°,则输送效率可达 100%。若斜度再加大,输送效率可超过 100%。此时熟料的移动速度已超过活动篦板的往复速度,使熟料在倾斜篦板上呈泻落状态,且无法控制其运动速度,所以,一般斜度为 3°~5°。此外,再适当地配置山型篦板,如图 5.3-5 所示,使熟料有更好的搅动效果,搅动的高度范围为篦子板高度的三倍左右。

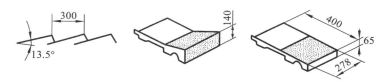

图 5.3-5　山型和平型篦板

(3)篦床分段和分室鼓风。

水平推动篦式冷却机要求回转窑连续供给粒度比较均匀的熟料,即粒度小于 25 mm 的熟料量要大于 60%,其中粒度小于 5 mm 的熟料量要小于 20%,才能保证正常运行。

随着回转窑的大型化,熟料粒度变细,料层变厚,风压相应增高。尤其是在冷却机的高温区会出现厚料层妨碍了料层的移动,使熟料可能结块而失去透气性。此时冷却空气将穿透料层覆盖量不足的篦床两侧,大大降低了热效率。

同时,细粒熟料还会导致料层的悬浮,活动篦子板往复运动并不能把热区的熟料推送向前,使篦床局部过热。为此,将前段篦床倾斜 5°,篦子板推料面的高度由 50 mm 增加到 83 mm,克服了料层悬浮现象,后段仍为水平篦床的往复式冷却机。通常,产量超过 1000 t/d 的冷却机有两段篦床;产量超过 2000 t/d 的冷却机有二至三段篦床;产量超过 3000 t/d 的冷却机有三至四段篦床。各段篦床间可以有高度落差,也可以相互衔接无落差。各段篦床都有单独的可调速的传动装置,以利于调整各段篦床上的料层厚度。

篦床的阻力取决于熟料层的物理特性和冷空气速度。料层物理特性包括料层厚度、熟料粒度及其分布、熟料温度等。在冷却过程中,有一部分细料粒从篦缝漏落,故沿篦床长度方向熟料的物理特性会发生很大变化。对料层阻力影响最大的因素是熟料温度。沿冷却机长度方向熟料温度下降,则通过料层的风温和风速也逐渐下降,相应地就引起了料层阻力的逐渐下降。因此,将篦床下部空间分隔成若干相互隔离的空气室,并配以不同的冷却风量和风压的风机是合理的。此外,高温区的料层厚,而中低温区的料层薄,加之高温区温度变化大,所以在高温区应更多地分室鼓风。

由于高温区料层阻力比中低温区料层阻力大得多,因此高温区篦床下的空气室宽度比中低温区窄得多。

厚料层技术要求篦板下的空气室内有更高的压力,所以在各空气室与外部以及各气室之间应采用有效的密封装置,尽量减少漏风。

（4）篦床的有效宽度与盲板。

如图 5.3-6 所示,冷却机与回转窑偏离安装后,可以在一定程度上把料流导入篦床的中央。但对于大型篦式冷却机来说,篦床上的料层厚度沿篦床宽度方向是很不均匀的。此时,冷风易从篦床两侧的薄料层处穿透,而篦床的中央部位不易透过冷风,既降低了冷却机的热效率又容易烧坏篦子板。

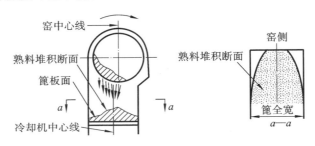

图 5.3-6　熟料从回转窑落入冷却机的情况

解决以上问题的措施是在冷却机进料端的两侧配置盲板（即不带篦孔的篦板）和固定化的篦板,把这些部位原来配置的活动篦板变为固定不动的盲板,以代替标准型篦板。

（5）对 SF 窑生产熟料的适应性。

随着 SF 窑的出现,回转窑更趋向大型化,熟料中细粒量大为增加。

从回转窑卸出的熟料,因窑本身的回转作用,使细粒料堆积于篦床一侧的现象更为严重。由于细粒料集中的部位通风阻力大,不能使该处熟料充分冷却。当采用厚料层冷却机时,由于篦床倾斜,细粒料犹如空气输送斜槽那样,以比活动篦板运动速度高几倍的速度未经冷却而向低温端移动,最后停滞在风压较低的中温部位,从而引起该部位篦床的局部过热。

因此有学者指出,细粒化的 SF 窑不适宜采用倾斜篦床,或者至少应采用斜度较小的篦床。

采用水平篦床仍然不能解决细粒熟料集中于篦床一侧的偏析现象,所以沿冷却机宽度方向上会存在较大的温度差异。为此,给冷却机专门设置了一台吹细粒料的高压风机。由侧壁吹入更高压力的高压风,将集中的细料吹散。同时,在篦板上配置盲板,以改变细粒料流的流动。

3）第三代篦式冷却机（带阻力篦板的篦式冷却机）

20 世纪 80 年代中后期,水泥生产中开始出现第三代篦式冷却机。

这类冷却机的特点是：

（1）通过空气梁直接向篦板供给冷却风，这样便于将篦板下的各空气室进行分隔，且又能单独提供冷却空气；

（2）采用高阻力篦板，使空气分布均匀，且易使每个空气室的压力接近一致。

其冷却效果对比如下：

（1）篦床单位面积产量为 50～60 t/(m² · d)；

（2）冷却风量达 2 m³(标)/kg(熟料)；

（3）提高热回收效率和燃烧空气温度，可降低燃料消耗 170～210 kJ/kg(熟料)；

（4）节约电耗 1～4 kW · h/t 熟料；

（5）延长篦板寿命，高温区篦板温度仅有 35～100 ℃。

第三代篦式冷却机分为骤冷热回收区（QRC 区）、热回收区（RC 区）和冷却区（C 区），如图 5.3-7 所示。

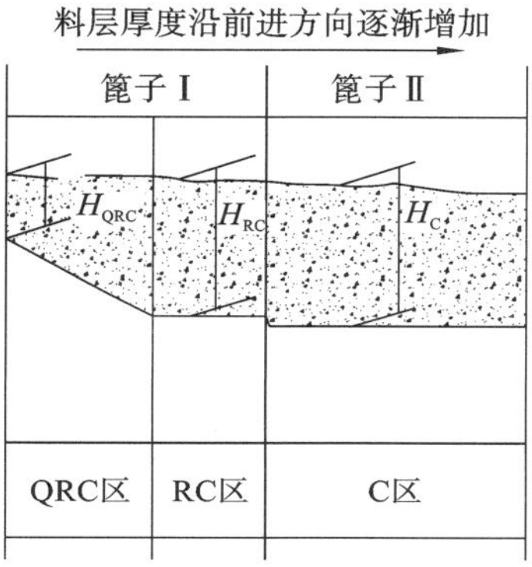

1370 ℃ 的高温熟料进入篦式冷却机的 QRC 区，首先要求熟料迅速摊开，强烈充气，以实现骤冷，且防止篦床布料不均。为此，在 QRC 区采用倾斜 4°的篦板，使该区料层逐渐加厚，直到 QRC 区末端达到 RC 区要求的层厚。这样，有利于加强热交换及向回转窑内提供高温的二次空气。

RC 区熟料层高达 800 mm。分解炉用的三次空气由该区抽取，提高料层厚度和采用阻力篦板可以提高三次空气温度。

图 5.3-7 篦式冷却机的分区和阶梯熟料层

C 区的任务是保证将熟料冷却到规定的最终温度。这时，空气分布均匀性不是主要问题，因而可采用普通篦板，但延长熟料在该区的停留时间却是重要的。在篦速和篦板面积一定时，停留时间与料层厚度成正比。因此应适当提高 C 区的料层厚度。

第二代篦式冷却机仅在高温区才有厚料层，而第三代篦式冷却机在全长范围实现厚料层。因此，篦床单位面积产量从 30～40 t/(m² · d) 提高到 50～60 t/(m² · d)。同时，单位空气消耗量降低了 20％～30％，热回收效率提高了约 7％。

在后冷却区的传热是以热传导为主。因此，从熟料颗粒中心向外表面传递热量的过程是缓慢的。为了加速传热过程，应在 RC 区和 C 区之间加设破碎机，以减少大块熟料的粒度。Repol-RS 型篦式冷却机在 RC 区和 C 区之间设置带风冷辊子的辊式破碎机，允许熟料温度最高达 800 ℃。锤式破碎机的运行温度高，锤头磨损快，出料篦条、料幕、护板的维修量和费用均大，同时，粉尘多，加重了收尘负担。

2. 参数确定

1）篦床宽度 B

冷却机篦床宽度为

$$B = 1.04D - 1.75 \,(\text{m}) \tag{5-11}$$

式中：D——回转窑筒体有效内径，m。

　　若篦床宽度 B 过大,使料层厚度沿篦床宽度不易均布,在局部区域甚至出现"吹透"现象,不但降低了二次空气温度和热效率,而且也容易烧损篦板;若篦床宽度 B 过小,会使熟料层过厚,且增大了冷却机的总长度。

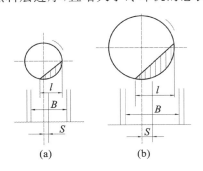

图 5.3-8　篦式冷却机与回转窑相对位置图
(a) 小型窑 $B \approx l$;(b) 大型窑 $B > l$

2) 冷却机与窑的相对位置

　　如图 5.3-8 所示,从回转窑出来的熟料偏离窑的中心线,且偏于窑向上回转的一侧。为了让这股料流能落在冷却机篦床的中央部位,为在篦床上形成均匀料层创造有利条件,将冷却机相对于回转窑中心线偏移一距离 S。

　　S 值目前尚不能用理论方法加以计算,只能依靠经验来确定。其值与回转窑直径、转速和熟料粒度大小有关。窑径大,偏移距离大;反之,偏移距离小。转速快,偏移距离大;反之偏移距离小。熟料粒度小,偏移距离大;反之,偏移距离小。

　　对于 SP 法:
$$S = 0.13D \tag{5-12}$$

　　对于 SF 法:
$$S = (0.15 \sim 0.18)D \tag{5-13}$$

3) 篦床长度 L

　　篦床长度按篦板单位面积产量 q 计算,计算公式如下:
$$L = Q/qB \tag{5-14}$$

式中:Q——回转窑熟料产量,t/d;

　　　　q——篦板单位面积产量,t/(m²·d)。

国外:第一代推动篦式冷却机　　$q = 23 \sim 25$ t/(m²·d);

　　　第二代推动篦式冷却机　　$q = 38 \sim 40$ t/(m²·d);

　　　第三代推动篦式冷却机　　$q = 50 \sim 60$ t/(m²·d);

国内:第一代推动篦式冷却机　　$q = 26.4$ t/(m²·d);

　　　第二代推动篦式冷却机　　$q = 38$ t/(m²·d)。

4) 运动参数

　　(1) 冲程　活动篦板的冲程 $l = 100 \sim 150$ mm。

　　(2) 频率　每分钟双冲程次数 $f = 6 \sim 24$ 次/min。

　　(3) 风量和风压。

　　将篦床分成几个空气室,以便按冷却需要对各室适当地配置空气量。每一个空气室分别用管道与一台变速高压风机或中压风机相连,管道上装有阀门,通过阀门的执行机构调节开启程度,以分配合适的风量。

　　风量可根据各室被冷却的熟料量及温度、所需冷却风量的热平衡计算和使用经验加以确定。现推荐以下数据作为参考:

　　第一代推动式篦式冷却机为 2.5～3 m³(标)/kg(熟料);

　　第二代推动式篦式冷却机为 2.4～2.7 m³(标)/kg(熟料);

　　第三代推动式篦式冷却机为 1.7～1.9 m³(标)/kg(熟料)。

风压根据篦板阻力和料层阻力之和确定。根据国外资料,最大料层厚度为 600 mm 的篦式冷却机以每平方米恒定的风量计算,其压力降为 6000～2000 Pa,因此风机压力可取 7500～3000 Pa。

国产富勒篦式冷却机的规格和性能可查阅相关资料,它是采用厚料层技术的第二代推动篦式冷却机,其规格型号说明如下:

以 2000 t/d 回转窑所采用的 609S-819S/809H-1025H 型富勒篦式冷却机为例。一个斜杠符号表示该机为两段复合篦床,先斜、后平。两个横杠符号表示篦式冷却机分为四室。热端第一室 609S 表示每排 6 块篦板,共 9 排,S 表示为 3°倾斜篦板;热端第二室 819S 表示每排 8 块篦板,共 19 排的 3°倾斜篦板。第三室 809H 表示每排 8 块篦板共 9 排,H 表示水平篦板;第四室 1025H 表示每排 10 块篦板共 25 排的水平篦板。第一段共 28 排,第二段共 34 排。据此可了解冷却机的篦板排列、分段和总体布置情况,详见图 5.3-9。

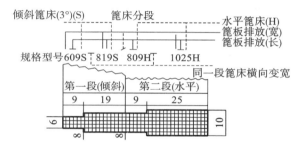

图 5.3-9　国产富勒篦式冷却机规格型号说明示意图

从以上规格型号还能知道以下重要参数:

(1)篦板总数 n。

$$n=6\times9+8\times19+8\times9+10\times25=528(块)$$

(2)有效篦板面积 S。

每块篦板的有效面积按 0.1 m² 计算,则

$$S=n\times0.1=528\times0.1=52.8（m^2）$$

(3)篦板单位面积产量 q。

已知 $Q=2000$ t/d,$S=52.8$ m²,则

$$q=Q/S=2000/52.8=37.88 [t/(m^2\cdot d)]$$

(4)篦床宽度 B。

每块篦板工作宽度按 0.3 m 计算,则

①热端篦床宽　$B_1=6\times0.3=1.8（m）$;

②冷端篦床宽　$B_2=10\times0.3=3（m）$。

(5)篦床长度 L。

每块篦板工作长度按 0.333 m 计算,则

第一段篦床长度　$L_1=28\times0.333=9.324（m）$;

第二段篦床长度　$L_2=34\times0.333=11.322（m）$;

总长度　$L=L_1+L_2=20.646m$。

从此例可知富勒篦式冷却机规格型号的含义和估算有关参数的方法,非常实用方便。

5.4 新型干法水泥生产过程的可视化

5.4.1 可视化系统概述

新型干法水泥生产过程可视化系统旨在利用虚拟现实技术,在计算机屏幕上近乎逼真地展现整个水泥厂,用户足不出户就能够有亲临生产现场的感受。

不仅如此,新型干法水泥生产过程可视化系统还可以让用户进入回转窑、球磨机内部等现实情形中不可能到达的位置,更加清晰地展示水泥生产工艺中各种重要设备的工作原理和原料在这些设备里的运行状态,并以沉浸式的方式展示重要工艺设备的机械结构、工作原理、设备常见故障及处理方式、内部物料的生产状态。

新型干法水泥生产过程可视化系统的开发过程主要由以下环节组成:

(1)新型干法水泥生产工艺和关键工艺设备的研究;

(2)三维模型的建摸与虚拟场景的构建及优化;

(3)交互设备模块的实现与交互功能的开发。

整体开发流程如图 5.4.1-1 所示,各流程环节的主要任务描述如下。

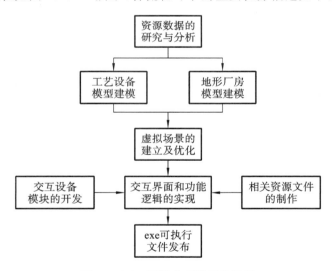

图 5.4.1-1 可视化系统开发流程

(1)资源数据的研究与整理 研究新型干法水泥生产工艺流程和关键工艺设备的工作原理;整理相关素材文件,如工艺设备设计图纸、厂区布局图纸、现场环境照片等。

(2)虚拟场景的构建及优化 基于上述的资源数据,根据设计图纸对工艺设备三维模型进行建模;根据厂区布局图纸和现场环境照片对地形厂房三维模型进行建模;基于建立好的两部分三维模型构建虚拟场景,并对场景进行优化以满足系统的非功能性需求。

(3)交互设备模块的开发 基于 VRPN 协议开发设备交互模块的客户端和服务端,实现系统对交互设备的接入,追踪其在现实环境中的位置,监听设备上的按键响应事件。

(4)交互界面和功能逻辑的实现 以工艺流程图和功能需求为基础,设计并实现系统的交互界面。实现交互逻辑,允许用户通过交互设备和交互界面触发以下功能:自由漫游,用户可以任意控制自身的行走路径和视角,全方位查看场景中的模型,得到身临其境的体验;物料视角路径漫游,跟随物料的运动方向浏览其生产的整体过程;工艺环节详细查看,快速定位至目标工艺环节,开启设备运行动画,查看设备描述信息等。

(5)相关资源文件的制作   制作系统所需的外部资源文件,如工艺设备的运行动画文件,讲解工艺设备原理的音频、视频、图片等。

(6)exe 可执行文件发布   对该可视化系统所有文件进行整理,发布 exe 可执行文件,便于用户的部署和安装。

总之,利用虚拟现实技术,依据新型干法水泥生产线的生产工艺原理,在主动立体单通道环境中重现真实度很高的虚拟水泥生产环境;基于 VRPN 协议开发交互设备模块,实现系统交互界面和交互功能逻辑,在给用户提供沉浸性交互体验的同时,实现自由漫游等功能,可以展示一个在视觉上与现实环境相同的虚拟水泥生产线环境。

5.4.2   可视化系统开发过程

Virtools 是最早的一款功能丰富的多平台三维游戏引擎,也是传播范围最广的虚拟现实游戏开发工具。Virtools 的一个突出特点是可以整合诸如 3D 模型、2D 图形以及音效的主流档案格式,可扩展性好,其互动行为模块可实现快速编程,让没有编程基础的美术人员也能快速制作出多用途的 3D 产品。此外,其高兼容软件接口提供的输入/输出转换器可以连接市面上几乎所有的虚拟现实设备。它还内置强大的物理引擎,提供零件建模、钣金设计、有限元分析、磨具设计、装配设计等功能,开发者可以完成包括三维机械设计、数据管理、网页发布、高级渲染在内的一整套产品设计。Virtools 对硬件的配置有着较高的要求,而且不支持多个模型共用一张纹理贴图,对于相同的模型和动画操作,不能同时使用同一个动作。

VRP(virtual reality platform)是一款具有完全自主知识产权的虚拟现实软件,其兼容性强,直接针对三维美工领域进行开发,在市场上被广泛应用。该软件的界面和操作十分人性化,比较符合人们的思维习惯。它在视角、漫游、相机等技术上的高度灵活性,以及自带的脚本编辑器功能,可以满足用户的各种需求。VRP 最大的缺陷就是烘焙效果不佳,需要后期进行处理。

Unigine 作为成熟的三维图形商业引擎,在虚拟仿真平台的开发上具有极高的效率和很好的渲染效果。其可视化编辑器 Unigine Editor 集成了材质、粒子、动画系统等场景设计中的必要组件,允许通过节点管理器方便快捷地管理场景中模型节点的名称和属性,以及各模型节点间的父子级关系。开放 Unigine Script 语言编写的插件入口,方便了部分自定义功能的扩展;内置消息打印控制台,方便了代码的调试。

在这三款软件中,Unigine 作为原生的三维引擎,不仅能提供很好的图形渲染效果,还允许用户设置渲染模式,其强大的脚本系统也给可视化系统的交互功能开发提供了可能性;引擎的内置动画编辑器、材质编辑器等模块也提升了虚拟场景制作和管理的便捷性;除此之外,Unigine 高度的可扩展性也允许可视化系统接入其他语言开发的外部模块。因此,可以选择 Unigine 引擎作为新型干法水泥可视化系统的开发平台。

1. 水泥厂地形厂房建模

由于地形地貌和建筑物的模型体积较大,精度要求也不高,可采用 3ds Max 建模的方式。

地形厂房模型均是由一些简单几何体,如立方体、半球、圆柱体等组成,所以地形厂房模型的效果体现为贴图的质量,这里需要收集大量的照片素材,为建立高质量的地形厂房模型提供可能。

3ds Max 建立地形厂房的步骤:先通过建模工具绘制地形和厂房的模型,再针对模型设置 UV。UV 是用来在模型表面定位 2D 纹理贴图的一种坐标,通过这种方式能够将贴图准确地附着在模型表面。

2. 虚拟场景的构建

在实现设备模型和地形厂房模型的建立后,将已经制作好的模型分别导入 Unigine Editor 中。

采用 SolidWorks 输出机械设备装配体模型为 *.step 文件,通过在 Unigine Editor 创建的场景中导入该文件迅速添加机械设备模型至虚拟场景中。这里需要注意的是该方法将丢失 SolidWorks 建模过程中模型的材质,因此必须在 Unigine Editor 中对机械设备模型重新赋予材质。

Unigine Editor 自带的材质编辑器能够高效地制作各种通用材质,并批量对节点进行材质赋予工作。对于在 3ds Max 中制作的地形地貌及厂房模型,Unigine 提供了 3ds Max 模型的导出插件,利用该插件导入 3ds Max 模型还可以保证模型的纹理贴图不丢失。将所有外部建立的模型导入虚拟场景中后,应使用 Unigine Editor 中的节点编辑器对节点名称进行修改以达到见名识意的要求;对节点父子级关系结构树进行梳理,以达到在节点编辑器中迅速找到目标节点的目的。这样的操作也便于后续根据节点名称或节点之间的父子级关系实现交互功能逻辑。

除此之外,为了更加直观形象地呈现新型干法水泥生产工艺以及各设备和建筑物,仍然需要在场景添加其他类型的节点或效果。需要的添加的内容有:始终被用户视角正视的提示牌,通过文字和图片对场景中的模型以及效果进行解释;粒子效果,用于模拟火焰、粉磨后的物料等;动态贴图,用于模拟物料的流动效果或解释空气流的移动方向。

Bill Board 类型的节点能够跟随视角方向改变、始终垂直于视角朝向。通过在场景中新建 Bill Board 类型的节点,并在节点表面附着图片的形式,使用户视角无论处于虚拟场景中的任何位置,均能从正面看到该类型节点的图片内容。在虚拟场景中漫游时,为了让用户能够更清楚地了解自己当前的位置,或迅速识别场景中的设备及建筑物,各个重要工艺设备和厂房上方的提示牌应标出各重要设备或建筑物名称。

通过在 Unigine Editor 中添加 Particle System 类型的节点,并设置该节点的材质、产率、生命周期、速度等属性,能够很好地模拟现实世界中的水、火、雾、气等效果。为了提高虚拟场景的逼真程度,需要模拟各种形态的物料,以及回转窑中的火焰等效果,这些效果都是通过添加 Particle System 类型的节点来实现的,如图 5.4.2-1 所示为回转窑火焰效果。

通过在 Unigine Editor 中添加 World Transform 类型的节点,并设置该节点的材质、轨迹、速度等属性,能够很好地实现贴图按照固定轨迹做往返运动的效果。为了更清楚地呈现设备中的气流方向,添加贴图内容为箭头和解释文字的 World Transform 类型节点,如图 5.4.2-2 所示为篦式冷却机气体移动方向提示效果。

图 5.4.2-1　回转窑火焰效果图　　　　　　图 5.4.2-2　篦式冷却机气体移动方向提示图

为了让场景更加真实,还需要在场景中添加草、树的模型。最终的虚拟水泥厂场景效果如图 5.4.2-3 所示。

图 5.4.2-3　虚拟水泥厂场景效果图

3. 虚拟场景的优化

Unigine 引擎将单个模型节点的三角面信息存储于 *.mesh 文件中,在场景中绘制该模型节点需预加载与之相关的 *.mesh 文件。大型机械设备模型是由众多构件装配而成的,其中很多构件都是重复的,因此通常会采用以下方法提高效率:建立基本构件模型,然后在装配体中多次调用。

如五级预热器装配体中包含的管道,由几种管道构件重复组合而成。引擎在这种情况下绘制该五级预热器管道时将加载多个 *.mesh 文件,而读取文件是极其消耗时间和资源的。

因此,把多个 *.mesh 文件中的三角面信息合并至一个 *.mesh 文件,将会减少场景预加载 *.mesh 文件的数量,而不会使场景有任何变化,从而降低场景预加载的时间和消耗的资源。

该方法通过遍历所有选中节点的 *.mesh 文件,提取其中所有三角网格信息并重新存储于一个新的 *.mesh 文件中,以减少需要预加载的 *.mesh 文件数量,提升渲染效率。

4. 基于SolidWorks二次开发的动画文件制作

考虑到CAD/CAM在机械设计动画演示和运动仿真方向强大的功能和极高的效率,提出基于二次开发技术提取CAD/CAM仿真运动的关键帧数据,并利用这些数据在三维引擎中重现机械设备仿真动作的思路。

由于计算机技术的繁荣发展和在机械制造领域的应用,CAD/CAM软件也日趋成熟。可以用来对机械产品进行设计和动画仿真的CAD/CAM软件很多,其中SolidWorks、UG、MatLab、Pro/E被广泛使用。但其中性价比较高,入门简单的软件当属达索公司的SolidWorks。

在此之前必须了解CAD/CAM演示动画和三维引擎动画的区别。许多CAD/CAM软件的演示动画是基于机械结构装配模型几何元素的约束条件制作而成的,即当仅在关键帧中改变单个模型位置时,约束求解器计算出所有符合既定约束条件的模型位置。大多数三维引擎并没有存储模型的几何元素信息和模型间的约束条件,所以在Unigine中还原SolidWorks演示动画需要记录以上动画中所有发生位置变化的模型位置关键帧数据。

在SolidWorks软件中实现动画仿真的步骤如下:

(1)建立所有零件模型;

(2)利用这些模型在建模过程所保留的几何信息,通过几何约束装配模型构成整体机械结构,经过装配的模型只能在符合这些约束条件的前提下运动;

(3)插入末端执行机构位置关键帧,自动计算并跟随末端执行机构作出运动动作。

5. 交互设备模块的设计与开发

可视化系统相较于传统交互系统,其最大的特点是给用户提供沉浸式交互体验,这种沉浸式交互体验有别于传统的基于鼠标键盘等平面化的人机交互方式,新型干法水泥生产过程可视化系统的交互操作模拟包括以下内容。

(1)自由漫游。

用户可以通过交互设备自由控制视角移动和旋转,自由查看整个水泥厂的虚拟场景。

(2)全流程路径漫游用户可以跟随物料视角观看从原料破碎到水泥装袋全流程的物料状态变化,如图5.4.2-1、图5.4.2-2、图5.4.2-4、图5.4.2-5所示。

图5.4.2-4　工艺流程选择交互界面　　　　图5.4.2-5　回转窑流程交互界面

(3)工艺环节展示。

工艺环节展示包含目标工艺环节的快速定位,通过触发三维动画、视频、音频、图片等效果查看工艺设备的工作原理,如图5.4.2-6、5.4.2-7所示。

图 5.4.2-6　设备运行原理动画　　　　图 5.4.2-7　设备描述信息

本章思考题

5-1　熟料冷却的目的和作用是什么?

5-2　篦式冷却机由哪几部分组成? 其作用是什么? 为什么篦式冷却机可以对熟料进行急速冷却?

5-3　在篦式冷却机的工作过程中,熟料的冷却时间取决于哪个因素? 如何最大限度地平稳回收热量?

5-4　篦式冷却机与窑的相对位置是否偏置? 如何布置?

5-5　生产中通常在篦式冷却机上游进行强密度鼓风,请简要说明理由。

5-6　如何保证回转窑和冷却机的密封?

5-7　篦式冷却机的热量是如何回收利用的?

5-8　设计和选用冷却机时应主要考虑哪些因素?

第6章 收尘设备

6.1 概述

6.1.1 收尘设备的发展历程

在生产过程中,能在气体中分散(悬浮)一定时间的固体微粒,称为粉尘。将含尘空气中的粉尘分离出来并收集的过程,称为收尘,收尘设备简称收尘器。收尘器顾名思义就是把气体中的灰尘颗粒物等收集过滤掉的一种设备,也称为除尘设备。收尘器设备目前无论是在家用领域还是在工业领域,很多时候都对环境保护和净化空气质量起到了至关重要的作用。

收尘操作不限于除去有害物质这一意义,还能够通过回收粉尘直接用于工业生产,因此,收尘操作将有更大的发展。

世界上早期的收尘设备其实并不复杂。随着社会的发展和科技的进步,收尘设备更加广泛地被人们接受和应用,除了日常的吸尘处理,在工业生产和一些高粉尘污染的空气环境下,收尘设备逐渐充当起了这些行业的除尘能手。

19世纪初期的德国出现了布袋式收尘器,他们采用端板或管板来安装除尘装置,定位过滤的布袋,然后通过自动振打式清灰来实现除尘。1881年,贝特厂生产的机械振打式布袋收尘器取得德国专利权,由此开创了德国收尘器的先河,但是由于当时德国国内几乎都使用此产品,因此滤袋加工技术发展缓慢。

直到1902年左右,英国人布斯发明了世界上第一台真空吸尘器并申请了专利,才使人类除尘技术又一次取得新的革命;1906年,布斯的家庭专用小型收尘器问世,但是由于其体积笨重(约88磅)而无法普及;1912年,世界上第一台轻便式真空收尘器设备Lux1问世,它源自瑞典的百年家电品牌伊莱克斯。这种收尘器采用无线自由操作的吸尘功能,带给人类前所未有的吸尘体验;1963年,德国克劳斯和曼弗雷德向世界引进首批住宅空气收尘器。曼弗雷德患有慢性哮喘病,这促使他因为病情找到一个解决的方案。于是他们一起设计了一种能净化空气的空气过滤设备,可以去除导致他哮喘病的颗粒;1970年,能源危机迫使人们对能源进行节约控制,采用密封式的房屋来减少电能使用,但却阻碍了室内的空气流通,室内空气质量较差也加大了人们患病率的发生。于是空气除尘净化设备才真正地被人们所重视和应用。

以布袋式收尘器为主的收尘器设备大规模生产是在第一次世界大战之前,当时人们只是把它当作净化空气的一种工具,直到有些厂家把自动清灰功能设计改进后,才使收尘器真正地应用于更多的工业领域。

1881年,奔特工厂在德国申请了"机械振打清灰方式袋式收尘器"授权专利;1930年,逆气流清灰法出现在工业实践中;1954年,海森开发的"逆喷型吹气环清灰技术"实现了袋式收尘器除尘、清灰的连续操作,不仅大幅度提高了烟气处理量,同时可以保证滤袋的压力稳定。

1957 年,美国粉碎机公司的 T. V. 莱茵豪尔对这种技术进行研究和改进,从中取得重大进展。通过电磁脉冲阀来控制压缩空气实现滤袋的净化,也就是我们今天所用到的脉冲袋式收尘器。随着化学工业的推进,催生了高温布袋材料的研究,先前的棉质布袋或毛制滤袋转变为使用高性能的化纤滤料、玻纤滤料等制成的滤袋,其研发出的新式布袋式收尘器可以在多种高温环境下稳定工作,为布袋收尘器设备的发展起到了至关重要的作用。1957 年发明的这种脉冲袋式收尘器被认为是袋式除尘技术发展史上的一个重要里程碑,它不但可以实现操作和清灰连续,保证滤袋压差趋于稳定,调高烟气处理量,更为重要的是内部无运动部件。因此,滤布使用寿命更长、机械结构更简单。

自 20 世纪 70 年代以来,袋式收尘器技术向大型化、自动化方向发展。欧美等国借助迅速发展的工业相继开发出了大型袋式收尘器以应用于火电、干法水泥转窑窑尾以及电炉除尘等领域,并推出单台过滤面积超过 12000 m^2 的大型袋式收尘器。

在静电除尘方面,西汉末年,我国就有了静电吸附作用的文字记载,但这一现象用于工业除尘还是从 20 世纪才开始的。在我国,电收尘的起步和应用更晚,较广泛地推广和应用发生在近 30 年间。

西方对于静电除尘的研究始于 18 世纪。1820 年,首个静电沉积装置问世。1824 年,来自德国莱比锡市的数学教授霍尔菲德尔指出了电可以使烟粒沉淀,这便是静电除尘概念的首次提出。1883 年,英国物理学家浓洛奇爵士在其从事静电研究工作时在《自然》杂志中发表了一遍关于静电应用的论文,论文提到:受污染的烟尘气体是可以通过静电作用来净化的。1906 年,科特雷尔在美国伯克利加州大学通过实验验证了静电力确实能净化过滤含尘气体,在他的不断努力之下,终于研究出了静电收尘的工艺手段并应用于工业用途,其发明的收尘设备被命名为科特雷尔型电收尘器。

1907 年,世界第一台湿式静电收尘器在美国旧金山建造完成,并在工业现场对烟尘进行处理取得了成功。

电收尘器的使用范围较广,袋式收尘器的市场占有率约为 30%。发达国家在袋式收尘器取代或改造静电收尘器等方面取得了成熟的成果。

6.1.2 收尘的目的和意义

工业生产的迅速发展带来了对环境的污染,影响环境质量的主要污染物 70% 来源于工业生产,虽然生产工艺和净化技术都在不断完善,以力求减少污染物的排放量,但是每年的排放总量仍在不断增长。对大气的主要污染物是粉尘,其次是硫化物、氮氧化物、一氧化碳以及大气中由于光化合作用形成的物质(光化学烟雾)。

粉尘就是一种悬浮于气体中的固体微粒,收尘就是将这些微粒从气体中除去并收集下来,收尘的意义除了防止大气污染,保护人民健康和生态环境以外,还能回收原料和产品。同时,它也是生产工艺过程中不可缺少的组成部分。

在水泥工业中,日产熟料 2000 t 的 SF 窑的粉尘飞损量按入窑干生料质量的 4%~7% 计,则每天的飞损量高达 124~217 t。据 1985 年的粗略统计,我国水泥工业全年粉尘总排放量约 500 万吨,占全国工业粉尘污染的第二位,这个数字还不包括扬尘点和输送过程中的粉尘扬尘损失量。所以,工业除尘的目的在于防止粉尘对室内(车间内)空气以及室外大气造成污染。为达到这个目的,需要做两个方面的工作:一是需要将生产设备产生的粉尘(连同运载粉尘的气体)予以捕集,不使它散发到室内,污染室内环境;二是需要将含尘气体净化,将其中的粉尘清除至排放标准值以下,然后排入大气,减轻对环境的污染。

如果工业生产产生的大量粉尘不经处理直接排入大气,对人体健康、环境、自然景物、生态、经济都有不利的影响。我国十分重视环境保护问题,相继发布了一系列劳动保护和防止灰尘危害的政策、法令和标准。

1996 年,颁布了中华人民共和国国家标准——《环境空气质量标准》(GB 3095—1996),此标准代替了 1982 年颁布的《大气环境质量标准》,后又于 2012 年做最新修订。

在《环境空气质量标准》中规定了总悬浮颗粒物、可吸入颗粒物及氟化物 10 种污染物的浓度限值,该标准经过 2000 年第二次修订,2012 年第三次修订,新修订后的标准草案作了如下调整:

(1) 调整了环境空气功能区分类方案,将三类区(特定工业区)并入二类区(城镇规划中确定的居住区、商业交通居民混合区、文化区、一般工业区和农村地区);

(2) 调整了污染物项目及限值,增设了 PM2.5 平均浓度限值和臭氧 8 小时平均浓度限值,收紧了 PM10、二氧化氮、铅等污染物的浓度限值;

(3) 收严了监测数据统计的有效性规定,将有效数据要求由 50％～75％提高至 75％～90％;

(4) 更新了二氧化硫、二氧化氮、臭氧、颗粒物等的分析方法标准,增加了自动监测分析方法;

(5) 明确了标准实施时间,规定新标准发布后分期分批予以实施。

综上所述,现代工业生产过程中,不可避免地要产生粉尘,并且粉尘中一般都含有二氧化硅的成分,这些粉尘对人体健康有很大危害。这些生产过程中产生的粉尘会加速机械的磨损,引起腐蚀,缩短机械设备的寿命,破坏电器的绝缘性;粉尘如果不经处理直接排至厂外会污染环境,影响居民健康和农牧业生产等。此外,粉尘回收能节约原料,降低成本,增加生产量。

因此,必须限制粉尘排放的最高允许浓度。

6.1.3　收尘的定义与收尘器的分类

收尘设备的功用是将含尘空气中的气固两相分离并回收粉尘。目前,在国内外工业应用中,收尘器的种类繁多,出现了不同的分类标准。例如:根据干湿状况可分为干式收尘器和湿式收尘器;根据收尘效率可分为低效、中效和高效收尘器;根据净化程度可分为粗净化、中净化和细净化收尘器,等等。

收尘器的收尘原理是根据气体与固体粒子在性质上的差异,也就是指在重力、惯性力、离心力、扩散附着力和静电力之中,利用一种或两种以上的收尘作用力来实现收尘目的。按照收尘作用力的不同,可将收尘设备分为不同类型(见表 6.1.3-1)。

表 6.1.3-1 收尘设备分类表

类型	收尘原理	作用范围
重力收尘	利用重力作用使悬浮的粉尘分离,使它沉降到容器底,如烟室沉降室	$>50\sim100\ \mu m$ 的粒子,做初步净化
惯性收尘	利用含尘气流中固体微粒的惯性进行分离,如在气流前进方向上设置障碍物(如折流板),当气流在设备中,突然改变方向时,由于粉尘惯性大,继续按直线运动与折流板相撞而从气流中分离	$>30\ \mu m$ 的粒子
离心收尘	利用离心力作用,使固体微粒从气体中分离出来,如旋风收尘器。与重力收尘比较,离心收尘的能力大为提高	$>5\sim10\ \mu m$ 的粒子,收尘效率较高,$<5\ \mu m$ 粒子分离能力较低,适用于中等净化要求
过滤收尘	含尘气体通过多孔层过滤介质,由于阻挡、吸附和扩散等作用,粉尘被截留下来,如袋式收尘器和颗粒收尘器	$>1\ \mu m$ 的粒子,收尘效率很高,适用于粒子很细,分离要求较高的场合
水收尘	利用水与粉尘颗粒密切接触,使粉尘湿润、团聚而收集下来,如泡沫收尘器	分离$>0.1\ \mu m$ 粒子
电收尘	在高压电场内,使粉尘带电。在电场引力的作用下,使粉尘沉积下来	分离$>0.1\ \mu m$ 粒子
超声波收尘	用超声波促使高浓度的微小颗粒粉尘凝聚,再由离心收尘器使其分离	

6.1.4 收尘设备的性能

收尘设备的好坏,应根据收尘设备的性能来加以评价。收尘设备的性能主要包括:

(1) 处理气体的流量;

(2) 流体阻力;

(3) 收尘效率;

(4) 设备的基建投资和运转管理费用;

(5) 使用寿命;

(6) 占地面积或占地空间体积。

上述六项性能指标中,前三项属于技术性能,后三项属于经济指标。这些性能指标都是相互关联、相互制约的技术经济指标,应根据"具体问题具体分析"的原则,综合起来加以评定。

1. 处理气体流量

收尘设备的处理气体流量一般以体积流量(m^3/h)表示。

由于收尘设备服务的对象的气体状态不同,为了对同一台收尘器在不同状态下的使用情形进行比较,可根据气体状态方程换算成标准状态(101325 Pa,273.16 K)。

为了使收尘器达到既高效又经济的收尘性能,各种收尘器必须在适宜的气体流速下进行工作。

2. 流体阻力

收尘设备的流体阻力是指含尘气体穿越收尘设备时所消耗的总能量。

气体总能量是指气体的静压加动压,也就是全压,流体阻力以测定设备的进出口全压来表示。如果收尘设备进出口的截面相同时,不用差压计测得进出口的静压之差来表示。

在表示各种收尘器流体阻力 ΔP 时,常引进一个阻力系数。它是个无量纲系数,其值由实测获得。在收尘设备的计算中,由于采用不同位置的动压,阻力系数也不同。

(1)以进口速度 V_j 为准时,用 ξ 表示之,即

$$\Delta P = \frac{\xi}{2} e V_j^2 \tag{6-1}$$

(2)以出口速度 V_c 为准时,用 ξ 表示之,即

$$\Delta P = \frac{\xi}{2} e V_c \tag{6-2}$$

各种收尘器的阻力系数 ξ,可查有关手册,ΔP 值一般为几百至几千 Pa,此值越小,动力消耗就越小,可以降低生产费用。

3. 收尘效率

收尘效率是用于评价收尘设备的重要技术指标。收尘效率与收尘器的种类、结构形式、粉尘种类及粒径分布、含尘量及气体流量、温度和湿度等因素有关,常用四种方法表示。

1)总收尘效率

收尘器总收尘效率有时简称收尘效率,根据测定方法的不同,总收尘效率有两种表示方法。

(1)质量测定法。

总收尘效率为收尘设备从含尘气体中捕集的粉尘质量 G_2(g/s)与含尘气体进入收尘设备的粉尘质量 G_1(g/s)之比,可按下式计算:

$$\eta = \frac{G_2}{G_1} \times 100\% \tag{6-3}$$

一般来说,质量法计算的效率值能反映收尘设备的实际情况,但是在生产过程中进行测定比较困难,所以常用浓度测定法。

(2)浓度测定法。

$$\eta = \frac{G_2}{G_1} = \frac{C_1 Q_1 - C_2 Q_2}{C_1 Q_1} \times 100\% \tag{6-4}$$

式中:Q_1,Q_2——送入气体和排放气体的体积流量,m³/h;

C_1,C_2——送入气体和排放气体的含尘浓度,g/m³。

当收尘设备没有漏风时,也就是 $Q_1 = Q_2$,式(6-4)可简化为

$$\eta = \frac{C_1 - C_2}{C_1} \times 100\% = \left(1 - \frac{C_2}{C_1}\right) \times 100\% \tag{6-5}$$

浓度测定法虽然简单,但由于要求收尘设备工作时不漏风,加上粉尘在进、出口管道内的沉集及采样收尘管不可能百分之百地收集粉尘等原因,使浓度法测得的效率值不一定能反映收尘设备的真实效率。

2）部分收尘效率

部分收尘效率又称为分级收尘效率或分散度收尘效率。

进入收尘设备的粉尘是由多种粒径组成的,而且各粒径所占的比例也不一样。因此同一收尘器对于同种粉尘中粒径不同的粒子,具有不同的收尘效率;对于同种粉尘,其粒子的粒径分布不一样,效率也不同。因此仅仅用总收尘效率是不能全面地说明收尘设备的性能,必须用部分收尘效率的概念来进一步说明。

部分收尘效率是指收尘设备在一定的操作条件下,对某种粉尘捕集一定粒径范围的粒子的效率。当已知部分收尘效率时,总收尘效率可按下式计算:

$$\eta = (\varphi_1\eta_1 + \varphi_2\eta_2 + \cdots + \varphi_n\eta_n) \times 100\% \tag{6-6}$$

式中:$\eta_1, \eta_2, \cdots, \eta_n$——各粒级的收尘效率,（%）;

$\quad\varphi_1, \varphi_2, \cdots, \varphi_n$——各粒级占总粒尘量的质量百分数,（%）。

各类收尘设备的部分收尘效率可以通过实验方法和有关的经验公式加以确定。

3）通过率

在工程上,用收尘效率来评价收尘设备性能是比较合适的,因为它不仅反映出收尘设备的工作效率,而且便于计算粉尘回收量。

但从环境保护的角度来评价收尘设备时,其回收多少粉尘并不重要,关键是净化后会排放多少粉尘,对周围大气污染的程度如何,因此常用通过率来表示。

通过率 ρ 是表示单位时间内经过收尘设备净化后,空气中残留粉尘的质量 G_3 与进入收尘设备粉尘质量 G_1 之比,即

$$\rho = \frac{G_3}{G_1} = \frac{G_1 - G_2}{G_1} = 1 - \eta \tag{6-7}$$

判别收尘效率比较高的收尘设备时,用收尘效率来判断不够简便,而且在数值上的区别也不明显,此时宜用通过率来评价其性能。

例如,有这样两台收尘器,其中第一台的收尘效率为90%,第二台的收尘效率为95%,从收尘效率的角度来比较,两者相差仅5%。但是从通过率的角度来比较,第一台收尘器的通过率为10%,第二台的为5%,两者相差一倍。

总之,从环境保护的观点来看,用通过率来评价是合理的。

4）综合收尘效率

当进入收尘设备的气体含尘浓度很高时,有时需要将几级收尘器串联使用。如图6.1.3-1所示,两台收尘器串联使用时的综合收尘效率 η 为

$$\eta = \frac{G_{c1} + G_{c2}}{G_i} = \frac{\eta_1 G_i + (1 - \eta_1)\eta_2 G_i}{G_i} = \eta_1 + (1 - \eta_1)\eta_2 \tag{6-8}$$

式中:G_i——进入第一级收尘器粉尘量,g;

$\quad G_{c1}$——第一级收尘器收集下来的粉尘量,g;

$\quad G_{c2}$——第二级收尘器收集下来的粉尘量,g。

设每一级收尘器的收尘效率为 $\eta_1, \eta_2, \eta_3, \cdots$,则综合收尘效率 η_s 为

$$\eta_s = [1 - (1 - \eta_1)(1 - \eta_2)(1 - \eta_3)\cdots] \times 100\% \tag{6-9}$$

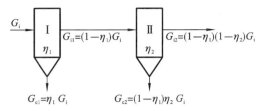

图 6.1.3-1　综合收尘效率计算简图

G_{i1}—出第一级收尘器后的粉尘量，g；　G_{i2}—出第二级收尘器后的粉尘量，g。

6.2　旋风收尘器

旋风收尘器目前广泛应用于化工、建工、建材、矿业加工等工业领域，其外形如图 6.2-1 所示。西欧和美国很早就开始在有些厂矿根据生产需要使用旋风收尘器，用于捕集分离粗颗粒的物料。

1885 年，摩尔斯（O. M. Morse）第一个申请美国政府的专利，这也是世界第一台圆锥形旋风收尘器，但是在它出现的前半个世纪里，人们对其性能和机理并未进行深入的研究。

1929—1939 年，范登格南发现了旋风收尘器中存在的双涡流；1953 年，特林丹画出了旋风收尘器内的流线；20 世纪 70 年代，西门子公司推出带二次风的旋风收尘器。此后，各国学者不断研究其流场特性、结构、类型、尺寸比例等课题。

图 6.2-1　旋风收尘器外形图

目前，尽管出现了很多新型的收尘设备，但是由于旋风收尘器具有结构简单、造价便宜、体积小、无运动部件、操作维修方便、压力损失中等、动力消耗不大等特点，因此工业生产中仍将旋风收尘器大量应用于气体除尘。旋风收尘器可以单独使用，也可以作多级除尘系统的预收尘之用。

6.2.1　旋风收尘器的工作原理及气流运动速度

1. 旋风收尘器的工作原理

旋风收尘器是利用含尘气体的高速旋转运动，通过尘粒离心力的作用，使尘粒从气流中分离出来并被捕集的干法收尘设备，其工作原理如图 6.2.1-1 所示。

旋风收尘器由外圆筒、锥筒、顶盖、灰仓、进气管、排气管、锁风闸门等组成。进气管与外圆筒相切，排气管位于圆筒中心，其上还可装有蜗壳形出气口。

含尘气体由进气口以较高的速度（一般为 12～25 m/s）沿外圆筒的切向进入外圆筒 1 后，沿筒内壁旋转，在同一平面上旋转 360°，由于受到内外筒体及顶盖 2 的限制，逼迫气流在其间由上向下作螺旋线形的旋转运动，称为外旋流。

固体尘粒离心惯性力比气体大很多，被甩向筒壁失去能量沿壁滑下，与气流逐渐分离,在外圆筒壁下部形成料粒浓集区,经排灰口进入灰仓中。

旋转下降的外旋流沿锥筒 3 向下运动时,随着圆锥的收缩而向收尘器中心靠拢,旋转气流进入排气管半径范围附近。由于下面呈密封状态而迫使气流开始旋转上升,形成一股自下向上的螺旋线运动气流,称为内旋流,也称核心流,最后净化气体经排气管 6 向外排出。

2. 旋风收尘器内气流运动速度及压力分布

气流在旋风收尘器内呈现复杂的三维流动,筒内任何一点都存在着切向速度 u_t,径向速度 u_r 和轴向速度 u_z。

1) 切向速度 u_t

旋风收尘器内气流的切向速度是控制气流稳定,使含尘气体产生离心分离效应的主要因素,它与旋风收尘器的收尘效率和压力损失关系最大。

切向速度构成外层向下旋转的气流和内层向上旋转的气流,两者旋转方向相同,其流场分布特性如图 6.2.1-2 所示。

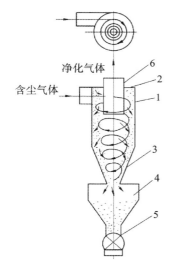

图 6.2.1-1　旋风收尘器工作原理

1—外圆筒;2—顶盖;3—锥筒;
4—灰仓;5—锁风闸门;6—排气管

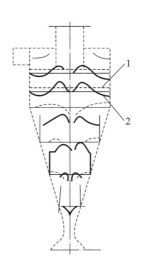

图 6.2.1-2　切向及径向速度分布

1—径向速度;2—切向速度

在外旋流中,由于壁面摩擦和气流的黏性,切向速度 u_t 与旋转半径 r 有如下关系式:

$$u_t r^n = \text{const} \tag{6-10}$$

式中:$n = 0.5 \sim 0.9$。

从式(6-10)可以得出 u_t 随着轴心距离的减小而增大。

在内旋流中,气流做类似于刚体的旋转运动,切向速度 u_t 与旋转半径 r 有如下关系式:

$$u_t / r = \text{const} \tag{6-11}$$

从式(6-11)可以得出 u_t 随着轴心距离的减小而减小。

在内、外旋流的交界面上,如图 6.2.1-3 所示,切向旋转速度达到最大值。

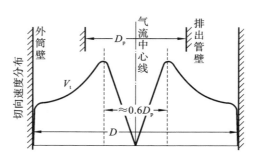

图 6.2.1-3　内、外旋流的交界面

实验测试表明：交界圆柱面直径

$$d_i = (0.6 \sim 1) D_p \tag{6-12}$$

式中：D_p——排气管直径，mm。

2）径向速度

径向速度 u_r 远小于切向速度 u_t 和轴向速度 u_z，其分布十分复杂，又难以测定，至今对径向速度的分布规律仍研究不足。

试验表明，径向速度在外旋流处是向心的，在内旋流处则是从轴心向外流动。沿轴向的径向速度非均匀分布，尤其是在排气管入口附近，径向向心速度较大，会把尘粒拽带到中心向上的气流中去，使粉尘很快进入排气管，不利于收尘。

3）轴向速度

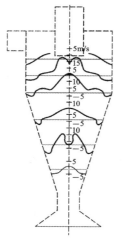

图 6.2.1-4　轴向速度分布

如图 6.2.1-4 所示，轴向速度 u_z 在径向上的分布复杂沿轴向变化较大，迄今尚无计算方法，一般可将气流分布为靠近筒壁的下行流和中心区域的上行流。

在上下行流的交界面上的轴向速度为零，且分界点的位置与旋风收尘器的形状有关。在圆筒体部分，分界面大致呈圆柱状，半径稍大于排气管的半径。在圆锥部分，分界面大致呈圆锥状，锥顶角约为筒壁锥顶角的 0.6。外壁平行的气流流量沿轴向向下是逐渐减小的，其中一部分气体通过向心径向气流而逐渐转变成向上的内旋流。

外旋流的轴向速度有相当一部分是向上的。在收尘器的轴心附近，轴向速度呈波形分布，最低点可接近于零，在有的截面甚至会出现负值。

4）旋风收尘器内压力分布

实验研究表明，旋风收尘器内压力沿切向几乎不产生变化，在轴向的压力也很小。压力沿径向变化显著，尤其是中心部分的压力梯度更大，但动压变化不大，主要受静压支配。中心部分的压力低于入口压力，还低于排气管内的平均压力，使中心处呈现滞流或倒流现象。

排料口的静压也低于入口处压力，若灰仓密封不好，漏入的气体将增大向上的气流速度，使已捕集的粉尘再次扬起，卷入已净化的气流中，从而降低收尘效率。

5）局部涡流

由于轴向速度和径向速度的相互作用，在旋风收尘器中还存在局部涡流，如图 6.2.1-5 所示。

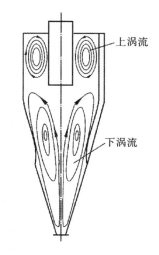

上涡流

下涡流

对应于筒体涡流产生了"上涡流"，上涡流使原来已分离捕集在圆筒边壁的粉尘先沿筒外壁向上移动，然后沿顶盖向内移动，又沿内筒外壁向下移动，最后短路进入排气管，造成不良后果。在排气管入口附近，由于有较大的向心径向速度，形成了径向流动，造成短路，影响了收尘效果。

对应于锥体涡流产生了"下涡流"，下涡流一方面推动已分离捕集在锥体边壁的粉尘向下移动，最后进入灰仓，这对收尘是有利的；另一方面在中心处易将已捕集的粉尘再次扬起，从而被上升气流带走。

图 6.2.1-5　旋风收尘中的局部涡流

此外，旋风收尘器筒体表面的凸凹不平及筒体的不圆度等，也会产生一些局部小涡流，将已收集在筒壁处的尘粒重新扬起。所有这些涡流都应在旋风收尘器的设计及制造中加以避免。

6）旋风收尘器内尘粒的运动

若不考虑轴向速度和径向速度，在收尘器内尘粒具有与旋转气流相同的切向速度，尘粒受离心力和气体的摩擦阻力作用而产生离心沉降。考虑到离心力较重力大得多，可忽略重力的影响，其离心沉降速度为

$$W_{or} = \sqrt{\frac{4d_s(\rho_s - \rho)}{3\zeta\rho} \cdot \frac{u_t^2}{r}}　　　　　　　　　（6\text{-}13）$$

式中：ρ_s、ρ——尘粒和气体的密度，kg/m^3；

　　　u_t——尘粒的圆周速度，m/s；

　　　d_s——尘粒直径，m；

　　　ζ——阻力系数，是雷诺数 Re 的函数；

　　　r——收尘器内尘粒所在位置的半径，m。

研究表明，旋风收尘器内的尘粒运动除受离心力作用外，还受向心流、扩散作用、尘粒与器壁、尘粒与尘粒的碰撞弹跳等的影响，是十分复杂的，尘粒的运动呈类似螺旋线运动的轨迹。实际上，尘粒运动具有较大的随机性，具有三种运动状态：初始分离、尘粒反弹返回气流、二次分离。

6.2.2　旋风收尘器的性能参数

旋风收尘器的压力损失、分离直径和收尘效率是评价收尘器性能的重要指标。旋风收尘器的高性能要求表现为低的压力损失、小的分离直径和高的收尘效率。

1. 旋风收尘器的压力损失

旋风收尘器的压力损失由三部分组成：进口压力损失、旋转流场的压力损失及出口压力损失。

收尘器的压力损失关系到收尘器的能耗和风机的选择,研究者们在一些假设条件下对压力损失进行研究得出了许多理论公式,也在一定的试验条件下进行测定和分析,提出了大量的经验计算式。

我国在设计制造旋风收尘器时,常用实测风力系数来计算旋风收尘器的压力损失:

$$\Delta P_c = \frac{1}{2} \zeta v^2 \rho \ (\text{Pa}) \qquad (6\text{-}14)$$

式中:v——气体入口处的平均流速,m/s;

ρ——操作温度和操作压力下的纯气体密度,kg/m³;

ζ——阻力系数,可通过试验测定。

阻力系数是以纯气体进行测定的,对含尘气体应加以修正。一般情况下,含尘气体的压力损失比纯气体低。这是因为已分离的尘粒在外圆筒及锥体内壁旋转下降时,增加了内壁的粗糙度,使气流旋转速度变小,因而阻力系数降低。对含尘气体的压力损失修正公式为

$$\Delta P_c = \left[1 - 0.4 \sqrt{\frac{C_i}{(1000\rho)}} \right] \Delta P \ (\text{Pa}) \qquad (6\text{-}15)$$

式中:C_i——进口处气体的含尘浓度,kg/m³;

ΔP——纯气体时的压力损失,Pa;

ρ——纯净空气密度,kg/m³。

2. 分离直径

旋风收尘器所能分离捕集到的最小尘粒的粒径称为分离直径(临界直径)。分离直径越小,收尘器就能收集越细的粉尘,因此说明收尘器的性能越好。

分离直径有两种:一种是凡大于某一粒径的尘粒都可以100%地捕集,这种分离直径称100%分离直径,以 d_{c100} 表示;另一种是某一粒径的尘粒有50%的可能被捕集,也有50%的可能不能被捕集,这种粒径称50%分离直径,以 d_{c50} 表示。工业上多采用 d_{c50} 来设计旋风器。

分离直径分析的理论方法有三种,即转圈理论、筛分理论和边界层分离理论。转圈理论没有考虑旋风收尘器内向心径向气流的影响,不够全面。边界层分离理论既考虑了筛分理论因素,还考虑了对细粉不容忽视的湍流扩散作用。但因为边界层分离理论很复杂,所以一般场合都用筛分理论计算分离直径。

旋风收尘器内,每颗尘粒都受方向相反的两种力作用,即受切向速度产生的离心力向外推动的作用和径向速度产生的向内飘移的作用。

离心力的大小取决于尘粒的直径。当离心力的作用与向内飘移的作用相等时,对应的尘粒直径可确定为分离直径 d_{c50},这种尘粒向外运动而被捕集的几率与向内飘移而逸出的几率相等。当尘粒 $d > d_{c50}$ 时,向外推移作用大于向内飘移作用而被分离。反之,尘粒 $d < d_{c50}$ 时,向内飘移作用大于向外推移作用而被带进排气管逸出。

因此,可设想整个收尘空间起到筛分作用,存在一个孔径为 d_{c50} 的筛网,粒径 $d > d_{c50}$ 时被截留在筛网外面,而 $d < d_{c50}$ 时则通过筛网排出收尘器。

筛网可认为是在排气管下面的半径为 r_f、高度为 H 的假想圆柱面,在假想圆柱面上尘粒的离心力为

$$F = \frac{\pi}{6} d_{c50}^3 (\rho_s - \rho) \frac{u_{if}^2}{r_f} \ (N) \tag{6-16}$$

式中：u_{if}——尘粒在 r_f 处的切向速度，m/s。

做向心运动的尘粒所受的流体阻力服从 Stokes 定律，则

$$P = 3\pi\mu u_r d_{c50} \ (N) \tag{6-17}$$

式中：u_r——尘粒在 r_f 处的径向速度，m/s；

μ——气体动力黏度系数，Pa·s。

当 $F = P$ 时，得分离直径为

$$d_{c50} = \sqrt{\left[\frac{18\mu u_r r_f}{(\rho_s - \rho)u_{if}^2}\right]} \ (m) \tag{6-18}$$

假想圆柱面的径向平均速度为

$$u_r = \frac{Q}{2\pi r_f H} = \frac{Au_i}{2\pi r_f H} \ (m/s) \tag{6-19}$$

式中：Q——收尘器的处理风量，m^3/s；

u_i——进口气流的平均速度，m/s；

A——收尘器进口截面积，m^2。

所以

$$d_{c50} = \frac{1}{u_{if}} \left[\frac{9\mu Q}{(\rho_s - \rho)\pi H}\right]^{\frac{1}{2}} \ (m) \tag{6-20}$$

不同的研究者针对 r_f 及 u_{if} 的取值提出了一些计算 d_{c50} 的方法。从应用角度看，d_{c50} 可按下式计算：

$$d_{c50} = K \left[\frac{9\mu D^2}{\pi H(\rho_s - \rho)u_i}\right]^{\frac{1}{2}} \ (m) \tag{6-21}$$

式中：D——旋风收尘器的外圆筒内径，m；

X——与型号及操作风速有关的系数，对常用收尘器，通常取 $K = 0.6 \sim 0.8$。

3. 旋风收尘器的效率

计算旋风收尘器的收尘效率有众多的理论和方法，由于各自的前提不同，计算结果也不一致，都具有一定的局限性，收尘效率常采用总效率 η 和分级效率 η_d 来表示。

根据大量的试验，旋风收尘器的分级效率可表示为

$$\eta_d = 1 - \exp(-ad^m) \tag{6-22}$$

式中：a——与收尘器结构有关的指数；

d——尘粒粒径；

m——粒径对收尘效率的影响指数，取 $m = 0.83 \sim 1.2$。

当 $\eta_d = 50\%$，则 $d = d_{c50}$，有

$$a = 0.6932/d_{c50}^m \tag{6-23}$$

$$\eta_d = 1 - \exp[-0.6932d/d_{c50}] \tag{6-24}$$

旋风收尘器的 a 值越大，其除尘效率越高；m 值越大，粒径大小对分级效率的影响就越大。a 和 m 表征了旋风收尘器的效率特性。

收尘器的总效率 η 取决于分级效率 η_d 和粒度分布，具体计算方法这里不详细介绍。

6.2.3　几种常见旋风收尘器的结构

1. 常见的旋风收尘器类型

目前在生产中使用的旋风收尘器的类型很多,在建材工业生产中常用的有 CLT/A、XLP/A、XLP/B、XLK、XLG 等。近来年,一些引进技术制造的旋风收尘器产品也被广泛采用。

旋风收尘器的规格用旋风筒体直径的分米数表示,生产企业中常见的旋风收尘器的字母代号含义如下:

(1) C 或 X——旋风收尘器;

(2) L——离心式;

(3) T——筒式;

(4) P——旁路式;

(5) K——扩散式;

(6) G——多管式;

(7) A 和 B——产品系列代号。

另外,根据旋风收尘器排风口形式的不同,可分为带出口蜗壳和不带出口蜗壳两种。

带出口蜗壳的称为 X 型(负压操作)收尘器;不带出口蜗壳的称为 Y 型(正压操作)收尘器,如图 6.2.3-1 所示。根据气体在旋风收尘器内的旋转方向可分为右旋转和左旋转两种。从器顶俯视,顺时针旋转者为右旋转,称为 S 型收尘器;逆时针旋转者为左旋转,称为 N 型收尘器。在设计和选用时,可根据具体情况确定。

2. CLT/A 型旋风收尘器

1) 结构及其性能特点

CLT/A 型旋风收尘器又称螺旋型旋风收尘器,是国内应用最早的一种旋风收尘器,其结构由旋风筒、集灰斗和蜗壳(集风帽)三部分组成,如图 6.2.3-2 所示,进气管向下倾斜与水平呈 15°角,同体顶盖为 15°螺旋形导向板,消除了上灰环。这种收尘器的筒体细小,锥形角度小。

CLT/A 型旋风收尘器结构筒体直径为 300～800 mm,共计 11 种规格。按筒体个数有单筒、双筒、三筒、四筒、六筒共五种组合,每种组合有两种出风形式:水平出风的 Ⅰ 型(X 型)和上部出风的 Ⅱ 型(Y 型)。

CLT/A 型旋风收尘器适宜于捕集大于 10 μm 的粉尘,对于 10 μm 以下的粉尘,收尘效率较低。含尘浓度在 40～50 g/m³ 时,收尘效率稳定,含尘浓度低于 40 g/m³ 时,收尘效率下降。气流进口速度为 12～18 m/s 时,收尘效率稳定,阻力适中。CLT/A 型旋风收尘器的主要缺点是收尘器筒体高大,金属消耗量大,对器壁没有采用防磨防蚀措施。

2) 主要结构尺寸

(1) 进风口截面面积为

$$A = \frac{Q}{3600 u_i} \ (\text{m}^2) \tag{6-25}$$

式中:Q——旋风收尘器的处理风量,m³/s;

u_i——进口气流的平均速度,m/s。

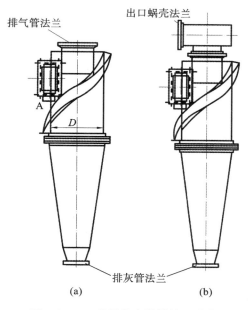

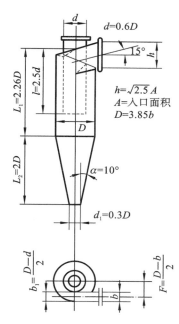

图 6.2.3-1 旋风收尘器排风口形式

（a）Y 型除尘器；（b）X 型除尘器

图 6.2.3-2 CLT/A 旋风收尘器

（2）进风口高度为

$$h = \sqrt{2.5A} \text{（m）} \qquad (6-26)$$

（3）进风口宽度为

$$b = \sqrt{A/2.5} \text{（m）} \qquad (6-27)$$

（4）旋风筒直径为

$$D = 3.85b \text{（m）} \qquad (6-28)$$

（5）排气管直径及管内长度为

$$d = 0.6D \text{（m）} \qquad (6-29)$$

$$l = 2.5d \text{（m）} \qquad (6-30)$$

（6）圆筒部长度为

$$L_1 = 2.26D \text{（m）} \qquad (6-31)$$

（7）圆锥部长度为

$$L_2 = 2D \text{（m）} \qquad (6-32)$$

（8）出灰口内径为

$$d_1 = 0.3D \text{（m）} \qquad (6-33)$$

若要了解更多 CLT/A 型旋风收尘器的信息，可查看国家标准图集。

3. XLP 型旋风收尘器

1）收尘器共组原理

XLP 型旋风收尘器为旁路式旋风收尘设备，其工作原理如图 6.2.3-3 所示。含尘气体从 1 处进入后，在获得旋转运动的同时，分成上下双旋转气流，尘粒在排气管底部 2 处，即双旋涡的分界处产生强烈的分离作用。

　　较细较轻的尘粒从上旋涡带往上部,在顶盖底部 9 处形成上灰环,产生尘粒的凝聚,并从旁路分离室上部的切向缝口 5 处引出,经过旁路分离室的下部螺旋槽,从收尘器外回风口 6 切向引入器体,在该处与内部气流汇合,粉尘被分离而落入灰斗。另一部分较粗较重的尘粒,在筒壁 7 处形成下灰环,其中,部分从旁路室中部的切口缝口 10 引出,经上旋涡气流的类似过程,将粉尘分次排入灰斗,其余的尘粒沿筒壁 7 由向下的气流带入灰斗 8。

　　2) 收尘器类型及性能特点

　　为避免旁路引入的气体干扰内部气流,旁路分离室为半螺旋线型(XLP/A 型)和螺旋线型(XLP/B 型)。XLP/A 型旋风收尘器具有双锥体结构,上锥体的圆锥角较大,形成突然收缩,有利于形成灰环。旁路型旋风收尘器由于顶盖下有足够空间形成灰环,经由旁路分离室引至锥体部分,从而降低了进气口的位置。

　　XLP 型旋风收尘器对 5 μm 以上的尘粒具有较高的收尘效率,总效率一般可达 85%~90%。XLP/A 型收尘器适宜的进口风速为 12~17 m/s,XLP/B 型的为 12~20 m/s,此时的效率高,压力损失适中。A 型的压力损失较 B 型的大。

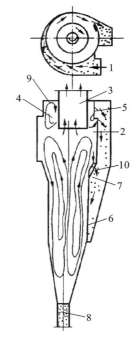

图 6.2.3-3　XLP 型旋风收尘器

1—进风口;2—排气管底部;

3—排气管;4—上灰环;

5—上部切向缝口;6—外回风口;

7—筒壁;8—灰斗;

9—顶盖底部;10—中部切向缝口

　　XLP 型旋风收尘器的主要缺点是筒体较长,压力损失偏高,筒体(特别是锥体部分)容易磨损。

　　4. CLK 型扩散式旋风收尘器

　　扩散式旋风收尘器具有呈倒锥体形状的锥体和圆锥形反射屏,其结构如图 6.2.3-4 所示。

　　含尘气体沿切向进入圆筒后,经由上而下的气流旋转到达内部反射屏,此时,已净化的气流大部分形成上旋气流从排气管排出;少部分气流与在离心力作用下甩向器壁的已被分离出来的粉尘一起沿倒圆锥体形筒壁螺旋向下,经反射屏周边的环隙进入灰仓,再由反射屏中心小孔向上,与上旋气流汇合而排出。已分离的粉尘,沿着反射屏的周边从环隙落入灰仓。

　　由于反射屏的作用,内外旋流隔离,在反射屏上部无粉尘聚积,防止了返回的气流重新卷起粉尘,提高了收尘效率。

　　反射屏的锥角有 45°、60°两种。其角度和环隙的大小,主要与粉尘性质有关,对较黏、休止角大的粉尘,反射屏锥角宜大些,否则粉尘会堆积在屏面上。分离的粉尘量较大时,环隙面积要大些,以免粉尘排出不畅。反射屏表面应光滑,以免积聚粉尘。

　　扩散式旋风收尘器适宜捕集粒径大于 10 μm 的粉尘,当气体含尘浓度为 2~200

g/m³时,收尘效率波动小,总效率可达 88%～92%。进口风速为 10～20 m/s。每处理 1000 m³气体的金属占有量为 80～100 kg。其结构简单,制造方便,但进口蜗壳外侧较易磨损,压力损失较高,为 900～1200 Pa。

5. 多管旋风收尘器

多管旋风收尘器是若干个并联的旋风子组合在一个壳体内的收尘设备,如图 6.2.3-5 所示。

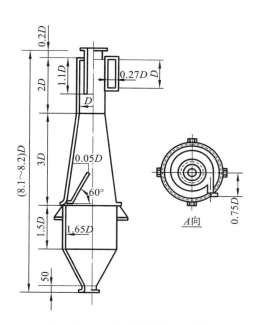

图 6.2.3-4 CLK 型旋风收尘器

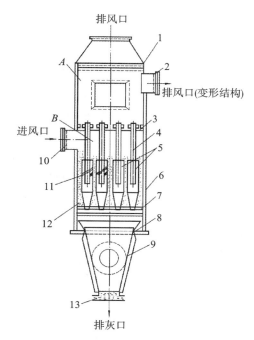

图 6.2.3-5 多管旋风收尘器

1—平顶盖;2—出风口;3—上隔板;4—排气管;5—旋风子;
6—壳体;7—下隔板;8—底板;9—灰斗;10—进气扩散管;
11—导向叶片;12—填料层;13—卸灰口

含尘气体经进气扩散管 10 进入配气室 B 中,将气体分配到各个旋风子 5 内。旋风子的排气管 4 外壁上装有导向叶片 11,使从轴向进入到旋风子的气流产生旋转。

受离心力作用分离后的尘粒落到旋风子的锥体内,集中到灰斗 9 中,然后经卸灰口 13 排出。净化后的气体经旋风子的排气管 4 进入集气室 A 内,由侧面或上部的总排气管排出。

旋风子内的导向叶片一般有螺旋型和花瓣型两种结构形式,导向叶片与旋风子轴线间的夹角多采用 25°、30° 两种,其中 25° 花瓣型导向叶片的效率较高,但易被粉尘堵塞,因而不能用来处理含尘量较高,尘粒容易黏结的气体。

多管旋风收尘器的进口气流速度一般为 10～20 m/s,压力损失为 500～800 Pa,总收尘效率为 75%～85%,最大系统压力(正压或负压)为 2500 Pa 左右,最高温度为 350～400 ℃。

该收尘器能有效地捕集 5～10 μm 的粉尘,结构紧凑,允许有较高的含尘浓度,但制造、安装质量要求较高,旋风子易堵塞,不易清理,金属占有量大,每处理 1000 m³ 的气体需 150~200 kg 金属。

6.2.4　影响旋风收尘器工作性能的主要因素

影响旋风收尘器工作性能的因素很多,按其性质可分为两类:结构特性和操作条件。

结构特性包括各部分的尺寸关系和结构形式。操作条件包括进口风速、气体的性质、粉尘的性质。

1. 收尘器的直径

筒体直径是构成旋风收尘器的最基本尺寸。旋转气流的切向速度对粉尘产生的离心力与筒体直径成反比,在相同的切线速度下,筒体直径 D 越小,气流的旋转半径越小,粒子受到的离心力越大,尘粒越容易被捕集。即收尘器的直径 D 小,可分离的 d_{c50} 小,故收尘效率高。不过,收尘器的直径 D 不能过小,否则容易造成阻塞,而且阻力大。

2. 收尘器筒体尺寸

收尘器的外壳由圆筒体和圆锥体组成。一般圆柱体长度愈大,气流在器内的旋转圈数愈多,停留时间愈长,收尘效率愈高。

圆锥体并非收尘器必不可少的部分,但圆锥体可以在较短的轴线距离内将外旋流转变为内旋流。锥体的长度取决于连接处的直径,收尘器的直径和圆锥角。圆锥角不能过大,否则尘粒被离心力压在圆锥壁面上难以下落,并易使内旋流与锥体撞击,而将沿壁下旋的尘粒带走,从而增大磨损,降低收尘效率。

实践经验表明,圆筒长度为 $(0.9~1.5)D$,圆锥长度为 $(2~3)D$,一般圆锥角为 20° 左右较为适宜。为避免涡流,圆筒体与圆锥体的过度接头要求平滑。

旋风收尘器的结构尺寸对性能的影响如表 6.2.4-1 所示。

表 6.2.4-1　旋风收尘器结构尺寸对性能的影响

结构尺寸增加	阻力	效率	造价
收尘器直径(D)增加	降低	降低	增加
进风口面积(风量不变)增加	降低	降低	—
进风口面积(风速不变)增加	增加	增加	—
圆筒长度增加	略降	增加	增加
圆锥长度增加	略降	增加	增加
圆锥开口增加	略降	增加或降低	—
排气管插入深度增加	增加	增加或降低	增加
排气管直径增加	降低	降低	增加
相似尺寸比例增加	几乎无影响	降低	—
圆锥角增加	降低	20°~30°为宜	增加

3. 进风口形式

切向进风口(见图 6.2.4-1(a))是较常用的一种,它制造简单、结构紧凑,且性能稳定。

螺旋面进风口如图 6.2.4-1(b)所示。气流进入收尘器后,以与水平呈 10°~15°的倾角向下旋转,减弱了入口处气流的互相干扰,消除了上灰环,减少粉尘从排气管逸出的机会,从而提高了收尘效率。

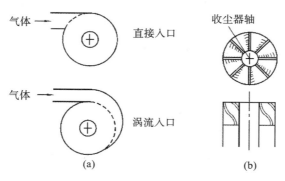

图 6.2.4-1　进风口形式
(a) 切向进风口;(b) 螺旋面进风口

蜗壳进风口增加了进口气体和排气管的距离,减少了进入的气体对筒体内气流的撞击和干涉,减少了粉尘从排气管的逸出,提高了收尘效率。轴向进风口因气体均布于进口截面,使靠近中心处的分离效果差,但可减少进入的气体对旋转气流的干扰,压力损失小,收尘效率降低。

旋风收尘器的进风口位置一般与器顶相齐,或稍低于器顶。常用矩形进风口,其高度不小于宽度的 2 倍,引入的气流距排气管底线较远,可避免短路,减少尘粒分离后与器壁的碰撞次数。进风口的面积与收尘器筒体截面积的比值为 0.07~0.34,若太小,气流进入筒体后流速将骤减,离心力减小;若太大,进入的气流有返回现象,并增加了粉尘短路的可能;比值太大或太小都会使收尘效率下降。

4. 排气管

排气管的直径和插入深度对旋风收尘器的除尘效率影响较大。

排气管直径必须选择一个合适的值,排气管直径减小,可减小内旋流的旋转范围,粉尘不易从排出管排出,有利于提高除尘效率,但同时出风口速度增加,阻力损失增大;排气管直径增大,阻力损失可明显减小,但由于排气管与筒体管壁太近,易形成内、外旋流"短路"现象,外旋流中部分未被清除的粉尘会直接混入排气管中排出,从而降低了除尘效率。

排气管的直径决定了内外旋流的分离点和最大切向速度值,一般取 $d/D=1.5~2$。为避免尘粒从排气管逸出,同时又不至于使分离空间的长度变小,排气管一般插入深度约在进气口底线以下。

5. 排灰口

排灰口是内外旋流的转折处,又具有负压,对密封要求严格。

若漏气量达 1%,则收尘效率降低 5%~10%;漏气量为 5%,效率降低 50%;漏气量为 10%~15%,效率趋近于零。

排灰口的口径应大于内旋流直径,多采用(0.2~0.4)D。排灰口过大,返气夹带严重;排灰口过小,内旋流会将已捕集在壁上的颗粒重新卷入上行的气流中。

6. 进口风速

从理论上讲,旋风收尘器的压力损失与进口风速 u_i 的平方成正比,分离直径随 $1/u_i$ 变化,收尘效率随 u_i 变化。

因此,进口风速增加,压力损失急剧增加,分离直径变小,收尘效率增高。

当进口风速超过一定限值之后,湍流的影响比分离作用增加更快,使收尘效率下降。对于高效旋风收尘器,进口风速一般取 $12 \sim 18$ m/s;对于低阻力、大容量旋风收尘器,u_i 的上限可以取到 25 m/s。

7. 气体的性质

旋风收尘器的性能受气体的温度、密度及压力的影响。温度增高,气体的黏度 μ 增大,分离直径随之增加,收尘效率降低。

压力损失与气体的绝对温度成反比,高温时,压力损失降低。因气体的密度和尘粒的密度相比甚小,气体的密度和压力对收尘器的性能影响可忽略。

8. 粉尘的性质

旋风收尘器的效率受粉尘的粒径及其分布、粉尘密度、含尘浓度的影响。

粒径小于 $5 \sim 10$ μm 时,旋风收尘器的效率较低;粒径大于 $20 \sim 30$ μm 时,效率可达 90% 以上。

在粉尘的粒度分布中,粗颗粒愈多,收尘效率愈高。粉尘密度愈大,d_{c50} 愈小,收尘效率愈高。对于微细粉,密度对效率的影响明显,尘粒粒径大于 10 μm 以后,密度对效率的影响要小得多。粉尘的粒径和密度对收尘器的阻力几乎无影响。

含尘浓度增加,小颗粒相互凝聚的概率增大,使收尘效率增高;同时尘粒之间的摩擦损失增大,气流的旋转速度有所降低,离心力下降,压力损失降低。含尘浓度很低时,对收尘效率的影响不明显;含尘浓度愈高,影响愈显著;当含尘浓度超过允许值时,易造成收尘器堵塞,破坏正常操作。

6.2.5　旋风收尘器的选型计算

目前,旋风收尘器的选型计算(包括旋风收尘器的结构形式、直径和个数)主要根据生产经验数据来确定,再计算压力损失和收尘效率。

1. 结构形式的选择

根据国家规定的粉尘排放标准,考虑粉尘性质、允许阻力,以及制造、安装、使用和经济性等因素进行全面分析,合理选择旋风收尘器的结构形式。

2. 确定进口风速和规格

在选定结构形式后,首先要确定进口风速,然后才能通过计算确定旋风收尘器的规格。

若收尘器所在系统中对其压力损失无要求时,一般旋风收尘器的进口风速在 $12 \sim 20$ m/h 内选取,具体数值可参照各类旋风收尘器的流量特性表。若工艺条件对压力损失有要求时,可根据制造厂提供的各种操作温度下的进口风速与阻力的关系或阻力系数的值来计算进口风速。

进口风速确定后,可根据处理气体量、按收尘量的流量特性表或结构尺寸关系,确定旋风收尘器的直径规格和进风口尺寸。若处理气体量过大,可采用多台旋风收尘器并联使用。选定规格后,重新计算进口风速。

　　3. 估算性能参数

　　根据操作条件下的气体特性和粉尘性质,按相应计算式估算出旋风收尘器的压力损失、分离直径和预期达到的收尘效率。

6.3　袋式收尘器

6.3.1　袋式收尘器概述

1. 袋式收尘器的性能特点

　　随着社会的发展,以布袋收尘器为主的收尘器设备大规模生产是在第一次世界大战之前,当时人们只是把它当作净化空气的一种工具使用,直到有些厂家把自动清灰设计改进后,才使收尘器设备真正地应用于更多的工业领域。1929年,富乐公司开始把毛织物品当作滤料用于收尘器布袋的加工与制造,应用于水泥窑的收尘。

　　袋式收尘器(见图6.3.1-1)不同于旋风收尘器,它属于过滤式收尘设备,利用纤维滤布制成的滤袋,特别是通过滤袋表面上形成的粉尘层来净化气体的收尘设备,也就是使含尘气流通过过滤材料将粉尘分离捕集的装置。

　　袋式收尘器主要应用于捕集非黏结性、非纤维性的工业粉尘,其效率一般可达99%以上,如果设计、制造、参数选择及运行得当,收尘效率可达99.99%。

　　袋式收尘器高效、稳定、运行可靠,管理简单,维护方便,设备及使用费低。每台袋式收尘器的处理气量可从每分钟几立方米到几十万立方米,过滤面积可达几万平方米。

图 6.3.1-1　袋式收尘器外形图

　　袋式收尘器的适应性强,可捕集各类性质的粉尘,且不因粉尘电阻率等性质而影响收尘效率,且适应的粉尘浓度范围广,可从每立方米数百毫克到数百克,而且当入口含尘浓度和气量波动范围很大时,也不会明显地影响收尘器的收尘效率和工作阻力等参数。但处理吸湿性物料、气体中存在焦油状的胶黏成分,或有水分凝结时,滤袋会出现硬壳般的结块或堵塞现象,甚至收尘器中捕集的某些粉尘达到一定浓度还可能有爆炸危险。倘若有火花或火焰进入收尘器,可能会引发事故。同样,收尘器捕集的是能迅速氧化的粉尘,容易使滤袋燃烧。另外,袋式收尘器处理的气体温度不能太高,更换滤袋时劳动条件差。

　　近几十年来,新滤料的出现,袋式收尘器主体结构的优化及改进,清灰方法的改进及自动控制和检测装置的完善,使袋式收尘器发展迅速。20世纪70年代以后,袋式收尘器技术向大型化、自动化方向发展。欧美等国借助迅速发展的工业相继开发出大型袋式收尘器,其应用领域不断扩大,已经成为各类高效收尘设备中最具有竞争力的一种收尘设备。

2. 袋式收尘器的过滤机理

袋式收尘器的过滤机理是筛滤、惯性碰撞、扩散、重力沉降和静电等效应的总和,其中最主要的效应是惯性碰撞和扩散效应。

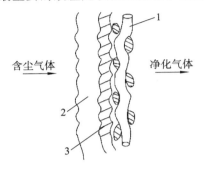

图 6.3.1-2　滤袋捕尘原理
1—滤布;2—粉尘;3—初始层

如图 6.3.1-2 所示,新安装的滤袋起过滤筛网的作用,将含尘气体中大于滤布孔眼的尘粒阻留。

小于滤布孔眼的 $1\ \mu m \sim 10\ \mu m$ 尘粒,当气流沿着曲折的织物孔道通过时,由于尘粒惯性的作用,撞击在纤维上失去能量而贴附在滤布上。

小于 $1\ \mu m$ 的微细尘粒,由于气体分子之间的热运动而产生的不规则运动,使气体分子冲击尘粒发生布朗扩散,促使尘粒均匀地分布于整个气体空间。尘粒通过滤布孔眼时,部分微细尘粒与滤布纤维碰撞而黏附于滤布上。

在上述过程中,滤袋的收尘效率是不高的。但是,随着过滤过程的推进,滤布表面及滤布孔隙中粉尘不断堆积,在滤布进气的一面形成一层由尘粒组成的孔径很小的粉尘层(初始层),此粉尘层也成为过滤介质,因而可以显著改善过滤效率,使气体中的粉尘几乎全部被捕集。

随着粉尘层的加厚,滤袋的收尘效率越来越高,但过滤阻力也越来越大,气流通过越来越困难。同时,粉尘层的孔隙率也减小,使通过微孔隙的气流速度增加,将孔隙中已黏附的微细尘粒挤压、吹刮出去,反而使收尘效率下降。

为了使滤布通畅,保持稳定的处理能力和收尘效率,延长滤布的使用寿命,必须定期清除滤布上的部分粉尘层。清灰时要尽量做到在不破坏初始粉尘层的基础上,使粉尘层从滤袋表面清除。袋式收尘器的工作过程是过滤和清灰交替进行。

6.3.2　袋式收尘器的类型及其特点

袋式收尘器一般包括含尘气室、净气室、尘器入口、净气出口、滤袋及滤袋骨架、清灰机构、粉尘出口及卸尘装置等。按结构形式及操作方式可对袋式收尘器进行不同的分类,其中,清灰是袋式收尘器操作运行中十分重要的一环,多数袋式收尘器是按清灰方式来命名和分类的。

1. 按滤袋形状分类

1) 圆袋

通常的袋式收尘器的滤袋都采用圆袋,圆袋结构简单,便于清灰。

圆袋的直径一般为 $100 \sim 300\ mm$,最大不超过 $600\ mm$。直径太小时有堵灰的可能;直径太大,则有效空间的利用率较小。袋长一般为 $2 \sim 12\ m$,脉冲袋式收尘器的袋长较短,反吹风袋式收尘器的袋长可长一些。滤袋长度长时要求滤袋的直径也相应增大。

2) 扁袋

扁袋通常呈平板形,扁袋高度一般为 $0.5 \sim 1.5\ m$,长度为 $1 \sim 2\ m$,厚度以及滤袋的间距为 $25 \sim 50\ mm$。

扁袋内部采用骨架（或弹簧）支撑,扁袋布置紧凑。例如,容积为 0.37 m³ 的扁袋过滤器,过滤面积可达 20 m²,而采用直径为 200 mm 的圆袋时,容积需增加 4 倍。

一般情况下,在同样体积的收尘器内,扁袋的过滤面积可比圆袋的增加 20%～40%。尽管扁袋收尘器在节约占地面积方面有明显的优点,但是目前工业中的使用量仍大大少于圆袋收尘器,其主要原因是扁袋的结构和清灰较复杂,换袋困难,滤袋及骨架的磨损较大,滤袋之间易被粉尘堵塞。

2. 按清灰方法分类

良好的清灰应当是从滤袋上迅速地、均匀地除去恰当的粉尘,从袋式收尘器的发展看,清灰方法的演变,对袋式收尘器的推广起着重要的作用。袋式收尘器的清灰方式主要有以下几种。

1）机械清灰

机械清灰包括人工振打、机械振打,是一种古老而简单的方法。

常见的机械清灰方式如图 6.3.2-1 所示,清灰时滤袋可做水平方向运动,或做垂直方向运动,或利用振动器使其快速振动。

采用水平振打对滤袋的损害较小,但在滤袋全长上的振动分布不均匀。垂直方向的振动清灰效果好,但对滤袋（特别是滤袋下部）的损伤较大。快速振动清灰对振动的传递效果好,但清灰的强度不够。

除了在滤袋上部进行振打外,也可在滤袋中部进行振打。机械振打时要求停止过滤,因此常将整个收尘器分隔成若干个袋室,依次逐室清灰,以保持收尘器的连续运行。由于机械振打的振动分布不均匀,要求的过滤风速低,对滤袋的损害较大,近年来逐渐被其他清灰方式代替。不过,机械振打要求的结构简单、投资少,因而在对排放浓度要求不高的场合仍被采用。

2）逆气流清灰

逆气流清灰是采用室外或循环空气以含尘气流从相反的方向通过滤袋,使粉尘吹落的方法,如图 6.3.2-2 所示。这种清灰方式的作用机理有两种:一是反方向的清灰气流直接冲击粉尘;二是气流方向的改变,使滤袋产生胀缩振动,导致粉尘脱落。

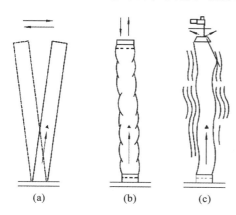

图 6.3.2-1　机械振打清灰方式

(a) 水平振打;(b) 垂直振打;(c) 快速振打

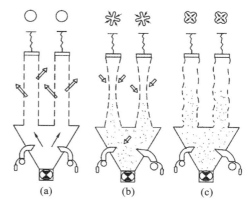

图 6.3.2-2　逆气流清灰方式

(a) 过滤;(b) 反吹;(c) 沉降

逆气流清灰可以用正压将气流吹入滤袋(反吹风清灰)，也可以用负压将气流吸入滤袋(反吸风清灰)。

清灰气流可以由系统主风机提供，也可以由单独设置的反吹(吸)风风机提供。

逆气流清灰在整个滤袋上的气流分布比较均匀，但清灰强度小，过滤风速不宜过大。通常采用分室工作制度，利用自动调节阀门，逐室产生反向气流，利用高压气流反吹清灰，或设置产生脉动的机械结构，可以得到较好的清灰效果。这种方式允许较高的过滤风速，也可以在过滤状态下进行清灰。可采用机械振打与逆气流相结合的方式，加强清灰效果。

3) 脉冲喷吹清灰

脉冲喷吹清灰是20世纪60年代出现的技术，具有许多优点，自出现以来发展很快，已成为袋式收尘器(特别是中小型袋式收尘器)的一种主要清灰方式。

脉冲喷吹清灰利用脉冲阀使压缩空气定时通过文氏管，诱导周围的空气在极短的时间内喷入滤袋，使滤袋产生脉冲膨胀振动，同时在逆气流的作用下，滤袋上的粉尘被剥落并掉入灰斗。这种方式的清灰强度大、滤袋寿命长、收尘效率高、过滤速度大，可以在过滤工作状态下进行清灰。其主要缺点是需要用0.4～0.8 MPa的压缩空气作为清灰动力，图 6.3.2-3 为脉冲喷吹清灰与过滤的作用过程。

4) 气环反吹清灰

滤袋的外侧，设置一个空心带小孔或狭缝的圆环。清灰时，气环紧贴滤袋作上下往复运动，并与高压风机($P=3920～5880$ Pa)的管道相连。

喷出的高速气体作用在滤袋上，清除滤袋内侧已捕集的粉尘，如图 6.3.2-4 所示。此时滤袋的其余部分仍在工作。这种清灰方式收尘效率高、清灰效果好，允许进口气体含尘浓度高，过滤风速大，并且允许在较潮湿的气体中工作。此方法的主要缺点是滤袋容易磨损，气环传动机构的制造和安装要求较高。

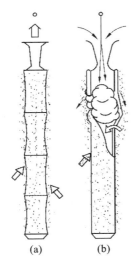

图 6.3.2-3　脉冲喷吹清灰与过滤

(a) 过滤；(b) 喷吹

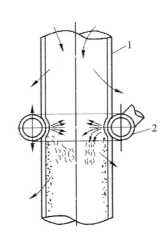

图 6.3.2-4　气环反吹清灰

1—滤袋；2—反吹环

5）声波清灰

声波清灰是采用声波发生器使滤袋产生附加的振动而进行清灰。声波发生器使尘粒在滤料上振落下来。声波清灰有时用作反吹风、反吸风清灰的补充。在水泥等工业中,扬声器作为玻纤滤袋清灰的装置,有明显的优点,因为玻纤滤料在重复机械力的作用下易遭损坏,如图 6.3.2-5 所示为低频声波清灰装置。

声波通常可用板振动、汽笛、谐振警报器等引发。后两者采用压缩空气,有效声强需在 155 dB 以上。

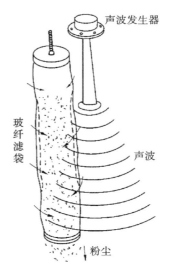

图 6.3.2-5　低频声波清灰装置

3. **按收尘器内的压力分类**

1）负压式收尘器

此种方式将风机设置于收尘器后面,使收尘器内成为负压,含尘气流被吸入收尘器进行净化。由于进入风机的气流为已净化的气流,风机的磨损小,收尘器本体结构的漏风对环境不产生影响。

2）正压式收尘器

此种方式将风机设置于收尘器前面,收尘器内为正压,含尘气流通过风机吹入收尘器内进行净化。风机的磨损较大,故不适用于粉尘浓度高、粗颗粒及尘粒硬度大、磨损性强的粉尘,但此方式的管道布置紧凑,对外壳结构的强度要求不高,造价也比负压式收尘器的低。

4. **按含尘气流进入滤袋的方向分类**

1）内滤式

含尘气流通过袋口进入滤袋内侧,气体穿过滤料至滤袋外侧,粉尘积于滤袋表面。

内滤式多用于圆袋,采用机械振打、逆气流、气环反吹清灰方式。

内滤式圆袋袋内的过滤风速较高,若存在粗颗粒,则滤袋磨损严重。由于滤袋外部为干净的气体室,便于检查和换袋。当过滤气体为无毒性气体且温度不高时,可以在过滤状态下进行收尘器的检修。内滤式袋式收尘器一般不需要支撑骨架。

2）外滤式

含尘气流由滤袋外部通过滤料进入滤袋内,气体净化后排出,粉尘积于滤袋外侧表面。

外滤式适用于圆袋、扁袋,采用脉冲喷吹清灰或高压反向气流清灰,滤袋内设有支撑骨架（袋笼）。

5. **接进气口的位置分类**

1）下进风

含尘气流从收尘器下部或灰斗部分进入收尘器内。采用下进风时,收尘器结构简单,造价低,但气流方向与粉尘下落的方向相反,容易使部分下落的微细粉尘还未落到灰斗就又重新返回到滤袋表面上,从而降低了清灰效果,增大了过滤阻力。

2）上进风

含尘气流从收尘器上部进入收尘器。采用上进风时,气流与粉尘下落的方向一致,气流的流动有利于粉尘沉降,粉尘能较均匀地分布于滤袋表面,过滤均匀性好,过滤阻力小,但在灰斗中有停滞的空气,有水汽凝结的可能。

6.3.3　袋式收尘器的性能参数

1. 袋式收尘器收尘效率的主要影响因素

袋式收尘器是一种高效率的收尘设备,正常情况下,收尘效率大于 99%。随着世界各国日益重视环境污染问题,有的国家对工业含尘气体的排放浓度、排放总量作了严格的限制,因此越来越多的学者对影响袋式收尘器收尘效率的诸多因素进行了深入研究。

袋式收尘器的收尘效率与堆积粉尘负荷、粉尘的粒径、滤料的特性、清灰方式、运行参数及各参数的依存关系等有关。

1) 堆积粉尘负荷的影响

除过滤初期之外,袋式收尘器对粉尘的捕集主要是由滤料表面或深入到滤材内部堆积的粉尘层起作用,即清灰或形成的稳定的初始粉尘层和过滤过程中形成的动态二次粉尘层,是影响收尘效率的决定因素。洁净滤袋的收尘效率较低,当粉尘层建立之后,其收尘效率明显提高。

粉尘层不仅对较粗的尘粒($>1~\mu m$),而且对细尘粒都有很好的捕集作用,堆积粉尘负荷与收尘效率的关系如图 6.3.3-1 所示。

随着粉尘层的增厚,其收尘效率不再提高,但收尘阻力将显著增大,反而可能使收尘效率降低,此时必须进行清灰操作。

2) 粉尘粒径的影响

在粉尘特性中,影响收尘效率的因素有粒度的分布、密度、形状系数、静电荷等,其主要因素是粉尘粒径的大小,如图 6.3.3-2 所示。对于 0.1 μm 的粉尘,其收尘效率可达 95%;对于大于 1 μm 的粉尘,可稳定地获得 97% 以上的收尘效率;对于小于 0.1 μm 的粉尘,因"搭桥"效应也能进行很好地收集;对粒径在 0.2~0.4 μm 之间的粉尘,收尘效率稍低,这一粒径范围的粉尘处于多种收尘效应的低值区域。

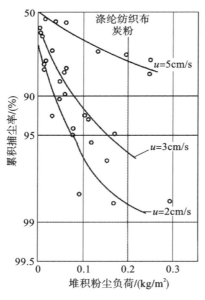

图 6.3.3-1　收尘效率与堆积粉尘负荷的关系

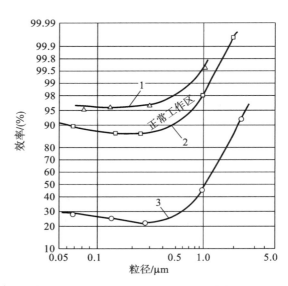

图 6.3.3-2　不同粒径的收尘效率

粉尘的密度及形状系数对清灰过程有较大的影响。静电荷也较明显地影响收尘效率。粉尘荷电越多，收尘效率就越高。

3）滤料特性的影响

在纺织滤料中，短纤维织物的表面绒毛多，容易形成稳定的一次粉尘层，因而收尘效率较长纤维织物高。

从织物组织看，平纹滤料收尘效率较低、缎纹和斜纹滤料较高。

滤料表面经过拉毛形成的绒毛，收尘效率高于素布，当滤料单面起毛时，以不起毛的一侧迎向含尘气流，可以得到更好的收尘效果。

不经过纺纱工序而制成的毛毡和针刺毡等无纺滤料是三维滤料，粉尘能够深入滤料内部，过滤过程是在滤料内部及粉尘层中进行的，所以其收尘效率较二维滤料的纺织原料要高。

4）清灰方式的影响

在滤袋清灰完毕后，虽然不能使其达到完全洁净的程度，但粉尘堆积负荷明显减小，收尘效率随之下降，清灰愈彻底，收尘效率愈低。因此，在整个收尘过程中，袋式收尘器的收尘效率是变化的，如图 6.3.3-3 所示。

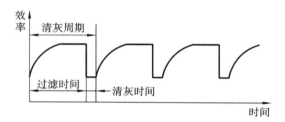

图 6.3.3-3   收尘效率随时间的变化曲线

在实际运用中，袋式收尘器的排尘浓度除与清灰程度有关外，也与清灰滤袋占滤袋总数的比例有关。

为提高收尘效率，清灰作业必须在不破坏滤袋的一次粉尘层的前提下彻底清灰，清灰的时间要尽量短。各种清灰方式中，脉冲喷吹及气环反吹清灰比机械振打、逆向气流清灰的强度大，清灰也更彻底。三维滤料的无纺滤袋较二维滤料的织物滤袋更容易保护一次粉尘层。

5）运行参数的影响

运行参数中的过滤风速和工作阻力对收尘效率有较大的影响。

工作阻力的影响一方面受过滤风速的制约，另一方面与堆积的粉尘层负荷有关。过滤风速越低，越容易形成孔径小而空隙率大的一次粉尘层，越能捕集微细尘粒。过滤风速提高，粉尘对滤料的穿透性可能增大，从而影响收尘效率。对于某种滤料，在过滤风速及工作阻力的一定范围内，其收尘效率几乎不受影响。

2. 袋式收尘器收尘效率的计算

基本假设：

（1）颗粒碰到捕集体表面就认为已被捕集。

（2）已附在捕集体表面的颗粒对以后的捕集过程没有影响。实际上这种情况只会在过滤的初始阶段存在,实际的过滤过程要复杂得多。因为颗粒还会反弹,还会被气流二次冲刷下来,造成返混而降低效率。

袋式收尘器收尘效率的高低,主要取决于滤袋的材质、结构形式,清灰方式等。当采用厚度为 1.5～2 mm 的工业毛毡制作滤袋时,效率一般按 99.9％ 计算;当采用涤纶绒布制作滤袋时,效率按 99.5％ 计算。

3. 袋式收尘器的压力损失

压力损失是袋式收尘器重要的技术经济指标。压力损失过大,袋式收尘器的功率消耗增大,滤料负荷增大,滤料的穿透机制加强,出口浓度增大;压力损失过小,需有较低的过滤风速做保证,还需增加清灰强度和频率,从而使清灰所需动力消耗加大,滤料因清灰的损伤程度增加。因此,压力损失是袋式收尘器技术经济指标中的重要参数。压力损失取决于选定的过滤风速、粉尘堆积负荷、滤料特性、过滤时间、设备结构及清灰方式等因素。

袋式收尘器的压力损失包括:收尘器的结构压力损失 ΔP_c;滤料的压力损失 ΔP_{fd};粉尘层的压力损失 ΔP_d。

(1) 结构压力损失。

袋式收尘器的结构压力损失 ΔP_c 包括收尘器进、出口部分以及挡板、文氏管等部件的压力损失,它与气体流量 Q 的 n 次方成正比。

$$\Delta P_c = BQ^n = B_c v \tag{6-34}$$

式中:B——结构阻力系数;

B_c——修正结构阻力系数;

v——过滤风速;

n——流量对阻力的影响指数,由收尘器的结构特性和气流性质决定,一般 $n=1\sim2$。

研究表明,结构压力损失占收尘器压力损失的比例较少。在收尘器参数推算中,结构压力损失可以按与过滤风速的线性关系处理:

$$\Delta P_c = B_c v \tag{6-35}$$

(2) 滤料的压力损失。

滤料的压力损失可按层流的压降考虑:

$$\Delta P_{fd} = \xi_f \mu v \tag{6-36}$$

式中:ξ_f——起料层加剩余粉尘层的阻尼系数;

μ——气体的黏性系数。

(3) 粉尘层的压力损失。

$$\Delta P_d = \alpha m \mu v = \xi_d \mu v = \alpha \mu C_i v^2 t \tag{6-37}$$

式中:α——粉尘的比阻抗;

ξ_d——粉尘层的阻抗系数,$\xi_d = \alpha m$;

m——单位滤料面积上的粉尘量,且 $m = C_i v t$;

C_i——粉尘的入口浓度;

t——建立粉尘层的时间。

因此，袋式收尘器的总压力损失为

$$\Delta p = B_c v^n + (\xi_f + am)\mu v \tag{6-38}$$

系统的实际压力损失是过滤风速、入口粉尘浓度及喷吹周期的函数，同时还受收尘器结构、粉尘物性的影响。总压力损失可由袋式收尘器的技术性能和经济指标决定，通常取 $\Delta P = 1500 \sim 2500$ Pa。

4. 过滤风速

袋式收尘器允许的过滤风速是反映设备处理能力的重要指标之一。可按式(6-39)计算过滤风风速：

$$v = Q/60A \ (\text{m/min}) \tag{6-39}$$

式中：v——过滤风速，m/min；

Q——处理风量，m^2/h；

A——过滤面积，m^2。

过滤风速的选定与压力损失、清灰方式、粉尘特性、滤料特性、入口含尘浓度等因素有关。

（1）压力损失。

过滤风速的选定是以维持一定的压力损失为前提的。

各种设备有其对应的入口粉尘浓度和过滤风速下的压力损失值。若根据系统的配置或工况变化的要求，需在设备的压力损失推荐值之外运行，过滤风速则需作相应的变化。

（2）清灰方式。

在同样的工作条件下，脉冲喷吹和气环反吹清灰方式允许较高的过滤风速，而机械振打和逆向气流清灰允许的过滤风速则依次降低。过滤风速的选取还与清灰制度有关，清灰周期愈长，则过滤风速应选低值，反之可提高过滤风速。

（3）粉尘特性。

粉尘的黏度、密度、温度等特性都对过滤风速的选取有所影响，同一类袋式收尘器在处理不同特性的粉料时，过滤风速的确定有较大的差异。

通常，粒度小、密度小、黏性越大的粉尘，清灰越难，需选用较小的过滤风速。处理高温气体的过滤风速也低于处理常温气体的过滤风速。

（4）滤料特性。

织物滤料的空隙率为 $30\% \sim 60\%$，毡类滤料的空隙率为 $70\% \sim 80\%$，因此在过滤风速相同时，气体穿过织物滤料的实际流速在不考虑粉尘层的影响时为穿过毡类滤料的两倍。

同时，毡类滤料的孔隙细而弯曲，具有比织物滤料高的收尘效率。因此，毡类滤料比织物滤料可采用更高的过滤风速。

（5）入口含尘浓度。

滤料上粉尘的堆积负荷是入口含尘浓度与时间的函数。

入口含尘浓度越高，堆积负荷增加越快，所需的清灰也就越频繁。

入口含尘浓度高时，允许的过滤风速应降低，各类袋式收尘器允许的过滤风速都是在一定的入口含尘浓度下得出的。当入口含尘浓度超过此范围时,视其超过的程度,过滤风速应作相应的降低。

6.3.4 常用袋式收尘器的结构形式

1. 简易袋式收尘器

1) 结构形式

上进风正压简易袋式收尘器如图 6.3.4-1 所示,滤袋固定在上、下两层花板之间,含尘气体经上部的分配室进入滤袋,过滤后由箱体两侧的百叶窗排出。

下进风正压简易袋式收尘器如图 6.3.4-2 所示,滤袋下部固定在花板上,上部吊挂在振动架上。含尘气体由下部进入滤袋,净化气由顶部的风帽排出。

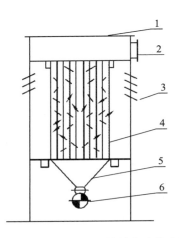

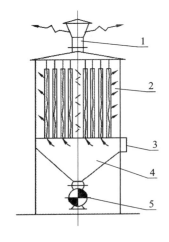

图 6.3.4-1　上进风正压简易袋式收尘器
1—空气分配室;2—含尘气体进口;3—排气百叶窗;
4—滤袋;5—灰斗;6—螺旋卸灰机

图 6.3.4-2　下进风正压简易袋式收尘器
1—排风帽;2—滤袋;3—含尘气体进口;
4—灰斗;5—螺旋卸灰机

简易袋式收尘器采用内滤正压式结构。

2) 清灰方式

采用人工振动清灰,少数设有电振器。清灰操作一般在系统停机后进行。

3) 性能特点

简易袋式收尘器结构简单,操作方便,投资少,维护方便,适用于要求不高的排尘点,特别适合间歇工作场合。

2. 中部振打袋式收尘器

1) 结构形式

中部振打袋式收尘器,又称 ZX 型袋式收尘器。

中部振打袋式收尘器由滤袋、箱体、灰斗、振打清灰装置、进出风管及螺旋输送机等部分组成,其结构如图 6.3.4-3 所示。

含尘气体由灰斗上部进入,然后向上进入滤袋,粉尘积于滤袋内表面,净气经滤料由阀箱向外排出。箱体由隔板分成相等滤袋数目的各个仓,袋底开口,并固定于底板的短管上,袋顶由帽盖封闭,并悬吊在振打机构的吊架上。箱体的顶盖上装有阀箱及振打机构。

2）清灰方式

从顶部振打传动,通过摇杆、打击棒和框架,在收尘器中部摇晃滤袋达到清灰的目的。振打由电动机驱动,并通过凸轮产生。

3）特点

中部振打袋式收尘器具有较高的稳定收尘效率和较低的阻力,构造简单、滤袋装卸方便、维护容易、应用范围较广,适用于常温。

3. MC 型中心喷吹脉冲袋式收尘器

1）结构形式

MC 型中心喷吹脉冲袋式收尘器由脉冲喷吹机构、滤袋与滤袋框架、净气室、过滤室、集尘斗、进风管、排气管、卸灰装置等组成,其结构与净化过程如图 6.3.4-4 所示。

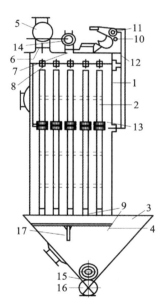 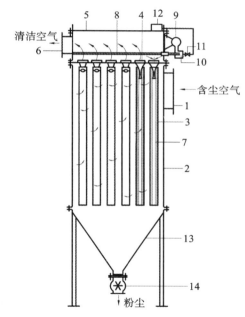

图 6.3.4-3　中部振打袋式收尘器结构
1—过滤室;2—滤袋;3—进风口;4—隔风板;
5—排气管;6—排气管闸板;7—进气管闸板;
8—挂袋铁架;9—滤袋下口花板;10—振打装置;
11—摇杆;12—打击棒;13—框架;14—回风管;
15—螺旋输送机;16—分格轮;17—热电器

图 6.3.4-4　中心喷吹脉冲袋式收尘器
1—进气口;2—中箱体;3—滤袋;4—文氏管;5—上箱体;
6—排气口;7—框架;8—喷吹管;9—气包;10—脉冲阀;
11—控制阀;12—控制器;13—灰斗;14—卸灰阀

上部箱体为净化室,其内有喷吹管和排气口,喷吹装置安装在上部箱体中。中部箱体构成过滤室,它与上部箱体之间由花板分隔。喷吹文氏管、滤袋及滤袋框架安装在花板上。检修门及进气口布置在中部箱体上。下部箱体构成了集尘斗,进气口也可设置在下部箱体上,集尘斗下方的排尘口与螺旋输送机或卸灰阀连接。

2) 清灰方式

MC 型中心喷吹脉冲袋式收尘器是利用脉冲阀按规定程序定时利用压缩空气对滤袋进行脉冲喷吹。

脉冲控制器开启脉冲阀时,气包中的压缩空气便在 0.1～0.2 s 的瞬间由喷吹管中的喷吹孔喷入滤袋,喷吹孔与文氏管对中布置,因文氏管的线型产生的引射作用,致使滤袋受到剧烈的冲击及胀缩振动,同时伴随逆向气流的作用,清除滤袋表面收集的灰尘,并使之下落至灰斗。

清灰是逐排进行的,两排滤袋喷吹之间的时间间隔称为喷吹间隔。从第一排到最后一排清灰一次所需的时间为喷吹周期,某排滤袋喷吹清灰所持续的时间,称为喷吹时间。

喷吹间隔、喷吹周期、喷吹时间应视过滤风速、进口粉尘浓度、粉尘性质等参数而调整,以保证收尘器的压力损失在一个稳定值上。

对脉冲清灰的程序控制采用定时控制和压差控制两种方式,控制器有机械控制、电控、气控三种。它和机械振打清灰方式相比,可延长滤袋的使用寿命。

3) 特点

中心喷吹脉冲袋式收尘器的特点是过滤风速大,一般为振打式或反吹风式袋式收尘器过滤风速的两倍,因而可减少过滤面积,使设备小型化,价格较便宜。

一般采用毡滤料或机织布制作滤袋。清灰后,特别是在过渡清灰时,不容易产生粉尘泄漏现象。

压力损失比较稳定,处理风量变化也比较少。稳态下排尘浓度受入口粉尘浓度及过滤风速、压力损失等参数的影响小。

收尘器内部无机械运动部件,维护工作量小。清灰可在不中断正常过滤的情况下进行,收尘器箱体无须做成分室结构。

4) 型号、规格及装配方式

MC 型中心喷吹脉冲袋式收尘器有 JMC、DMC、QMC 三种,分别采用机械控制器、电控脉冲仪和气控仪。

主体结构有从侧面检查门中换袋结构和上揭盖式结构,前者为基本型,后者为一次改进型。滤袋个数有 20～120 共九种规格,相邻规格滤袋个数差为 12 个,滤袋尺寸为 $\phi 20 \text{ mm} \times 2000 \text{ mm}$。

4. 环隙喷吹脉冲袋式收尘器

1) 结构形式

环隙喷吹袋式收尘器的结构形式大体上与中心喷吹脉冲袋式收尘器相似,如图 6.3.4-5 所示。

在上箱体采用了环隙喷吹装置,在中箱体中每排有七条滤袋,滤袋宽 160 mm,长 2250 mm。每五排组成一个单元。处理大风量时,可采用多个单元并联组合。采用 12 个单元组合时,总风量可达 154260 m^3/h。

含尘气体从中箱体侧面进气口 14 进入,在预分离室 13 除去部分粉尘后,从外向内穿过滤袋而得以过滤。净化气经环隙引射器进入上箱体后,从排风管排出,粉尘被阻留在滤袋外表面。收尘器顶盖靠负压和自重压紧保持密封,开启较轻便。

滤袋靠上口的钢圈悬吊在花板 4 的孔内,滤袋框架 12 嵌在环隙引射器 1 上。装袋时,先将滤袋框架插入滤袋内,投入花板孔内,上口则被留在花板上。然后装入引射器,并且用压条和螺栓紧固。

2) 环隙引射器的结构及原理

环隙引射器由带插接套管及环形通道的上体和起喷吹管作用的下体组成,上下体之间有一如图 6.3.4-6 所示的狭窄环形缝隙。

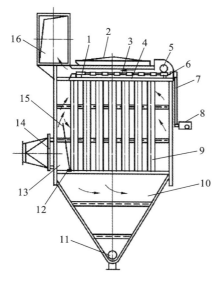

图 6.3.4-5 环隙喷吹脉冲袋式收尘器

1—引射器;2—上盖;3—插接管;4—花板;5—稳压气包;

6—电磁阀;7—脉冲阀;8—电控阀;9—滤袋;10—灰斗;

11—螺旋输送机;12—滤袋框架;13—预分离室;14—进气口;

15—挡气板;16—排风管

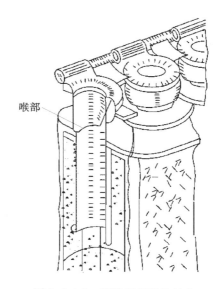

喉部

图 6.3.4-6 环隙引射器的结构

滤袋清灰时,压缩空气切向进入引射器的环形通道,并以声速从环形缝隙喷出,从而在引射器上部形成一真空圆锥,诱导二次气流。压缩空气和被诱导的净化气组成的冲击气流进入滤袋,产生瞬间的逆向气流,并使滤袋急速膨胀,造成冲击振动,将黏附于袋上的粉尘吹扫下来。

环隙引射器的喉部断面(直径约 80 mm)比中心喷吹的文氏管喉部断面(直径约 46 mm)大,因而过滤阻力小。在相同喷吹压力下,引射的空气量达 33 倍。

引射器之间采用插接套管进行连接,换袋时,可将插接套管快速拆卸,减小了换袋的工作量。

3) 特点

环隙引射器引射的空气量大,清灰效果好,且喉部面积大,过滤阻力小,过滤风速可以提高。

箱体采用单元组合式结构,便于组织生产。

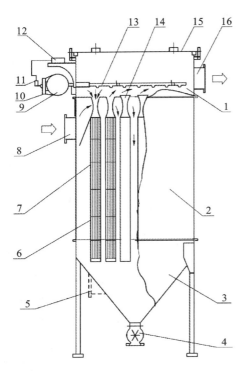

图 6.3.4-7　低压喷吹脉冲袋式收尘器

1—上箱体；2—中箱体；3—下箱体；4—排灰阀；
5—下进气口；6—滤袋框架；7—滤袋；8—上进气口；
9—气包；10—嵌入式脉冲阀；11—电磁阀；
12—脉冲控制仪；13—喷吹管；14—文氏管；
15—顶盖；16—排气口

换袋时人与污袋接触少,操作条件好。若采用压差控制,避免了因无效喷吹带来的能量浪费,减轻了易损件的消耗。若用低阻力的直通阀代替直角阀,可实现低压喷吹。

5. 低压喷吹脉冲袋式收尘器

1) 结构形式

如图 6.3.4-7 所示,低压喷吹脉冲袋式收尘器的进气口设在中部箱体上部,含尘气体在进入滤袋之前先经过挡风板,从而被引到中箱体的顶部,然后向下流动,穿过滤袋进行外滤式过滤,亦可采用下进风,净化气经上部文氏管再由排风口排出。

滤袋尺寸为 $\phi 20$ mm $\times 2000$ mm。滤袋与花板之间用软质垫料保持密封,并用楔销压紧。顶盖与箱体的连接用楔销代替常用的螺栓,可以方便地揭开顶盖。

喷吹管与气包间用软管连接。更换滤袋时,只需将滤袋以软接头一端为轴竖起,将滤袋连同引射器和框架向上抽出,在收尘器外面拆换即可。

2) 特点

喷吹压力为 $(2\sim 3)\times 10^{5}$ Pa,只相当于中心喷吹脉冲袋式收尘器所需压力的 1/2～1/3,减少了易损件、耗气量及维护工作量;收尘器的工作阻力低,拆换滤袋方便。

6.4　电收尘器

早在公元前 600 年,希腊人就知道被摩擦过的琥珀对细粒子和纤维的静电吸引作用,库仑发现的平方反比定律称为静电学的科学基础,它也是电除尘理论的出发点。

1745 年,富兰克林开始研究尖端放电,首先研究我们现在所涉及的电晕放电。

1772 年,贝卡利亚对于大量烟雾的气体中的放电、电风现象进行了试验以后,在 1824—1908 年,很多研究学者对净化过程中的烟雾进行了试验研究。

1907 年,世界第一台湿式静电收尘器在美国旧金山建造完成,并在工业现场对 95 L/s 的烟尘进行处理并取得了成功。在电收尘器的百余年发展历程中,静电收尘器通过不断变化来完成粉尘治理的需要,而且起着越来越重要的作用,其发展趋势是大力发展针对大型工业环境下的高效除尘设备。

据不完全资料统计,自 1955 年以来,静电收尘器在工业烟气的处理量上呈指数增长。

如今,各国法律对环境保护的要求更为严苛,可以预想到静电收尘器将会得到更广阔的应用和发展。

6.4.1 工作原理

电收尘器的工作原理如图 6.4.1-1 所示,金属丝的一端用绝缘子 6 悬挂在接地的金属圆筒的轴心上,并在其上施加很高的负电压。

当电压达到临界值时,在金属丝表面就出现青蓝色的光点,并同时发出咝咝声,这种现象称为电晕放电。此时从金属圆筒底部通入含尘气体 7,粉尘粒子便会吸附运动中的负离子,在电场力的作用下向圆筒运动而沉积在圆筒的内壁上。当沉积在圆筒内壁上的粉尘达到一定厚度时,用振打机构使粉尘落入灰斗 4。

净化后的气体从金属圆筒上部排出,此金属圆筒称为沉淀电极(也称集尘极),金属丝称为电晕电极。

电收尘器的工作过程可分为四个阶段,即电晕放电、气体电离、粉尘荷电与运动沉积、粉尘回收。这四个阶段是既独立又相互关联的物理过程。

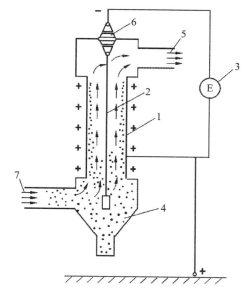

图 6.4.1-1 电收尘器的工作原理图
1—沉淀电极;2—电晕电极;3—高压直流电源;4—灰斗;5—净化气体;6—绝缘子;7—含尘气体

1) 电晕放电

通常状态下的气体是不能导电的绝缘体。但是当气体分子获得足够的能量时,就可使气体分子中的电子脱离而成为自由电子、这些电子成为输送电流的媒介,气体就具有导电的能力。

图 6.4.1-1 是用金属丝和金属圆筒作为电极的电收尘器,由于两者的曲率半径相差很大,在两极间施加高压直流电时,会形成极不均匀的电场。

在电晕电极 2 附近,电场强度非常大,而在沉淀电极 1 的内表面附近,电场强度大大减弱。如果让两电极间的电压升高到某一程度,在电晕电极附近存在的少量自由电子(通常是由于宇宙线和各种放射线作用产生的)可获得足够的能量而加速到很高的速度。

当高速自由电子与气体的中性分子相碰撞时,可以将分子外圈的电子撞击出来,形成正离子和自由电子,由于多次重复产生大量电子和正离子,气体得以电离,这一过程称为电子雪崩过程。气体分子获得引起电离的最小能量的电压称为临界电压。

由此可见,为了使电收尘器电场中的气体电离而又不至于使整个电场被击穿而短路,必须具备两个条件:一是采用非均匀电场,使电晕附近有足够大的电场强度,而距电晕电极越远的地方,其电场强度就越小;二是高压电场的电压要大于临界电压。

满足第一个条件的电极,只能是导线与板状电极,或导线与圆筒状电极。导线与板状电极适用于板式电收尘器,导线与圆筒状电极适用于管式电收尘器。

　　在施加高电压的金属丝周围很小的范围内,电场强度很高,足以使气体电离。此时,用肉眼可观察到金属丝表面有淡蓝色的火花,且从金属丝极发出咝咝声和噼啪的炸裂声,这种现象称为电晕,因而称金属丝为电晕电极。

　　2) 气体电离

　　出现电晕后,在电场内形成两个作用彼此不同的区域,如图 6.4.1-2 所示。

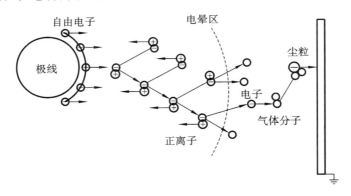

图 6.4.1-2　气体电离

　　第一个区域是在电晕电极附近形成电晕区,一般只限于距电晕电极表面 2～3 mm。在这个区域内,由于电晕电极表面的高电场强度,使气体电离,产生大量自由电子及正离子。若极线上施加负电压,则产生负电晕放电,这时所产生的电子移向接地极或正极,而正离子则移向负极,即电晕电极本身。

　　第二个区域是在电晕区以外到另一电极的范围内,称为电晕外区。它占有电极间的大部分空间,其电场强度急剧下降,不产生气体电离。但是由于电晕区产生的电子进入这一区后,碰撞其中的中性气体分子,电子被中性气体分子捕获并附着在气体分子上而形成负离子。负离子在两极间的电场空间的移动速度远较电子的移动速度慢,形成了稳定的空间电荷。空间电荷的产生必然对两极间的电场强度分布带来影响,并非所有的气体分子在与电子碰撞时,都能出现电子附着,有电子附着能力的仅是负电性气体。

　　3) 粉尘荷电与运动沉积

　　从进风口进入的含尘气体自下而上经过电极空间,所含尘粒与前述离子接触并带上电荷。

　　由于电晕区范围很小,正离子走向电晕电极的路程极短,速度慢,碰上粉尘的机会少,因而只有极少量粉尘沉积于电晕电极上。电晕外区占据极大部分空间,因此极大部分粉尘与负离子碰撞而带负电荷,粉尘荷电主要在这一区域进行。

　　在电场力的作用下,带负电荷的粉尘向圆筒电极(正极)运动,最后沉积在圆筒电极内表面,故圆筒电极又称集尘极或沉淀电极。

　　4) 粉尘回收

　　当沉积在圆筒内壁上的粉尘达到一定厚度时对电晕电极和沉淀电极进行振打,振打使沉积在圆筒内壁上的粉尘振落到下面的灰斗中,并向外卸出。净化后的气体,经收尘器顶部的排风口排出。

6.4.2　电收尘器的性能特点

1. 电收尘器的主要优点

（1）收尘效率高。

电收尘器能捕集 $0.1~\mu m$ 以下的微细粉尘,并具有很高的效率。根据生产要求,电收尘器可设计成达到各种要求效率的净化设备,收尘效率可达到 $95\%\sim99.99\%$,并可保证其出口的粉尘浓度为 $50\sim100~mg/m^3$。

（2）处理含尘气体量大。

随着工艺设备的大型化发展,所要求处理的气体量也大为增加。国内适用于水泥工业的 CDWY 系列电收尘器,处理的最大含尘气体量为 $5.87\times10^5~m^3/h$,目前单台电收尘器处理的最大气体量为 $1.5\times10^6~m^3/h$。

（3）适应性广。

能处理较高温度的气体、一般情况下电收尘器可在 $350\sim400~℃$ 下工作,国外可处理 $500~℃$ 或更高温度的含尘气体。另外,收集粉尘颗粒的范围大,适应的粉尘入口浓度范围广。

（4）运行费用低,自动化程度高,维护量小。

电收尘器的设备工作阻力一般不超过 $200\sim300~Pa$,相应的排风电动机电耗小。电收尘器在工作时,供给高压放电需要消耗部分电能,但它的能量是直接作用于粉尘上,使粉尘从气流中分离出来,其电晕电流值仅为几百毫安,相应的电耗也小,因此电收尘器总的电耗较其他类型的收尘器低。

2. 电收尘器的主要缺点

（1）投资费用高。

电收尘器一次性投资大,消耗的钢材多。电收尘器的一次投资,一般要比袋式收尘器、旋风收尘器高几倍或几十倍。按单位气量计算,电收尘器的价格随着设备规格的增大而减小。另外,电收尘器的结构较复杂。

（2）对粉尘电阻率有一定的要求。

一般粉尘电阻率低于 $10^4~\Omega\cdot cm$ 或高于 $10^{11}~\Omega\cdot cm$ 时,其收尘效率很低。

（3）不适宜处理粉尘浓度大的气体。

一般用于水泥回转窑时,含尘浓度 $<80~g/m^3$（标）;用于烘干机时,含尘浓度 $<50~g/m^3$（标）。否则,需在电收尘器前添置预处理装置,以除去粗颗粒。

6.4.3　电收尘器的分类

电收尘器的类型很多,分类方式各不相同。电收尘器可按清灰方式,沉淀电极和电晕电极在收尘器内的配置,沉淀电极的结构形式和气流在收尘器内运动的方向等进行分类。

1. 按清灰方式分类

（1）湿法。

在沉淀极的表面,用适当的方法形成一层水膜,用水将沉积在沉淀电极上的粉尘带走。由于水膜的作用避免了尘粒的二次飞扬和反电晕现象,收尘效率很高。同时没有振打装置,工作也很稳定,但存在含尘气体的腐蚀问题和洗涤水的处理问题。

（2）电除雾法。

除去如硫酸雾、焦炉煤气中的焦油液滴等时应先让液滴荷电,再将液滴捕集。

（3）干法。

干的粉尘沉积在沉淀电极上用振打方法从沉淀电极上抖落粉尘。

这种方法收集下来的干粉尘便于处理,因此在工业中被广泛应用。但振打可能会使沉积在沉淀电极上的粉尘产生二次飞扬,导致收尘效率降低。

2. 按沉淀电极和电晕电极在收尘器内的配置分类

1）单区式

单区式电收尘器粉尘的荷电和集尘在同一区域中进行,电晕电极系统和沉淀电极系统也在同一区域内,如图 6.4.3-1 所示。一般的电收尘器都采用这种结构形式。

2）双区式

双区式电收尘器粉尘的荷电和集尘在结构不同的两个区域中进行,在第一个区域中安装电晕电极,在第二个区域中安装沉淀电极。前者进行粉尘的荷电,又称电离器;后者进行集尘,又称集尘极,如图 6.4.3-2 所示。

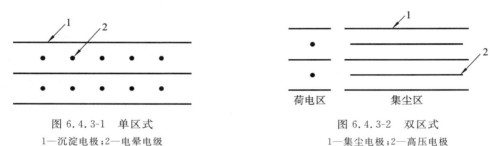

图 6.4.3-1　单区式　　　　　　　图 6.4.3-2　双区式
1—沉淀电极;2—电晕电级　　　　1—集尘电极;2—高压电极

这种结构形式主要用于净化空气 希望少产生臭氧,近来在一些工业废气处理的电收尘器也应用这种形式。

3. 按沉淀电极的结构形式分类

1）管式

管子作为集尘极,电晕电极位于管子的中心,含尘气体自下而上通入管内,这是常见的管式电收尘器的结构形式,如图 6.4.1-1 所示。

管式电收尘器的管径通常为 150～300 mm,长 2～5 m。由于单根管通过的气量很小,因此经常用多排管并列而成。为了充分利用空间,可以用六角形(即蜂房形)的管子来代替圆管,也可以用多个同心圆的形式在各个同心圆之间布置电晕电极。管式电收尘器常用于除去气体中的液滴,也用于小型的工业收尘。

2）板式

板式电收尘器由电晕电极、集尘极、振打装置、气流均布装置、壳体及排灰装置等组成。集尘极由平板组成,如图 6.4.3-3 所示。

板式电收尘器的几何尺寸很灵活,可做成各种规格。小的占地面积为几个平方米,大的可达 100 m² 以上,有资料显示,国外有的板式电收尘器的占地面积达到 500 m² 以上。

4. 按气流运动的方向分

1）立式

含尘气体从收尘器下部垂直向上经过电场的称为立式电收尘器,如图6.4.3-4所示。

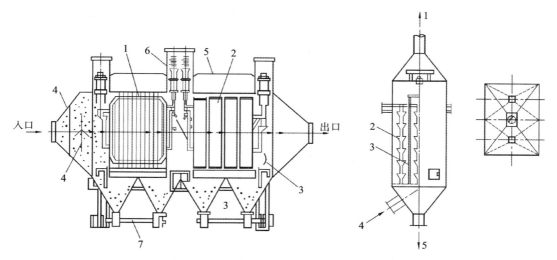

图6.4.3-3 板式电收尘器
1—电晕电极;2—集尘极;3—电晕电极和集尘极振打装置;
4—气流均布装置;5—壳体;6—保温箱;7—排灰装置

图6.4.3-4 立式电收尘器
1—排气口;2—集尘极;3—电晕电极
4—进气口;5—排灰口

由于立式电收尘器高度较高,可以从其上部将净化后的气体直接排入大气,此时收尘器为正压运行,也可在收尘器顶部设置风机而采用负压运行。它一般用于含尘气量小,粉尘本身便于被捕集的场合。它的特点是占地面积小,但因气流方向与粉尘自由沉降的方向相反,粉尘易形成二次飞扬,故收尘效率不高。

2）卧式

含尘气体沿水平方向流过电收尘器的称为卧式电收尘器,如图6.4.3-3所示。

为了提高收尘效率,可沿气流方向划分几个供电电压不同的区域,也可把气流分为几个并联通路,前者称为电场,后者称为收尘室。其特点是:可根据要求的收尘效率,任意增加电场长度;可根据气流量的大小,增加收尘室的数量。卧式电收尘器一般采用负压操作,可延长风机寿命;设备安装的标高较低;设备维护、检修方便,但占地面积大。

5. 按放电电极分类

1）正电晕

放电电极上施加正极高压,而集尘极为负极接地。

正电晕电收尘器的电压低,不产生对人体有害的臭氧及氮氧化物,但工作不稳定,常用作净化空气的送风设备。

2）负电晕

放电电极上施加负极高压 而集尘极为正极接地。

负电晕电收尘器的击穿电压高,产生大量的对人体有害的臭氧及氮氧化物,但工作趋稳,常用作工业收尘设备。

6.4.4　电收尘器的组成结构

电收尘器由收尘器主体结构和高压整流电源两大部分组成。

收尘器主体结构包括电晕电极、集尘极、振打机构、气流均布装置、保温箱、外壳等。

1. 电晕电极

电晕电极应满足下列基本条件：①起晕电压低，击穿电压高；②放电强度高，电晕电流大；③机械强度大、耐腐蚀。

1）电晕线

从放电的角度而言，对电晕线的材质没有特殊要求，只要求电晕线是良导体，一般用耐热合金钢制成，当气体温度小于 300 ℃时，也可用 Q235 钢制成。

因放电强度的关系，对电晕线的几何形状有要求。

目前采用的电晕线可分为两类：一是线状放电的电晕线，其中包括圆形线、星形线、带形线等；另一种是点状放电的电晕线，其中包括芒刺形线、锯齿形线、R-S 形线等，如图 6.4.4-1所示。

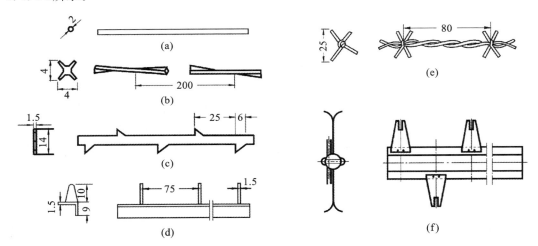

图 6.4.4-1　各种电晕电极形式
(a) 圆形线；(b) 星形线；(c) 锯齿形线；(d) 角钢芒刺形线；(e) 针刺形线；(f) R-S 形线

（1）圆形电晕线。

圆形电晕线是应用最早的一种形式，如图 6.4.4-1(a)所示，其放电强度与直径成反比，直径愈小，放电强度愈高。然而，从机械强度的角度考虑，直径不能太小。

电晕线要承受振打时的机械振动力和火花放电时可能存在的电腐蚀及化学腐蚀等，因此一般采用 2～3 mm 的镍铬线。圆形电晕线通常采用重锤悬吊式结构，也可采用刚性框架式结构。采用框架式结构的圆线应做成螺旋弹簧形，安装时将其拉伸（保留一定的弹性）并固定在框架上，以保持极间的距离。

（2）星形电晕线。

星形电晕线采用 4～6 mm 普通钢材冷拉而成，如图 6.4.4-1(b)所示，有时星形线做成扭麻花形，有助于保持线的平直度并加大尖锐边的长度，从而提高电晕电流。

星形线由于在其四角上的曲线半径小,在保证必要的放电强度下具有足够的机械强度,大大减少了断线的可能性。星形线通常采用框架式安装,也可采用重锤悬吊和桅杆式安装。

（3）带形、刀形及锯齿形电晕线。

带形电晕线是用厚约 1.5 mm,宽 7 mm 的钢带制成,若两侧做成刀状即成为刀形电晕线,若两侧制成锯齿状则成为锯齿形电晕线,如图 6.4.4-1(c)所示。

这类电晕线的特点:放电性能好,不易断线;由于是片状,一旦断线,电晕线只会倒向电晕线同侧的框架平面内,不会倒向集尘极造成短路;工作时不晃动,火花侵蚀少,清灰性能好。

（4）芒刺形电晕线。

芒刺形电晕线包括角钢芒刺形线(见图 6.4.4-1(d))、针刺形线(见图 6.4.4-1(e))、R-S形线(见图 6.4.4-1(f)),等等。

芒刺形电晕线的起晕电压低,放电强度大,不易断线,尖刺间距一般取 100 mm 左右,尖刺长一般取 10 mm。在芒刺形电晕线中,R-S 线和锯齿形电晕线性能优越,应用广泛。

R-S 形线采用直径约 20 mm 的圆管作支撑,交叉芒刺伸出在圆管两侧。采用 R-S 形线代替圆芒刺形线的电场强度可以提高 15%～20%,电流也增大,从而提高了收尘效率。

2）电晕线间距与形式要求

电晕线之间的距离对放电强度有很大的影响,间距太大会减弱放电强度,间距太小也会因屏蔽作用而使其放电强度降低。最佳间距为 200～300 mm,当然线间距要与集尘极相对应。

芒刺形线可以增大电流密度,防止电晕闭塞,提高尘粒的驱进速度,有利于提高收尘效率。但在含尘浓度不高时,采用芒刺形线反而陡然增大电能的消耗,尤其对于电阻率高的粉尘,需要高电场强度低电流密度。

因此通常情况下可在含尘浓度较高的第一、二电场采用芒刺线,在第三、四电场采用星形线。

3）电晕电极的固定方式

电晕电极的固定方式有重锤悬吊式、框架式和桅杆式,如图 6.4.4-2 所示。

（1）重锤悬吊式。

电晕线在上部固定后,下端用 2～3 kg 的重锤拉紧,以保持电晕线处于平衡伸直状态。通过设于下部的固定导向装置,防止电晕线摆动,保持电晕电极与集尘极之间的距离。

（2）框架式。

框架式电晕电极包括电晕线、振打砧和支撑框架。框架用直径为 25～32 mm、壁厚为 3～3.5 mm 的钢管制成。电晕线设置于框架上,每隔一定高度设一横杆,以缩短单根电晕线的长度,防止因气流和电风的作用而产生晃动。

对圆形线、锯齿形线等电晕电极,其高度不大于 1.5 m,对 R-S 形线电晕电极等,其高度不大于 3 m。框架式是目前应用最广的形式。

（3）桅杆式。

它是以中间的主立杆作为支撑,两侧各绷以 1～2 根电晕线,用横杆在高度方向分隔成 1.5 m 间隔的电晕电极。

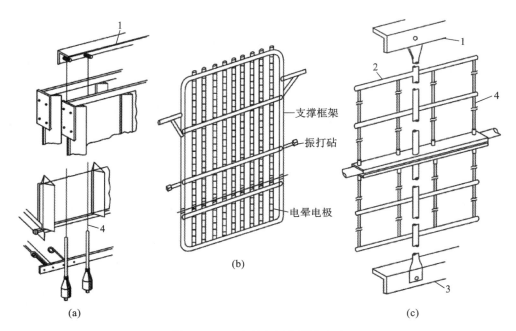

图 6.4.4-2　电晕电极的固定方式

（a）重锤悬吊式；（b）框架式；（c）桅杆式

1—顶部梁；2—横杆；3—下部梁；4—放电极

2. 集尘极

电收尘器的集尘极应满足如下基本设计及制造要求：消耗金属少，制造及安装精度高；防止粉尘二次飞扬的性能好；振打性能好；电场强度及电流分布均匀性好；具有足够的机械强度和刚度，下面就对电收尘器的集尘极的形式及其特点作简要介绍。

1）集尘极板

集尘极板有平板式极板、箱式极板和型板式极板三种。

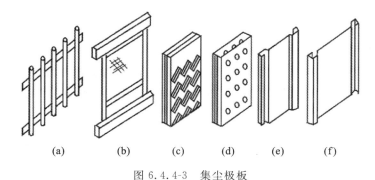

图 6.4.4-3　集尘极板

（a）棒帷式；（b）网状；（c）鱼鳞式；（d）袋式；（e）、（f）型板式

（1）平板式极板。

平板式极板有棒帷极板、网状极板等形式。

棒帷极板由角钢、扁钢用铆钉组成一个框架，将直径为 $\phi 6 \sim 8$ mm 的圆钢均匀分布插入框架内，圆钢间的中心距为 16 mm。

网状极板由宽 50～70 mm,厚 5～7 mm 的扁钢构成框架,框架中间用角钢加强。框架内用扁钢与铆钉夹紧金属网。平板式极板的电气性能及防止二次扬尘的性能均差,逐渐被型板式极板所代替。

（2）箱式极板。

箱式极板有鱼鳞板式极板、袋式极板（用于立式电收尘器）等形式。此类极板是用2～3块薄钢板组合而成,在防止二次扬尘方面优于平板式极板,但其金属消耗量大。

（3）型板式极板。

型板式极板是用厚度为 1.2～2.0 mm 的钢板在专用的轧钢机上轧制而成的,对轧制的尺寸及形状误差有严格的要求。

2）集尘极板的悬挂

集尘极板的悬挂方式有自由悬挂和紧固连接悬挂两种,自由悬挂的极板在振打时位移量大,板面加速度虽不大,但比较均匀,固有频率较低,清灰效果好,安装调整复杂,适用于高温电收尘器。

紧固连接悬挂的极板在振打时位移量小,振打加速度大,固有频率高,振打力的传递性好,要求螺栓紧固可靠,适用于一般电收尘器。

3. 振打机构

为及时清除电极上的积灰,保持良好的收尘效率,电收尘器都装有定时振打清灰机构。

目前以单一的振打加速度作为评定振打性能的标准。在集尘极板表面上的加速度不得小于 $50～200g$,电晕电极框梁的振打加速度不得小于 $400～500g$,振打清灰的性能还与振动频率、振动位移及振打的方向等有关。

1）摇臂锤振打

摇臂锤振打是一种最常用的振打方式,如图 6.4.4-4 所示。

每一排集尘极设置一个摇臂锤,各排之间互相错开一个角度,安装在回转轴上。

当电动机带动回转轴转动时,集尘极依次受到振打。振打强度和振打周期一般通过改变锤重及轴的转速来调整。

摇臂锤通常振打集尘极下部的振打杆,也可以振打中部的振打杆。实践经验表明,振打集尘极下部得到的加速度分布比较均匀。

电晕电极的清灰也可采用此方式进行侧部振打。与集尘极振打不同的是电晕电极带有高压,所以振打轴上需安装电瓷轴与壳体绝缘。

2）顶部振打

如图 6.4.4-5 所示,振打机构通过凸轮将振打提升杆抬起,放下后撞击在承击板上,使集尘极获得振动。这种方式的特点是全部转动机构置于收尘器之外,便于修理。

3）互撞振打

借助于凸轮机构将偏心悬挂的集尘极板水平拉出,放松后在重力作用下,集尘极板相互撞碰,将沉积在上面的粉尘振落下来。鱼鳞板式集尘极的电收尘器采用此种振打方式。

4）振动器振打

将电磁振动器设置在电收尘器的支撑结构上,使极板产生高频振动,振落粉尘。振动

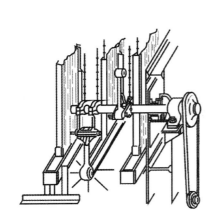

图 6.4.4-4　摇臂锤振打

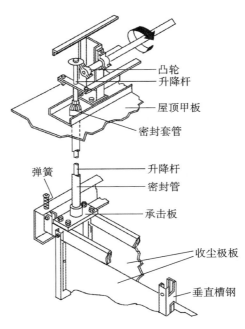

凸轮
升降杆
屋顶甲板
密封套管
弹簧
升降杆
密封管
承击板
收尘极板
垂直槽钢

图 6.4.4-5　顶部振打

强度及频率都可以调整,但由于电收尘器结构长期受到高频振打,易于使金属结构产生疲劳破坏,因而振动器振打方式仅在小型收尘器中采用。

5)电磁振打

电磁振打是由冲击器、脉冲发生器及控制系统组成。

冲击器是一个完全封闭的线圈电磁铁,它是由缠有线圈的插入式可动铁心锤头组成。当电容器放电发出短时脉冲电流,电流通过线圈,使线圈产生感应磁力,将铁心吸起。断电后铁心下降,冲击振打杆,振打杆将冲击力传给电极板,使粉尘脱落。

电磁振打可通过改变供电变压器的电压,在很大范围内调节振打强度;可通过控制系统调节振打频率。但振打强度不大,在国内应用不多,此种振打方式可用于集尘极板和电晕线的清灰。

4.气流均布装置

在电收尘器的各个工作截面上,气流速度应力求均匀。如果气流速度相差过大,则气流中心部位流速高,该处粉尘在电场中的停留时间短,有些粉尘难以收集,而且当粉尘从极板上振落时,容易发生二次飞扬,使收尘效率下降。因此,气流均布装置对提高收尘效率具有重要意义。

气流均布装置的基本结构如图6.4.4-6所示。导流板主要用于进出口处,通过改变气流的方向使气流在整个电收尘室横截面上均匀分布。分布板的主要形式有格子分布板和多

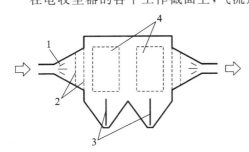

图 6.4.4-6　气流均布装置
1—导流板;2—分布板;3—阻流板;4—集尘极

孔分布板两种。

格子分布板开孔率为 40%～60%，多孔分布板开孔率为 25%～50%。常用的多孔分布板一般为双层。由于多孔分布板对气流的阻碍作用，气流的能量有损失，消除了大规模涡流，使气流均匀分布。对于不能产生收尘作用的电场以外的区间，例如收尘极板下面的灰斗，在该处加设阻流板，将气体横向阻隔，以减少未被收尘的气体带走粉尘。

5. 保温箱

电收尘器的保温箱是高压电的输入部分。电晕极带有高压电，为了保持它与壳体和集尘极间的良好绝缘，常用各种绝缘子。绝缘子应保持清洁和干燥，以保证其绝缘性能。若绝缘不好，收尘器的电压不高，就不能正常工作。

保持绝缘子清洁和干燥的措施有：在保温箱内通入空气或其他清洁气体，防止含尘气体进入；在保温箱内设置电加热器，加热保温箱内的空气。防止空气中的水气和三氧化硫在绝缘子的表面结露；当电收尘器正压操作时，为了防止电收尘器内的含尘气体进入保温箱，应在保温箱内通入一定压力的清洁气体。

6. 外壳

电收尘器的外壳结构主要由箱体、灰斗、进出口风箱及框架等组成，如图 6.4.4-7 和图 6.4.4-8 所示。

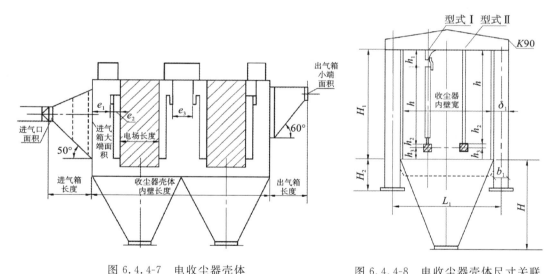

图 6.4.4-7　电收尘器壳体

$e_1 = 400～500$ mm；$e_2 = 450～500$ mm；$e_3 \geqslant 380～440$ mm

图 6.4.4-8　电收尘器壳体尺寸关联

为保证电收尘器的正常运行，外壳要求有足够的刚度、强度、稳定性和密封性，壳体的材料根据被处理的烟气性质而定，一般都用钢材制成。若烟气有腐蚀性，可采用砖、混凝土或耐腐蚀钢材制作，也可采用防腐内衬的结构。处理高温气体时，必须外敷保温层，以保持壳体内的温度高于露点温度。采用的保温材料为玻璃棉、矿渣棉等。

灰斗有两种形式：四棱台状和棱柱状。四棱台状灰斗适用于定时排灰，棱柱状灰斗适用于连续排灰。灰斗的设计要考虑粉尘的物理特性和可能的储灰量，尤其要注意粉尘的流动性，灰斗侧壁斜度应大于 60°。当收集易燃、易爆粉尘时，侧壁斜度应不小于 70°。为防止结露,斗壁上还可设加热装置。

电收尘器的进出口风箱为渐扩段、渐缩段的风箱。为改善电场中气流的均匀性,避免因截面变化而造成的旋流现象。渐扩段、渐缩段的长度计算式分别为

$$L_i = 0.55(a_1 - a_2)$$
$$L_0 = (0.8 \sim 1)L_i$$

式中:L_i、L_0——渐扩段、渐缩段的长度;

a_1、a_2——进气管道和电场入口截面的最大边长。

为防止粉尘在进出口风箱处沉积,要求其底板的斜度大于50°。

电收尘器的框架由立柱、大梁、底梁和支撑构成,是电收尘器的受力体。

电收尘器的内部零件全部由顶部的大梁承受,并通过立柱传给底梁和支座。下部框架由前墙和灰斗支承墙组成,它除了承受全部结构重量外,还承受外部附加载荷及灰斗中物料的重量。

6.4.5 电收尘器的技术参数

1. 主要参数

1) 临界电压

在电收尘器中,电场起着很重要的作用,因为在高压电晕电极附近的电场强度很强,造成气体的电离,产生大量离子,这是形成电晕放电的必要条件;而且电场促使离子与尘粒的碰撞,使尘粒荷电;另外,电场驱动荷电尘粒向集尘极移动。

因此,在电收尘器的工作过程中,高压电场起着决定性的作用,电场的强弱将直接影响收尘效率。在一对电极之间施加一定的电压,就可建立起电场。

电收尘器中的电场由三部分组成:由外加电压作用形成的电场,因气体离子和荷电尘粒的空间电荷造成的电场。根据具体条件,它们所起的作用是不同的。

电晕电极发生电量放电时的最低电压称为临界电压,这时的电场强度称为临界电场强度。

当输入两极的电压低于临界电压时,两极间无电晕电流通过,此时为静电场。

对于管式电收尘器,在静电场上任意点的电场强度可按高斯定理计算:

$$E_x = \frac{V}{x \ln \dfrac{R}{r}} \ (\text{V/cm}) \tag{6-40}$$

式中:V——两极间的电压,V;

R——集尘极的半径,cm;

r——电晕电极半径,cm;

x——该点到电晕电极中心的距离,cm。

影响临界电场强度的因素较多,光滑圆断面的电晕线在发生电晕时,电场强度计算式为

$$E_c = \left(31.02\delta + 9.54\sqrt{\frac{\delta}{r}}\right) \times 10^3 \ (\text{V/cm}) \tag{6-41}$$

式中:δ——气体的相对密度。

$$\delta = \frac{2.2}{273 + t} \times \frac{p}{760} \tag{6-42}$$

式中：t——气体温度，℃；

　　　p——气体压强，Pa。

临界电压为

$$V_{ct} = \int_r^R E_x \, dx = \int_0^R \frac{r}{x} E_x \, dx = r E_x \ln \frac{R}{r} = \left(31.02\delta + 9.54\sqrt{\frac{\delta}{r}}\right) r \ln \frac{R}{r} \times 10^3 \ (V) \tag{6-43}$$

同理，板式电收尘器的临界电压为

$$V_{cp} = \left(31.02\delta + 9.54\sqrt{\frac{\delta}{r}}\right) r \times \left(\frac{\pi H}{S} - \ln \frac{2\pi r}{S}\right) \times 10^3 \ (V) \tag{6-44}$$

式中：H——电晕丝与极板之间的距离，cm；

　　　S——电晕丝之间的距离，cm。

由式(6-43)、式(6-44)可知，临界电压随电晕丝直径的减小而减少。因此，为了获得较好的放电性能 应使临界电压尽可能低些，为此应选用直径较小的电晕丝，一般直径为 $\phi 2 \sim 21$ mm。

电晕丝的形状不同，临界电压也不同。

以上临界电压的计算式是在空气介质中进行试验获得的，在不同的介质中，临界电压也不相同，具体关联数值可查阅相关技术手册。

超过临界电压后，开始出现电晕放电，这时电场中出现了离子空间电荷，会改变原来的静电场分布，此时的电场强度 E_1 可由泊松方程求得。

$$E_1 = \sqrt{\frac{2if_0}{K}\left(1 - \frac{r^2}{x^2}\right) + \left(\frac{E_0 r}{x}\right)^2} \tag{6-45}$$

式中：i——电晕电极单位长度的电晕电流，mA/m；

　　　f_0——常数，其值等于 9×10^5，N·cm²/C²；

　　　K——离子迁移率，cm²/(V·s)。

当电收尘器正常工作时，含尘气体进入收尘室，在荷电粉尘形成的空间，电荷进一步影响电场强度的分布，其公式为

$$E_2 = \sqrt{\frac{2if_0}{K}\left(1 + \frac{2}{3}DS_0\right) + \left(\frac{E_c r}{x}\right)^2} \tag{6-46}$$

式中：$D = 1 + 2\dfrac{\varepsilon - 1}{\varepsilon + 2}$；

　　　ε——粉尘的介电常数，气体 $\varepsilon = 1$，金属 $\varepsilon = \infty$；金属氧化物 $\varepsilon = 12 \sim 18$，一般粉尘 $\varepsilon = 4$；

　　　S_0——单位体积气体中粉尘的表面积。

由于粉尘荷电离子的直径和质量比气体离子的大，所以在电场力的作用下，荷电尘粒的迁移速度小，形成强的空间电荷效应，使电场分布趋于均匀化，甚至使靠近集尘极附近的电场强度有上升的趋势。这将使电晕放电的电流减少，容易引起两极的火花放电，不利于电收尘器的操作。

气体中含尘浓度越高，粉尘越细，对电晕的抑制作用就越大。

在电收尘器的工作过程中,含尘浓度从入口到出口是逐渐降低的,故入口处电晕电流低,易产生火花放电。因此在设计电收尘器时,沿气流方向分成几个电场,使其分别在各自的最适宜的电压和电流下运行。

此外,当含尘浓度高到一定程度时,使电场分布趋于均匀,使电晕电流为零,这样的情形称为电晕封闭。此时电收尘器将无法工作。为此,对各种电收尘器都规定了最高允许含尘浓度。

2) 收尘效率

收尘效率是衡量电收尘器性能的主要指标,理论上计算电收尘器的收尘效率时,作如下假设:

· 气流的紊流和扩散使粉尘完全混合,因而在任何截面上粉尘的浓度都是均匀分布的;

· 通过收尘器的气流速度除靠近收尘器壁的边界层之外都是均匀的,同时不影响尘粒的驱进速度;

· 扬尘一进入收尘器内就认为已经完全荷电;

· 集尘极表面附近的驱进速度对于所有的粉尘都是常数,与气流速度相比是很小的;

· 不考虑冲刷、二次飞扬、反电晕和粉尘凝聚等因素的影响。

电收尘器收尘效率 η 可按下式计算:

$$\eta = 1 - \frac{Q_E C_E}{Q_B C_B} \ (\%) \tag{6-47}$$

式中:Q_E——电收尘器出口烟气量,m^3/s;

C_E——电收尘器出口处的气体含尘浓度,g/m^3;

Q_B——电收尘器进口的气体量,m^3/s;

C_B——电收尘器进口处的气体含尘浓度,g/m^3。

2. 电收尘器选型设计

选用电收尘器,首先必须掌握生产中的有关数据,根据这些条件,选择电收尘器的类型(卧式或立式)、极板形式(板式或管式)及运行方式(干式或湿式),然后应当考虑电收尘器的选用规格。

在选用电收尘器时应注意,目前涉及的电收尘器一般仅适用于含尘气体温度低于250 ℃、负压值小于 2 kPa 的情况;一般结构的电收尘器仅适用于处理含尘浓度小于 80 g/m^3 的条件;仅能处理电阻率在$10^4 \sim 10^{11}$ $\Omega \cdot cm$ 的粉尘。

1) 选型设计的依据

在选型设计之前,先要通过调查,现场测定,以及中间试验等方法,掌握气体和粉尘的原始资料。具体内容如下。

(1)气体的性质及变化。

它包括气体的流量、温度、压力、成分、黏度、露点和湿度等性质及变化。

(2)尘粒的性质及其变化。

它主要包括含尘浓度、粉尘的颗粒组成、粉尘比电阻、密度和黏附性等性质及变化。

(3)电收尘器的工作特性及适用范围。

按照气体和粉尘的性质及收尘器的适用性与特性决定电收尘器的类型。

2）选型计算

电收尘器的类型确定后，下一步就需确定选用的种类和规格，一般可按下列步骤进行。

（1）确定尘粒的实际驱进速度。

可直接利用实验数据，或者利用与气体及粉尘性质相似的生产实验中积累的数据。

（2）确定所要求的收尘效率。

一是按气体的含尘浓度和国家规定的卫生标准和排放标准来考虑；二是从电收尘器的收尘效率的经济性角度去考虑。

（3）电场截面面积的计算。

电场的截面面积是指电收尘器内垂直于气流方向的有效截面面积。它通常与处理风量和电场风速有如下关系：

$$F = \frac{Q}{v}$$ （6-48）

式中：F——电收尘器电场的有效截面面积，m^2；

Q——通过电收尘器的气体量，m^3/s；

v——气体通过电场的风速，m/s。

电收尘器的处理气体量 Q 由工艺计算确定，电场的风速 v 可按表 6.4.5-1 所列数值选取。

表 6.4.5-1 电收尘器的电场风速

	系统级别		电场风速/(m/s)	带电粉尘颗粒向沉淀极的移动速度/(cm/s)
回转窑	湿法窑		0.9～1.2	8～8.5
	立波尔窑		0.8～1.0	6～5
	干法带悬浮预热器窑或预分解窑	增湿	0.7～1	6～9
		不增湿	0.4～0.7	4～6
	烘干机		0.8～1.0	11～12
	磨机		0.7～0.9	9～10

（4）求集尘极板面积 A。

$$A = -\frac{Q}{u_e}\ln(1-\eta)K \ (m^2)$$

式中：Q——工作状态下的气体流量，m^3/s；

K——收尘器的储备系数，K 值的选择要考虑电收尘器出现故障后，是否允许停机检修，处理的含尘气体风量的波动性，环保方面是否允许排放浓度的短时超标。K 值一般取 1～1.3；

u_e——带电尘粒向沉淀电极的驱进速度，m/s；

η——收尘效率，(%)。

按上式求得 A 值可用于确定电收尘器的规格和型号。

（5）校核气流速度。

$$u = Q/F \ (m/s)$$

式中:F——电收尘器垂直于气流方向的有效截面面积。

因为电收尘器的规格已选定,有效截面面积为已知值。

u的计算值应在选定的电收尘器所规定的范围内,若u值过大或过小,说明在所要求的效率下使用该收尘器是不适当的。

u值过大,表明电收尘器从集尘极板面积来说是够的,但气流通过能力不足,需加大规格。若u值过小,表明收尘器的通过能力有余,但集尘极板面积不够,此时要采用多电场的电收尘器。

6.4.6　影响电收尘器性能的因素

1. 粉尘颗粒的性质

粉尘性质主要指粉尘的电阻率、含尘浓度和颗粒组成;它们对电收尘器的收尘效率影响很大。

粉尘的电阻率是指面积为$1~cm^2$,自然堆积至$1~cm$高的粉尘,沿高度方向测得的电阻值。粉尘的电阻率包括尘粒的体积电阻和表面电阻,与粉尘的孔隙率、温度、湿度和细度有关。

粉尘的电阻率小于$10^4~\Omega \cdot cm$时,其导电性好,粉尘在电场中能很快地荷电,然后被集尘极吸收捕集。但由于其电阻率小,会很快释放出所带的电荷,同时获得与集尘极相同的电荷。此时,受到同性电荷的排斥,粉尘重新返回气流中,形成二次飞扬,因此收尘效率很低。电阻率为$10^5 \sim 2 \times 10^{10}~\Omega \cdot cm$的粉尘是电收尘器最易处理的理想粉尘,收尘效率高。这个区域内的收尘效率几乎与电阻率的变化无关。

电阻率为$10^{11}~\Omega \cdot cm$左右时,粉尘处于反电晕第一阶段,火花放电频繁产生,收尘效率下降。

电阻率大于$10^{12}~\Omega \cdot cm$时,尘粒到达集尘极板表面后,缓慢地放出电荷,以致尘粒越积越多,形成绝缘层,随后而来的荷电尘粒无法通过绝缘层释放电荷。

随着粉尘越积越厚,粉尘层表面上的电荷就越积越多,在集尘极板的粉尘层两界面上的电压差逐渐升高。由于绝缘层里存在着松散的空隙,当电压差达到一定值时,空隙中的气体电离,形成电晕放电。

电晕放电所产生的电子和负离子被吸向集尘极,正离子被集尘极排斥,向电晕电极方向运动,遇到荷电的尘粒就被中和了,这就是反电量。因此,气体的电离大为下降,尘粒的荷电概率显著减少,收尘效率必然降低。

粉尘的电阻率还与含尘气体的组成、温度和湿度有关,可以利用这一点来解决工业中常遇到的高电阻率尘粒的收尘问题,相应的解决措施如下所述。

1) 喷雾增湿

由于悬浮预热器窑的废气温度高,湿度低,粉尘电阻率往往超过$10^{11}~\Omega \cdot cm$。

干法水泥厂常在增湿塔中向高温废气喷入水雾,一方面使粉尘表面吸附许多水分子以增加粉尘的导电性能,降低电阻率;另一方面通过水分蒸发使废气降温,使处于较低温度下的粉尘增强其表面吸附水分的能力,有利于降低电阻率。

2) 用化学添加剂进行调理

试验结果表明:三氧化硫、氢、三乙胺等对降低粉尘的电阻率均有明显的效果。例如,在废气中添加少量的三氧化硫气体。让 SO_3 与水分子同时附着在粉尘上,可降低电阻率。

3)提高含尘气体温度

近年来,美国多采用高温电收尘器,气体温度达 $350\sim400$ ℃。在高温条件下,尘粒以体积导电为主,电阻率降低,出现反电晕机会,同时,电极不易积灰。

由于气体体积膨胀,需处理的气体更大,电场的击穿电压下降,因此需考虑设备的耐热问题。选用高温或中温电收尘器需进行技术经济比较。

2. 含尘浓度与粉尘颗粒组成

当含尘气体进入电收尘器后,电场中产生电子、正离子气体、负离子气体、正离子尘粒和负离子尘粒。这五种粒子所占的比例随含尘浓度而变化:含尘浓度增加,尘粒离子所占的比例增大。又因为尘粒离子的大小和质量均较气体离子大,所以在电场内尘粒离子所获得的驱进速度小。

尘粒离子形成的空间电荷很大时:电晕外区的电场强度变得比较均匀,且电晕区内的电场强度减小(两电极间的总电压是不变的)严重抑制了电晕电流的产生;粒子不能获得足够的电荷使收尘效率下降;粒径在 $1~\mu m$ 左右的粉尘越多,影响越大,收尘效率越低。

因此可用电晕电流的大小来判断电收尘器是否正常。当气体含尘浓度大至某一值时,电晕电流减少到零,收尘效率严重恶化。为避免收尘效率的下降,各种电收尘器都规定了允许的含尘浓度。

由于理论驱进速度与尘粒半径成正比。因此,尘粒越细驱进速度越小,导致尘粒空间电荷增大,收尘效率降低。一般电收尘器的粒径适用范围为 $0.01\sim80~\mu m$。若粒径小于 $0.01~\mu m$,应设法将微尘预先凝聚成大颗粒,再进入电收尘器。若粒径大于 $80~\mu m$,由于其荷电困难,用电收尘器集尘是不经济的。

3. 电晕特性

工业电收尘器通常是集尘极为正极并接地,而电晕电极为负极并与地绝缘,这称为负电晕。试验表明,在相同的电场强度下,负离子气体迁移速度高,对粉尘荷电有利。

负电晕时,开始产生电晕放电的起始电晕电压低,而击穿电压高,这使得工作电压的范围较宽,有利于收尘器的运行。

4. 操作条件

操作电收尘器时应保持规定的操作电压,电极的振打应有力,能及时清除电极上的积灰。

局部的两极板间距过小,会使电场电压不够,影响收尘效率。

使用中应注意密封,尤其是在负压操作时,应避免冷风漏入。如果漏入冷风,不仅增加了收尘器中的气流速度,使收尘效率下降,而且易使漏风部位出现水汽或三氧化硫的冷凝,使设备积灰或严重锈蚀。

本章思考题

6-1 收尘有哪些意义?防尘措施有哪些?

6-2 收尘效率如何表示?通过率如何表示?简述两者之间的关系。

6-3 简述旋风收尘器的工作原理。含尘气体为什么要切向进入旋风筒？旋风筒的下部为什么要做成锥形筒？

6-4 旋风收尘器中的内气流有哪些流动形式？

6-5 请简述常见旋风收尘器的结构特点及应用范围。

6-6 简述袋式收尘器的收尘机理。初始粉尘层有什么作用？

6-7 简述脉冲喷吹袋式收尘器的清灰过程。

6-8 简述影响袋式收尘器的收尘效率因素。

6-9 简述电收尘器的工作原理，并简要说明电收尘器的主要工作过程。

6-10 什么是粉尘电阻率？它的最佳范围是多少？它对收尘效率有何影响？

参 考 文 献

[1]　朱昆泉,许林发.建材机械工程手册[M].武汉:武汉工业大学出版社,2000.

[2]　穆惠民,张泽,庄严.新型水泥装备技术手册[M].北京:化学工业出版社,2016.

[3]　彭宝利,朱晓丽,王仲军.图解新型干法水泥生产工艺及设备[M].北京:化学工业出版社,2015.

[4]　李海涛,郭献军,吴武伟.新型干法水泥生产技术与设备[M].北京:化学工业出版社,2006.

[5]　郭年琴,郭晟.颚式破碎机现代设计方法[M].北京:冶金工业出版社,2012.

[6]　叶涛,刘付志标.基于 EDEM 的反击式破碎机仿真研究[J].矿业研究与开发,2017(2):62-65.

[7]　叶涛,刘付志标.基于 DEM-FEM 的圆锥破碎机动锥衬板受力特性研究[J].矿业研究与开发,2017(8):79-82.

[8]　王仲春,曾荣.水泥粉磨工艺技术及进展[M].北京:中国建材工业出版社,2008.

[9]　刘付志标.基于料层粉碎理论的卧辊磨关键工艺参数研究[D].武汉:武汉理工大学,2018.

[10]　张浩楠,姜小川.中国现代水泥技术及装备[M].天津:天津科学技术出版社,1991.

[11]　程佰兴.筒辊磨工作载荷研究及压辊与滚筒的有限元分析[D].长春:吉林大学,2008.

[12]　孙刚.MTN3800 筒辊磨总体设计及关键零部件有限元分析[D].大连:大连理工大学,2015.

[13]　杨连国.中式磨与辊压机、立磨、卧辊磨的工作原理及特点比较[J].矿山机械,2007(10):26-29.

[14]　张继民,唐锋.卧式辊磨机的应用[J].水泥技术,2008(3):40.

[15]　彭宝华.Horomill 磨机在我厂生产中的应用[J].四川水泥,2005(3):17.

[16]　黄胜.高压辊磨机粉碎行为研究[D].长沙:中南大学,2012.

[17]　蒋敦纯.新型干法水泥生产虚拟现实系统的研究与设计[D].武汉:武汉理工大学,2018.

[18]　陈玲.浮法玻璃生产系统的建模及可视化研究[D].武汉:武汉理工大学,2018.

[19]　蒋忠民,刘登强,王强.水泥装备制造数字化管理平台的建设与应用[J].新世纪水泥导报,2014(4):12-15.

[20]　李显宇.水泥混凝土的发展简史[J].国外建材科技,2007(5):7-10.

[21]　张理兴.水泥回转窑的发展与展望[J].云南建材,1996(4):8-13.

[22]　崔源声,王承敏.回首世界水泥工业[J].新世纪水泥导报,2001(4):51-52.

[23]　王志平.回转窑托轮的调整[J].中国铸造装备与技术,2001(4):56.

[24] 许林发.建筑材料机械设计(一)[M].武汉:武汉工业大学出版社,1990.

[25] 李坚利,周惠群.水泥生产工艺[M].武汉:武汉理工大学出版社,2009.

[26] 中国国家标准化管理委员会.GB 175—2020 通用硅酸盐水泥[S].北京:中国标准出版社,2020.

[27] 邓岭.高压辊磨机关键工艺参数优化研究[D].长沙:中南大学,2012.

[28] 丁奇生,王亚丽,崔素萍,等.水泥预分解窑煅烧技术及装备[M].北京:化学工业出版社,2014.

[29] 刘后启,林宏.电收尘器(理论·设计·使用)[M].北京:中国建筑工业出版社,1987.